柴达木盆地遥感水文应用实践

朱文彬 韩雁 吕爱锋 陈国倩 曹晓云 等 著

中国水利水电出版社
www.waterpub.com.cn

·北京·

内 容 提 要

本书采用多源卫星遥感与地面监测数据相结合的方式，系统构建了资料稀缺地区遥感水文监测方法，对柴达木盆地降水、气温、植被、地表净辐射、土壤水分、陆面蒸散发、湖泊面积、河流径流等水循环要素进行遥感反演与评估应用，为深入开展柴达木盆地水循环要素监测评价提供了技术手段和数据支撑，同时也为研究资料稀缺地区水循环演变规律奠定了基础。

本书可供研究资料稀缺地区水文、水资源的科技工作者和管理者参考，也可作为遥感水文、水资源评价等专业研究生的参考书。

图书在版编目（CIP）数据

柴达木盆地遥感水文应用实践 / 朱文彬等著.
北京：中国水利水电出版社，2024. 10. -- ISBN 978-7-5226-2844-8

Ⅰ．P33-39

中国国家版本馆CIP数据核字第2024S3X978号

审图号：青S（2024）198号

书　　名	**柴达木盆地遥感水文应用实践** CHAIDAMU PENDI YAOGAN SHUIWEN YINGYONG SHIJIAN
作　　者	朱文彬　韩　雁　吕爱锋　陈国倩　曹晓云　等 著
出版发行	中国水利水电出版社 （北京市海淀区玉渊潭南路1号D座　100038） 网址：www.waterpub.com.cn E - mail：sales@mwr.gov.cn 电话：（010）68545888（营销中心）
经　　售	北京科水图书销售有限公司 电话：（010）68545874、63202643 全国各地新华书店和相关出版物销售网点
排　　版	中国水利水电出版社微机排版中心
印　　刷	北京中献拓方科技发展有限公司
规　　格	170mm×240mm　16开本　14.75印张　297千字
版　　次	2024年10月第1版　2024年10月第1次印刷
定　　价	**88.00元**

凡购买我社图书，如有缺页、倒页、脱页的，本社营销中心负责调换
版权所有·侵权必究

前言

柴达木盆地是我国三大内陆盆地之一，主体位于青海省海西蒙古族藏族自治州。盆地内盐湖众多，矿产资源丰富，素有"聚宝盆"之美誉，不仅是国家西部大开发特色优势产业基地，还是青藏高原生态屏障的重要组成部分，以及"一带一路"建设的关键节点，承担着支撑青海省经济社会发展、维护区域生态平衡、支援边疆建设的重任。然而，从气候类型看，柴达木盆地属于高寒干燥大陆性气候，年降水量总体在 200 mm 以下。面对矿产资源开发、社会经济发展与生态环境保护之间的矛盾，水资源成为制约该地区可持续发展的关键因素。如何合理有效配置水资源，成为当地水资源管理者亟待解决的重要问题。

对水循环要素进行监测评价，摸清水循环本底及其演变规律，是水资源合理开发利用的重要前提。经过几十年的不懈努力，柴达木盆地的水文、气象和生态监测网络日趋完善。但不可否认的是，由于当地自然条件恶劣、地广人稀，监测设备的布设与维护都存在成本高和难度大的问题。上述监测网络的站点密度普遍偏低，并且主要集中在城镇地区，这在很大程度上降低了地面观测数据的空间代表性，难以有效反映柴达木盆地整体的水循环演变规律。

与常规地面监测技术不同，卫星遥感技术具有空间覆盖范围广、宏观性强、成本低等诸多优点。综合利用多源卫星遥感和地面监测数据，联合构建天地一体化的水文观测体系，对加强水文监测能力，支撑水循环宏观规律把握和水资源精细化管理具有重要意义。本书在青海省重大科技专项"柴达木盆地水循环过程高效利用与生态保护技术研究与示范"（项目编号2019-SF-A4）、青海省基础研究计划"柴达木盆地土壤含水量与陆面蒸散发耦合优化模拟研究"（项目编号2020-ZJ-715）等项目的支持下，系统总结了作者近年来在柴达木盆地的遥感水文应用实践，以期为当地水资源管理与遥感水文学科发展提供借鉴。

本书共8章，各章编写人员为：第1章柴达木盆地概况，由朱文彬、韩雁、洪旭、王元鑫、杨茂林、曹梅、时晓蕊、王一卓编写；第2章降水遥感监测，由吕爱锋、亓珊珊等编写；第3章气温遥感监测，由朱文彬、韩雁、田圣戎等编写；第4章植被遥感监测，由曹晓云、陈国倩等编写；第5章地表净辐射遥感监测，由朱文彬、韩雁、余晓雨等编写；第6章土壤水分遥感监测，由陈国倩、曹晓云等编写；第7章陆面蒸散发遥感监测，由朱文彬、王一卓、涂晨雨等编写；第8章湖泊与河流遥感监测，由吕爱锋、朱文彬、张传辉、史宜梦等编写。

由于作者水平有限，书中难免存在不足之处，敬请各位读者批评指正！

作　者

2023年6月

目录

前言

第1章 柴达木盆地概况 ······ 1
1.1 地理位置与行政区划 ······ 1
1.2 自然地理 ······ 2
1.3 自然资源 ······ 6
1.4 社会经济 ······ 8

第2章 降水遥感监测 ······ 11
2.1 数据与方法 ······ 14
2.2 基于SWAT模型的降水产品适用性分析 ······ 32
2.3 多源降水数据融合发展 ······ 44
2.4 结论 ······ 55

第3章 气温遥感监测 ······ 57
3.1 数据 ······ 58
3.2 方法 ······ 59
3.3 结果 ······ 61
3.4 结论 ······ 68

第4章 植被遥感监测 ······ 70
4.1 数据与预处理 ······ 71
4.2 方法 ······ 73
4.3 结果 ······ 75
4.4 结论 ······ 86

第5章 地表净辐射遥感监测 ······ 88
5.1 数据与方法 ······ 89
5.2 结果 ······ 99
5.3 结论 ······ 103

第6章 土壤水分遥感监测 ………………………………………… 105
6.1 数据 ……………………………………………………………… 107
6.2 方法 ……………………………………………………………… 120
6.3 结果 ……………………………………………………………… 123
6.4 结论 ……………………………………………………………… 142

第7章 陆面蒸散发遥感监测 …………………………………………… 143
7.1 蒸散发遥感估算研究 …………………………………………… 145
7.2 土壤蒸发与植被蒸腾 …………………………………………… 152
7.3 耗水有效性评价 ………………………………………………… 179
7.4 结论 ……………………………………………………………… 189

第8章 湖泊与河流遥感监测 …………………………………………… 190
8.1 柴达木盆地湖泊时空变化调查 ………………………………… 190
8.2 黄河源区河流径流量遥感反演研究 …………………………… 211

参考文献 …………………………………………………………………… 223

第1章 柴达木盆地概况

1.1 地理位置与行政区划

柴达木盆地是我国三大内陆盆地之一，属高原型盆地，地处青海省西北部、青藏高原东北部，位于东经 $90°16'\sim99°16'$、北纬 $35°00'\sim39°20'$，东西长约 800km，南北宽约 300km，面积约 25 万 km^2。盆地四周被高大山系环绕，构成一个轴向为西北—东南的不规则菱形向心汇水盆地，东北部以达坂山和宗务隆山等一系列祁连山系的山脉为界，海拔 3500m 以上，局部地区超过 5000m；西北部以阿尔金山脉东段为界，海拔 $3600\sim5600m$；西南部以昆仑山系的祁漫塔格山为界，海拔 $4500\sim5600m$；南部以布尔汗布达山为界，也属昆仑山系，海拔 4500m 左右，是我国海拔最高的盆地。

柴达木盆地海拔高、日照时间长、太阳辐射强、多风，盆地内降水稀少且多集中在夏季，年降水量自东南向西北递减，年平均气温低于 5℃。柴达木盆地各类资源非常丰富，目前已探明的矿点有 200 多处，矿产种类有 50 多种，潜在经济价值达 16.2 万亿元，其中石油、钾盐、硼酸盐等的储备最为丰富（张旺雄，2020）。除此之外，柴达木盆地的药材资源也较为丰富，品类齐全，包含药用植物、药用动物、药用矿物。资源开发极大地带动了盆地经济的发展和人口的增长。同时，柴达木盆地的交通事业已形成规模，公路成网，青藏铁路西（宁）格（尔木）段复兴号动车组也开始运行。

行政区划方面，柴达木盆地大部分隶属于青海省，西部少部分归新疆维吾尔自治区巴音郭楞蒙古自治州若羌县管辖。青海省所属部分，除南部少部分分别归属于青海省果洛藏族自治州玛多县、玉树藏族自治州治多县和曲麻莱县外，其主体部分隶属于青海省海西蒙古族藏族自治州，占盆地总面积的 90% 以上。海西蒙古族藏族自治州下辖格尔木市、德令哈市、茫崖市、都兰县、乌兰县、天峻县、大柴旦行政委员会。北部少部分归甘肃省酒泉市阿克塞哈萨克族自治县和肃北蒙古族自治县管辖。

柴达木盆地的地理位置十分重要，其北部隔祁连山与河西走廊相连，西北通过阿尔金山与新疆塔里木盆地为邻，东部为青海省湟水流域，是内地通往西藏的必经之路，格尔木市也因此成为内地与西藏联系的门户。西部大开发以来，柴达木盆地经济发展速度很快。2005 年，国家在海西蒙古族藏族自治州设立柴达木循环经济试验区。2010年，国务院批复《青海省柴达木循环经济试验区总体规划》，将柴达木循环经济发展上升为国家战略。2022年，海西蒙古族藏族自治州总人口约为46.8万人，GDP达842.55亿元，约占青海省总量的23.3%。人均GDP达18万元，是同期青海省平均水平的3倍、全国平均水平的2.1倍。城镇化水平达到78.16%，远高于同期全国平均水平。

1.2 自 然 地 理

1.2.1 地形地貌

柴达木盆地作为祁-昆褶皱的一部分，是封闭的中新生代断陷盆地。断陷始于侏罗纪，经过多次的构造运动和断裂运动先形成盆地雏形，后来又经过多次的变迁逐步形成了现在的盆地格局和自然景观（李凤杰等，2012；吴桐雯等，2018）。

柴达木盆地在地形上具有明显的四周高、中间低的特点。盆地四周是昆仑山、祁连山和阿尔金山，海拔均在4000m以上，位于东昆仑山的布喀达坂峰是盆地最高点，海拔6860m；盆地内部海拔为2676~3200m，最低点位于盆地中部的达布逊湖南缘。从地貌上看，柴达木盆地地貌复杂多样，从盆地四周边缘到盆地中心依次为高山、戈壁、固定半固定沙丘和风蚀丘陵、细土平原带、沼泽、盐沼、湖泊等地貌类型。盆地四周为极高山、高山及谷地，中间为宽阔的盆地。盆地中又发育有次一级的小盆地，主要有尕斯湖盆地、马海盆地、苏干湖盆地、大小柴旦盆地、德令哈盆地、希里沟盆地、察汗乌苏盆地等。在高山和盆地的过渡带上为中山丘陵。各地貌类型具有明显的垂直分布规律。在极高山和高山带，以冰川和边缘作用及冻胀和冻融作用为主，发育冰川冻土地貌；海拔在4000m以下的中山丘陵带，受盆地干燥气候影响，发育为剥蚀山地貌；在高原面以下流水作用明显，发育为河流谷地等侵蚀地貌和洪积扇、洪积平原等流水堆积地貌；在柴达木盆地各湖泊周围，广泛发育有湖泊沉积地貌；柴达木盆地西部还存在着广泛的风蚀风积地貌；另外喀斯特地貌、黄土地貌及与海岸地貌相似的湖岸地貌亦有分布。

1.2.2 气候条件

柴达木盆地具有典型高寒干燥大陆性气候特点，以干旱为主要特点。由于盆地地域辽阔、地形复杂，又可分为干旱荒漠区和高寒山区，两个气候区的气候特征差异很大。

柴达木盆地中心为干旱荒漠区，由于地处大陆腹地，海拔较低，四周高山环绕，西南暖湿气流难以进入，所以降水稀少，气候干燥，相对湿度低，水汽含量少，大气透明度好，日照时间长，太阳辐射强，气温较高，无霜期较短。盆地四周为高寒山地，该区海拔高，气候寒冷，月平均气温在0℃以下的时间长达6个月以上。因海拔较高，空气干净稀薄，日照时间较长，太阳辐射较强。

整个盆地降水稀少，属于干旱带，降水量自东南向西北递减。受地形和纬度的影响，盆地气温中间高四周低、南部高北部低。气温最低的1月，盆地内最低气温为$-16.1 \sim -9.8$℃，山区为$-17.2 \sim -14.7$℃。气温最高的7月，盆地内最高气温为$13.5 \sim 19.2$℃，山区为$5.6 \sim 10.4$℃。盆地日照时间长，太阳辐射强，年日照时数普遍在3100h以上。盆地风力强盛，年8级以上大风日数可达$25 \sim 75$天，西部甚至可出现40m/s的强风。

1.2.3 河流湖泊

受地理位置、地形、降水的影响，盆地河流具有数目多而分散、流程短且水量小的特点。四周山区降水量大，高山终年积雪，冰川广布，河流均源于此，流向盆地中部。盆地河网分布不均匀，东南部河网密集，河流流量较大，西北部河网稀疏（张家桢等，1985）。盆地内河流多发育于周围高山，主要补给来源包括降水、冰雪融水和地下水等。在山区，河网密度大，支流多且长，干支流呈格子状水系。河流出山口后，水量一般逐渐减少或变为季节性河段或中途消失。因地势平坦，水流之间汇入、分出，甚至跨水系汇入、分出，很难确定主河槽，河道多呈扇状或辫状分流。柴达木盆地内发育河流79条，其中季节性河流42条，常年有水河流37条；年径流量超过1亿m^3的河流主要有8条，分别是那棱格勒河、格尔木河、香日德河、大哈尔腾河、巴音河、诺木洪河、察汗乌苏河、塔塔棱河。

柴达木盆地受新构造运动的影响，被分割成多个次一级盆地，进而形成多个辐合向心水系。盆地内大的水系包括尕斯库勒湖水系、苏干湖水系、马海湖水系、大柴旦湖水系、小柴旦湖水系、库尔雷克湖水系、都兰湖水系、台吉乃尔湖水系、达布逊湖水系、霍布逊湖水系等。除河流外，盆地内发育湖泊64个，类型以盐湖居多，还包括淡水湖和咸水湖等湖泊类型。淡水湖主要分布在昆仑山北麓海拔4000m以上的径流形成区，在盆地底部则只有克鲁克湖为淡水湖，其他均为咸水湖或盐湖。

1.2.4 水文地质

根据第二次全国水资源评价，柴达木盆地水资源总量为55.88亿m^3，其中地表水资源量为47.47亿m^3，地下水资源量为39.54亿m^3，两者之间的重复量为31.13亿m^3。其中，青海境内水资源总量为49.47亿m^3，甘肃境内水资源总量为3.23亿m^3，新疆境内水资源总量为3.18亿m^3。青海省境内按州级行政区划分，海西蒙古族藏族自治州水资源总量为43.39亿 m^3，玉树藏族自治州水资源总量为4.14亿 m^3，果洛藏族自治州水资源总量为1.94亿 m^3。

柴达木盆地的多年平均地表水年径流量为47.47亿 m^3，主要集中在盆地南部的流域分区，北部的流域分区产流相对较少。其中，茫崖冷湖区为3.75亿 m^3，占全盆地径流量的7.9%；大哈尔腾河苏干湖区为3.51亿 m^3，占全盆地径流量的7.4%；鱼卡河大小柴旦区为2.51亿 m^3，占全盆地径流量的5.3%；巴音河德令哈区为4.10亿 m^3，占全盆地径流量的8.6%；都兰河希赛区为0.96亿 m^3，占全盆地径流量的2.0%；那棱格勒乌图美仁区为11.89亿 m^3，占全盆地径流量的25.1%；格尔木区为8.71亿 m^3，占全盆地径流量的18.3%；柴达木河都兰区为12.04亿 m^3，占全盆地径流量的25.4%。

柴达木盆地的多年平均地下水资源总量为39.49亿 m^3。其中，山丘区地下水资源量为34.40亿 m^3，平原区地下水资源量为31.15亿 m^3，平原区与山丘区地下水之间重复量为26.06亿 m^3。青海省境内多年平均地下水资源总量为34.45亿 m^3。其中，山丘区地下水资源量为30.38亿 m^3，平原区地下水资源量为27.67亿 m^3，平原区与山丘区地下水之间重复量为23.60亿 m^3。柴达木盆地主要河流水文特征见表1-1。

表1-1 柴达木盆地主要河流水文特征

河 名	水文站名	集水面积/km^2	河长/km	天然年径流量/亿 m^3	年径流深/mm	年径流系数
那棱格勒河	那棱格勒	21898	396	10.34	47.2	0.26
格尔木河	格尔木	18648	323	7.75	41.5	0.20
香日德河	香日德	12339	231	4.63	37.5	0.33
大哈尔腾河	花海子	5967	340	2.68	44.9	0.29
巴音河	德令哈	7281	200	3.34	45.8	0.19
诺木洪河	诺木洪	3773	123	1.56	41.3	0.17
察汗乌苏河	察汗乌苏	4437	152	1.60	36.0	0.50
塔塔棱河	小柴旦	4771	180	1.20	25.2	0.30

从地质构造上来说，柴达木盆地是封闭的中新生代断陷盆地，是祁昆地槽区的山间盆地。在大地构造上，位于青藏滇"歹"字形构造体系"头部"外围弧形褶皱带的内侧。盆地中央有大致37°20′的纬向基底断裂，它控制着盆地新构造运动的特征。该断裂线以北的盆地西部和盆地东北部，自第三纪以来，一直缓慢上升，形成主要由第三系和中下更新统沙泥岩组成的丘陵带。盆地东南部剧烈下沉，是第四系的主要堆积场所，形成由上更新统至近代洪积、冲积及

湖积层组成的山前倾斜平原。盆地的基底结构比较复杂，西部和东北部是早古生代地层，东南缘是晚古生代侵入岩及震旦纪或早古生代地层。盆地四周山区岩层主要为经过强烈褶皱的古生代碎屑岩和古生代岩浆岩，其次为碳酸盐岩和变质岩。

1.2.5 土壤植被

柴达木盆地自然景观为干旱荒漠，生态环境相对脆弱。由于其地理位置、气候条件和自然环境等因素的影响，土壤类型多为荒漠沙土。荒漠沙土是一种养分含量较低的土壤类型，这使得柴达木盆地的植被较为稀疏。柴达木盆地主要土类为棕钙土、栗钙土和灰棕漠土，且在低洼地和盐湖周围土地盐渍化现象普遍（田占良，2021）。棕钙土是一种干燥的钙质土壤，主要分布在盆地东部的低洼地和盐湖周围，由于排水不畅和蒸发量大等因素的影响，土壤容易出现盐渍化现象，盐分含量高，适合一些耐盐植物的生长。栗钙土是一种较为肥沃的土壤类型，富含有机质，适合一些耐旱植物的生长。栗钙土主要分布在盆地内部的一些高地和干燥地区，土壤的盐渍化程度相对较低。灰棕漠土也是柴达木盆地一种常见的土壤类型，它主要分布在盆地外围的干旱山地。

由于柴达木盆地气候寒冷干燥，土壤盐分含量高，所以盆地具有植物种类稀少、结构单一、覆盖度低的特点，以具有高度抗旱能力的灌木、半灌木和草本为主，且盐生植物较多（尤勇刚等，2019）。除了盆地中心地带盐壳、盐湖，盆地西北的风蚀残丘和沙漠、戈壁荒漠以及祁连山和昆仑山高山积雪、冰川和高山裸岩、碎石带寒漠等无植被外，盆地其他地方的植被主要分为荒漠植被、针叶林、灌丛植被、草原植被、草甸植被、阔叶林、高山植被、沼泽植被和栽培植被9个类型。荒漠植被是柴达木盆地的主要植被类型，主要分布于察汗乌苏盆地、德令哈盆地、大小柴旦盆地、马海盆地、阿尔金山东南和昆仑山北坡的隔壁砾石带内，其生存环境严酷，雨少、风大、沙多、土瘠、盐碱、蒸发强烈。森林植被在柴达木盆地的发育很受限制，主要是以针叶林的形式呈片段状分布在盆地东部边缘山地，且覆盖度很低。灌丛植被主要分布在高寒山地带和较大河流中下游的河谷、滩地；且高山地区的灌丛植被种类较荒漠灌丛丰富，结构较复杂，覆盖度也较高。草原植被在柴达木盆地主要有高寒草原和荒漠化草原两类，前者主要分布在祁连山西段和柴达木盆地东南边缘山坡、盆地高山的浑圆平坦顶部以及昆仑山地宽谷盆区，而后者则较广泛地分布在柴达木盆地各山体的下部。草甸植被覆盖面积较大，主要分布于祁连山海拔3800～4200m、昆仑山海拔4000～4500m的区域，以及柴达木盆地和山间小盆地的低洼地及河滩湖滨溢水滩地。阔叶林一般呈块状或狭带状分布，占据着平缓的冰碛低丘、寒冻风化形成的流石坡坡麓以及平缓的山隘。高山植被是山地垂直分布中极其耐寒、耐旱的稀疏植被，广泛分布于祁连山、昆仑山的高山雪线以下的流石坡雪斑和高山冰川舌下部地段。沼泽植被面积较小，呈不连续状零散分布在柴达木盆地的湖泊、山麓潜水溢出带以及山地垭口和冰川下缘等地段。栽培植被面积较小，主要分布于海拔 3200m 以下的"荒漠绿洲"地带，对灌溉依赖性较高。

1.3　自　然　资　源

1.3.1　盐湖资源

柴达木盆地盐湖广布，共有大大小小盐湖 33 个，总面积超过 3 万 km^2。目前已发现的盐类矿产有 12 种，分别为湖盐、钾盐、天然碱、石膏、芒硝、硼、镁、锂、锶、溴、碘、铷。现阶段主要开发利用的盐湖资源有钾盐（氯化钾）、锂矿（氯化锂）、镁盐（氯化镁和硫酸镁）、盐矿（氯化钠）、硼矿（氧化硼）。根据盐湖资源特点和地理位置可分为东部、中部和西部三个区域：东部以盐矿为主，包括柴凯盐湖、茶卡盐湖和柯柯盐湖；中部以钾盐、锂矿、镁盐、硼矿为主，包括察尔汗盐湖、东台吉乃尔湖、西台吉乃尔湖、大柴旦湖、小柴旦湖和一里坪湖；西部以钾盐、锂矿为主，包括察汗斯拉图湖、尕斯库勒湖、昆特依湖、大浪滩湖、牛郎织女湖（王振东等，2023）。其中，素有"中国大盐湖"之称的察尔汗盐湖是中国乃至世界超大型现代盐湖钾盐基地，提供了中国 80% 的钾肥产能，其钠、镁、锂储量亦居全国之首。由于卤水中元素离子差异较大，盐湖资源可分为硫酸盐型、氯化物型和碳酸盐型。柴达木盆地中基本没有碳酸盐型盐湖，硫酸盐型盐湖则分布在盆地中央的外围，氯化物型盐湖则分布在盆地中心。从外围到中央，由硫酸盐型向氯化物型过渡，在盆地中部形成巨大钾、镁盐矿床。按资源赋存深度，柴达木盆地盐湖又可分为浅层盐湖和深层盐湖。浅层盐湖主要为表层盐湖晶间卤水型矿床，固液并存，赋存深度为 0~200m，钾、钠、镁、锂、硼品位高；深层盐湖分为"砂砾型"孔隙卤水和背斜构造裂隙-孔隙卤水型矿床，产状深度大于 200m，皆以液体为主。其中，"砂砾型"孔隙卤水矿化元素简单，以钾元素为主；背斜构造裂隙-孔隙卤水成矿元素复杂，富含钾、锂、硼等元素，伴生溴、碘、铷、铯等元素，镁元素含量较低。根据《青海省矿产资源储量简表》（截至 2020 年）数据，青海省钾盐累计探明资源储量 10.30 亿 t，保有资源储量 7.77 亿 t；锂矿累计查明资源储量 1787.46 万 t，保有资源储量 1418.63 万 t；镁盐累计查明资源储量 62.90 亿 t，保有资源储量 51.40 亿 t；盐矿累计查明资源储量 3540.28 亿 t，保有资源储量 3531.63 亿 t；硼矿累计查明资源储量 4210.27 万 t，保有资源储量 1732.11 万 t。2022 年，青海省自然资源部门查明柴达木盆地察尔汗矿区第四系现代盐湖保有固液体氯化钾资源量 3.9 亿 t、氯化锂资源量788.67万t。总体来看，柴达木盆地盐湖资源具有分布集中、储量大、埋藏浅、品位高、类型全的特点。柴达木盆地盐湖资源综合开发利用对于促进青海经济发展、社会进步、民生改善等具有极其重要的战略地位。

1.3.2 油气资源

柴达木盆地是青藏高原唯一的油气生产基地。盆地内部地质构造复杂，包括断裂、褶皱、逆冲断裂等多种构造类型。这些地质特征为油气资源的富集提供了有利条件。1954年以来，柴达木盆地油气资源勘探工作经历了从起步到发展的各个阶段，实现了勘探领域由隆起区拓展至坳陷区，勘探深度由中浅层过渡到中深层和超深层，储集层岩性从碎屑岩逐渐扩展到碳酸盐岩和基岩，勘探对象以构造为主转变为以地层和岩性为主的大跨越。柴达木盆地石油资源存在常规石油和致密油2种类型。已发现的油藏多集中于柴达木盆地西部地区且勘探程度最高，其次为柴达木盆地北缘地区。柴达木盆地油气藏分布与古构造关系密切，主要包括4大类石油成藏模式，分别为富烃凹陷古构造成藏模式、源外古隆起-古斜坡成藏模式、源上晚期构造成藏模式及富烃凹陷周缘斜坡源内致密油-岩性油藏成藏模式。柴达木盆地西部地区油气分布具有分区性：以英雄岭一带为界，柴达木盆地西南区总体以油为主，柴达木盆地西北部地区浅层以油为主，深层以气为主。柴达木盆地北缘地区中侏罗统烃源岩有机质类型以Ⅰ-Ⅱ型为主，液态烃产率高，以生油为主；而下侏罗统烃源岩有机质类型主要为Ⅱ-Ⅲ型，总体以生气为主。"十二五"以来，依托国家及中国石油科技重大专项，在柴达木盆地油气资源研究与开发方面，攻克了一系列理论与技术难题，通过自主创新，取得一系列新的重要进展，获得了勘探重大突破和发现。截至2021年年底，盆地完钻各类探井2661口，共探明油气田34个。其中，油田24个，探明石油地质储量8.0亿t；气田10个，探明天然气地质储量4407亿m^3。柴达木盆地油气资源开发与应用潜力巨大。

1.3.3 水土资源

柴达木盆地水资源匮乏，主要来自冰川融化。河流产流区域保水能力差、径流量小且入渗量和蒸发量大，而地下水埋藏较深、开采难度大且成本高。盆地现代冰川面积693.54km^2，冰储量约120km^3，主要分布在海拔5400m以上的祁连山和阿尔金山南坡东段，以及海拔4800m以上的昆仑山北坡。受气候条件影响，柴达木盆地荒漠化、盐渍化严重，盐尘暴频发。第五次荒漠化和沙化土地监测结果显示，截至2014年，青海省荒漠化土地面积为1903.58万hm^2，占全国荒漠化土地总面积的7.29%，其中柴达木盆地荒漠化土地面积最大，从外围山地到山前洪积扇、湖泊外围及其平坦低洼区，冻融荒漠化土地、水蚀荒漠化土地、风蚀荒漠化土地和盐渍荒漠化土地依次分布。柴达木盆地农区地势开阔平坦，水、土、光、热条件好，适宜集中连片开发，是青海农业开发后备土地资源最为丰富的地区，也是青海省重要的商品粮油基地。2017年，青海省国土资源厅首次在柴达木盆地的都兰、格尔木、德令哈一带，探明富硒土壤资源达544.1km^2。柴达木盆地富硒土壤具有富硒来源稳定、清洁无污染、有效硒含量高的突出优势，对柴达木农业富硒品牌发展具有重大意义。

1.3.4 其他资源

柴达木盆地也拥有丰富的矿产资源，如煤炭、铁矿石、铜矿石、铅锌等。这些资源在支持当地工业建设方面具有潜力。其中煤炭资源主要分布在鱼卡地区，已探明保有储量约为14亿t。铅锌资源主要集中在锡铁山铅锌矿区，是中国已知最大铅锌矿之一。

柴达木盆地还拥有着丰富的光能和风能。在柴达木盆地，太阳能年辐射总量可超过6800MJ/m^2，若全部用于新能源发电，理论装机容量可达44亿kW，相当于177座三峡电站装机容量。2020年柴达木盆地建成国家光伏发电应用领跑者基地等新能源项目206个，一跃成为目前世界最大的荒漠化并网光伏发电基地。因柴达木盆地属狭长形开阔盆地，地形走向又与我国西北地区盛行的风向一致，所以，这里的年平均风速可达4m/s，全年风能可用时间在5000h以上，风能巨大。地处柴达木盆地的海西蒙古族藏族自治州年平均风功率密度达50～100W/m^2，年风能可用时间3500～5000h，是中国发展风电产业最理想的区域之一。

除了矿产资源和风能光能资源，柴达木盆地还具有独特的生物资源。柴达木盆地植物大多耐旱、抗风、抗盐碱，是防风固沙、盐地改良的资源性植物。柴达木盆地还坐拥全国最大的有机枸杞生产基地。截至2021年10月，青海省枸杞出口量已达900t。柴达木盆地中藏药材资源普查数据显示，柴达木盆地内还分布有药用植物、药用动物、药用矿物共计782种，出产的中藏药材蕴藏量大、效果好。动物区系在柴达木盆地具有由蒙新区向青藏区过渡的特征。该地区野生动物资源中兽类共有463万头（只），其中野牦牛、野驴、雪豹、兔狲等珍稀物种均具有较高的科研价值和生态保护价值。

1.4 社 会 经 济

1.4.1 人口与民族

柴达木盆地地域辽阔，大部分归海西蒙古族藏族自治州所辖。据《青海统计年鉴2022》，2021年总人口为46.82万人，城镇化率（按户籍人口）高达94.7%。人口由汉族、蒙古族、藏族、回族、土族、撒拉族等30个民族组成，其中蒙古族、藏族是主体少数民族，人口占常住人口的16%。盆地内人口规模、密度和非农业人口的比例均很小，这对于以矿产资源开发和深加工为主导的产业发展十分有利。

1.4.2 经济

柴达木盆地以"聚宝盆"闻名于世，湖盐资源居于世界之冠，石油天然气资源勘探前景广阔，石棉资源和铅锌矿资源开采历史悠久，还有极富价值的其他矿产资源和动植物资源，开发潜力巨大。经过多年的地质勘探，探明储量的矿产有57种，产地共281处，主要矿产资源潜在经济价值约16.2万亿元，特别是湖盐资源具有储量大、品位高、种类齐全、分布集中、组合好等特点，不仅在国内有突出优势，而且在世界上亦属罕见。

中华人民共和国成立后，柴达木盆地的农业、工矿业和社会经济有了较大发展，大规模农业垦荒是从1954年开始的，到1960年累计垦荒达8.39万hm^2。但因干旱、盐碱、风沙和低温等大片撂荒，1962年耕地面积降为3.00万hm^2，1995年又增为3.77万hm^2，之后耕地面积上下波动，到2020年耕地面积增长到4.67万hm^2。这种盲目垦荒的结果，使生态环境遭到了人为的极大破坏，导致大面积优良草场的土地裸露、盐碱化、沙化，森林和沙化灌木损失严重。后来地方政府通过产业结构调整和加大投资扶持力度，至2021年柴达木盆地全年国内生产总值为666.11亿元。2021年粮食作物的播种面积为2.10万hm^2，年末大牲畜存栏数为33.69万头，小牲畜存栏数为298.97万头。

柴达木盆地交通十分便利，由青藏、青新、敦格、柳格等国道干线公路和专用公路构成的骨干公路框架已经形成，并构成了环形公路交通网；青藏铁路在柴达木盆地各个州通过的总里程为536km；格尔木机场开辟有格尔木至西宁、西安、济南、青岛等航线，交通便利。

柴达木盆地地域辽阔，矿产和土地资源丰富。能源、资源是经济社会发展，尤其是工业化进程中必不可少的物质保障。作为国家级的循环经济试验区，柴达木盆地发展绿色产业，对于建立国家重要能源、材料基地，确保国家能源资源战略安全具有深远意义；三江源是"中华水塔"，是实现中华民族伟大复兴的生态屏障（甘佩娟等，2014）。柴达木盆地作为三江源的毗邻地区，区域的风向特征导致柴达木盆地荒漠化有向"三江源"地区蔓延的趋势，形成对三江源生态环境的外围威胁和侵蚀（刘亚天等，2022）。柴达木盆地发展绿色产业，实施荒漠化综合治理，改善区域生态环境，是保护和改善"三江源"生态环境的根本之举；青海作为西部地区多民族聚居的重要省份，仍是欠发达地区，经济总量小，产业层次低，居民收入水平与内地其他省份相比，存在较大的差距。柴达木盆地发展绿色产业，对于推动当地经济发展，改善民生，缩小区域之间经济不平衡发展，实现民族团结、社会进步、边疆稳固具有极其重要的意义。

第 2 章 降水遥感监测

降水是水文循环过程的关键环节，也是驱动水文模型的重要基础性数据。降水作为生态环境的重要水源，其时空分布对生态系统的稳定和结构影响深远，同时也深刻影响着地球生物化学循环和人类的生产生活。然而，降水在时间和空间上的变率较大，是较难准确观测和预估的水文气象要素。降水强度和分布与干旱、山洪和泥石流等灾害的发生密切相关。另外，降水数据的不确定性是陆面水文模型不确定性的主要来源之一。因此，准确掌握降水时空信息将极大地推进水资源的科学管理，对极端水文预报、流域水文过程模拟等至关重要。

降水数据的主要获取途径包括地面站点观测、地基气象雷达、卫星遥感反演和再分析气象资料。地面站点观测是降水信息获取最广泛和最直接的方法，但其存在明显不足，如站点数量有限或分布不均匀、局部点采样观测的结果空间代表性差等。地基气象雷达虽然时空分辨率较高（5～15min 和 1～4km），但精度波动范围较大，易受地形起伏的影响，且雷达信号在寒冷季节受固态降水的影响常难以解释。此外，在地形复杂的地区，地面站点和地基气象雷达的布设密度要远低于世界气象组织规定的标准（1 站/25km^2）（马秋梅，2019）。卫星搭载遥感传感器，采用非接触的观测方式能提供全球或区域范围内时空分布连续的降水信息，不受地形条件的限制。除遥感降水产品外，再分析降水数据和新型融合降水产品也能提供时空分布连续的降水资料。近年来，这些降水产品的反演算法、数据源以及时空分辨率在不断更新和提升，但在实际应用中其精度仍存在一定的误差，这些误差特征还会随着下垫面条件、季节、海拔等影响而变化。山区降水时空信息是较难准确获取的，主要原因有：①山区降水测站少。受可达性和维护成本限制，降水测站多位于山谷或人口密集区，分布稀疏（Verdin et al.，2015）。②山区降水时空变异性很强。山区局地降水较多，且降水分布的不均匀性并非简单地随高程线性增加（Barros，2013）。山区降水的空间分布可能受地形遮挡、厄尔尼诺南方涛动指数、降水类型和成因等多种因素的影响，在不同天气系统或特定研究时期，这些因素特征还会发生不同变化，导致降水的非平稳空间模式。如何精确推求山区降水时空分布是水文科学领域一个长期具有挑战性的难题。山区流域作为世界"水塔"，是众多国家的主要地表水源及主要河流的发源地。"水塔"为下游生态环境和人类用水需求供水，其脆弱性亦受社会经济因素和气候变化共同作用（Immerzeel et al.，2020）。在全球变暖、人类活动加剧的大背景下,山区水循环时空特征和水资源形势发生着剧烈变化(王宁练等,2019)。降水作为山区水资源的主要来源,精确的降水时空信息是高寒山区流域水文模拟的前提,对变化环境下的水资源适应性对策等具有重要意义。本章针对缺少或没有降水观测的山区流域,主要目标是评估多套降水产品的适用性,并基于实测径流资料校正降水产品来获取更精确的山区流域降水时空信息。遥感降水产品和再分析降水资料为地形复杂的山区流域提供了时空分布连续的降水数据,其产品精度直接影响着区域降水信息获取的可靠程度,需要在实际应用前进行精度评估和区域适用性分析,对误差较大的产品需进行数据校正。针对无降水测站的山区流域,开展降水产品的适用性评估和降水数据校正研究,能为缺乏资料山区流域降水时空估算和水文过程模拟提供重要参考,深化流域降水时空格局和区域水资源管理。

柴达木盆地位于内陆,远离海洋,地势较高,各路气流沿途水汽补充少,且受重山阻挡,故抵达时水汽含量甚微,造成盆地气候干燥,降水稀少。西南气流即孟加拉湾和印度洋热带西南季风暖湿气流,是柴达木盆地的主要水汽来源。孟加拉湾暖湿气流沿澜沧江、金沙江河谷,越过长江、黄河源区,进入盆地。印度洋暖湿气流沿雅鲁藏布江河谷,翻过唐古拉山、昆仑山影响柴达木盆地。东南气流包括西太平洋副热带高压和东南沿海台风输送来的暖湿气流,但由于沿途有秦岭、昆仑山等山脉的阻挡,到达盆地时已是强弩之末,影响不大。此外,与盆地相邻的青海湖水面较大,每年亦有一定的水汽输入盆地,对盆地东部降水有一定的影响。

柴达木盆地多年平均降水降雪比例及其变化如图 2-1 所示。柴达木盆地多年平均年降水量为 134.8mm(或 372.7 亿 m^3)。降水总体呈现 2.7mm/年的增加趋势,且降水的增加主要位于盆地西南、东南及东北部区域。在南部和东北部的高山区域,降水几乎全以降雪出现。在总降水中,盆地多年平均年降雪量为 20.0mm,占总降水量的 14.8%,且年降雪量在整体上呈现 0.4mm/年的增加趋势。

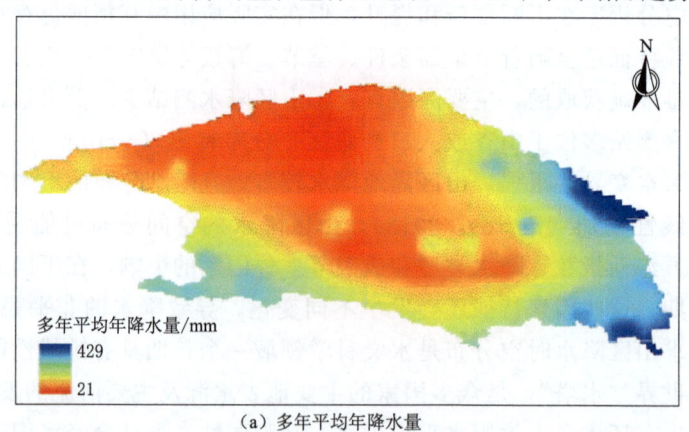

(a)多年平均年降水量

图 2-1(一) 多年平均降水降雪比例及其变化

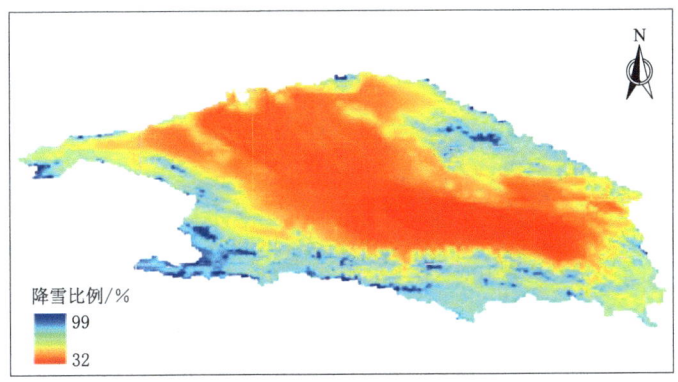

(b)降雪比例

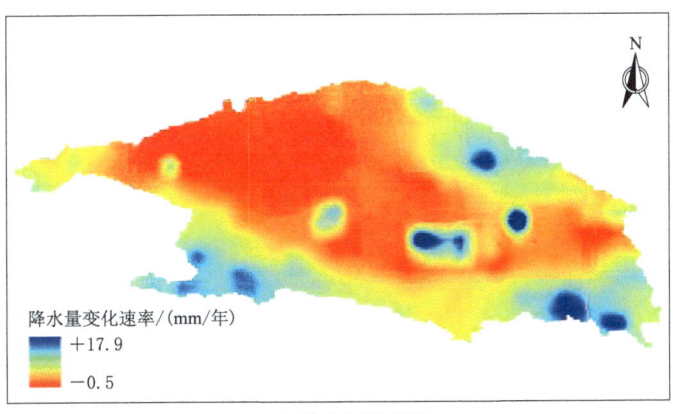

(c)降水量变化速率

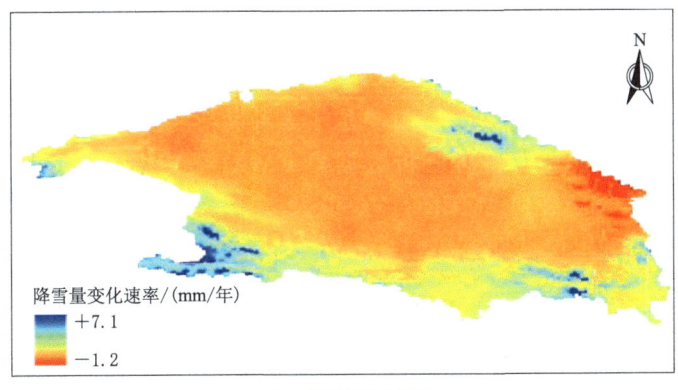

(d)降雪量变化速率

图2-1(二) 多年平均降水降雪比例及其变化

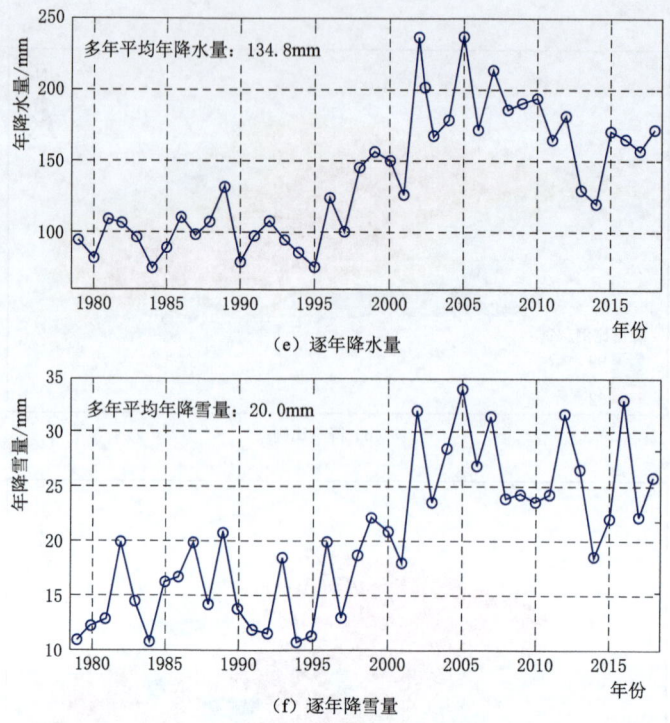

图 2-1（三） 多年平均降水降雪比例及其变化

2.1 数 据 与 方 法

2.1.1 降水产品介绍

在综合前人研究的基础上，本章选取了 4 种高精度且在山区流域有较好表现的降水产品，包括 1 套大气再分析数据集 CMADS V1.1、2 套遥感降水产品 TRMM 3B42 V7 和 GPM IMERG V6 以及 1 套新型融合降水产品 MSWEP V2.2。降水产品基本信息见表 2-1。

表 2-1　　　　　　　　降水产品基本信息

降水产品及版本	空间分辨率	时间范围	数 据 来 源
CMADS V1.1	0.25°×0.25°	2008—2018 年	中国大气同化驱动数据集官网
TRMM 3B42 V7	0.25°×0.25°	1998 年至今	GES DISC 网站
GPM IMERG V6	0.1°×0.1°	2000 年 6 月至今	GES DISC 网站
MSWEP V2.2	0.1°×0.1°	1979 年至今	MSWEP-GloH2O 官网

2.1.1.1 CMADS

大气驱动数据集 CMADS 引入中国气象局大气同化系统数据同化技术,具有数据来源广、多尺度和多分辨率的特点。CMADS 的降水数据由多卫星和地面自动站降水融合而成。其中中国区域以气候预测中心变形技术(Climate Prediction Center MORPHing technique,CMORPH)产品为背景场,融合中国降水自动站观测制作的中国区域小时降水量融合产品,可提供逐日24h累积降水量。除降水数据外,CMADS 还提供日尺度的平均温度、最高温度、最低温度、气压、比湿、风速以及辐射数据,数据格式按水文模型所需要的输入数据进行设置。其中辐射数据主要以国际卫星云气候计划(International Satellite Cloud Climatology Project,ISCCP)资料为背景数据,基于离散坐标辐射传输模型(DISORT)对 FY-2D/E 数据进行反演,从而得到格点上的地面入射太阳总辐射辐照度。其他数据基于国家2421个自动站以及业务考核的自动站2009年1月以来地面基本气象要素逐小时观测数据。本章所使用的 CMADS V1.1 版本空间分辨率为 $0.25°\times0.25°$,空间覆盖范围包含整个东亚(北纬 $0°\sim65°$,东经 $60°\sim160°$),时间范围为 2008—2018 年。

2.1.1.2 TRMM

TRMM 计划是由美国国家航空航天局(National Aeronautics and Space Administration,NASA)和日本宇宙航空研究开发机构(Japan Aerospace Exploration Agency,JAXA)共同主持的一项国际联合计划。它是主流的遥感降水产品之一,携带了3种降水传感器:TRMM 微波成像仪、降水雷达以及可见光与红外辐射计。此外还携带有云和地球能量辐射系统以及闪电成像传感器,主要用于研究天气和气候降水。TRMM 在水文模型、洪水预测等方面有较为广泛的应用。TRMM 包含多种降水数据,比较常用的是 3B42 和 3B43,能提供1998年至今的覆盖全球范围的格点降水资料,空间分辨率为 $0.25°\times0.25°$,具有准确性好、分布面广、时空分辨率较高等特点。这两种产品都融合了地面站点的月降水观测值,其中 3B42 可以提供 3h 的降水数据,3B43 是通过平均 3B42 计算得到月时间尺度的降水数据。TRMM 3B42 包括两个版本:非实时后处理的 TRMM 3B42 产品和近实时的 TRMM 3B42 RT 产品。本章使用的 TRMM 3B42 V7 是非实时后处理产品,在数据源和校正算法上做了重要改进,和近实时的 TRMM 3B42 RT 产品相比,它与站点观测数据更为接近,和先前版本相比,在水文模拟中的效果更好,在山区径流模拟中也有较好表现。

2.1.1.3 GPM

GPM 是继 TRMM 后新一代的卫星降水产品,能够提供全球范围基于微波反演的3h降水数据产品,为全球气候变化、洪旱灾害监测等研究工作提供了数据支持。GPM不但继承了TRMM降水资料的方法，还提高了观测精度、时空分辨率和探测能力，特别是对中高纬地区固态降水以及微量降水的探测。大量研究证明了GPM在降水精度和水文模拟表现上要优于TRMM，但在一些高寒山区的表现还不稳定，径流模拟能力甚至弱于TRMM，因此对特定区域特别是地形复杂的高寒山区仍需更细致的降水适用性评估和研究。IMERG是GPM的三级产品，能够提供全球0.1°×0.1°、30min的降水数据，包括两种近实时的产品（Early-Run和Late-Run）以及一种非实时后处理产品（Final-Run）。现有研究表明：Final-Run的精度较高，水文模拟应用潜力较大，且在地形复杂地区有更好表现；Early-Run和Late-Run时效性强，在洪水预报等实时性研究方面更有优势。IMERG自2014年以来已发布多个版本的数据，V6是2019年4月新发布的版本，提供了2000年6月至今的降水数据，与先前版本相比，时间范围更长，精度也有提高。本章使用的是GPM IMERG V6 Final-Run提供的日降水数据。

2.1.1.4 MSWEP

MSWEP是一款集成了站点数据（CPC Unified、GPCC）、卫星观测数据（TRMM 3B42、CMORPH、GSMap MVK）、大气再分析数据（ERA Interim、JRA 55）等资料的优势而形成的一套多源融合降水产品，具有时间尺度长、空间分辨率高的特点。MSWEP产品的形成首先需要计算长时间序列的气候平均值，再对卫星观测数据以及大气再分析数据的时间变异性进行评估，并通过部分径流和潜在蒸散发资料进行订正，之后将长时间序列的气候均值降尺度到日尺度，直至得到3h的数据集合。MSWEP自开发以来，已成功应用于全球范围，在中国大陆的整体评估中也有较好的表现，且在缺资料地区表现出了较大的应用潜力。本章使用的MSWEP V2.2版本较V1版本将空间分辨率从0.25°×0.25°提升到了0.1°×0.1°，新版本更新了降水的累积分布函数计算方法，时间序列也由1979—2015年扩展到1979年至今，可提供3h格网化降水数据。

2.1.2 研究区数据简介

地面站点的降水数据收集自青海省气象部门和水文部门的站点降水数据集，气象站和水文站均采用称重式雨量计进行降水记录，数值为降雨、冰雹和降雪等形式降水的总和，数据精度为0.1mm。各站点记录的数据时间范围差别较大。综合4种降水产品和站点记录的时间范围，确定研究时段为2008—2016年，依此共选出了22个地面站点，包括9个气象站和13个水文站，站点的名称、北纬、东经、海拔、多年平均月降水量等基本信息见表2-2。气象站在柴达木盆地内分布相对均匀，水文站主要分布在盆地东部，海拔较高。

表 2-2 柴达木盆地地面站点基本信息

类别	站 名	北纬/(°)	东经/(°)	海拔/m	多年平均月降水量/mm
气象站	大柴旦	37.85	95.35	3179	8.4
	德令哈	37.38	97.36	3001	19.5
	都兰1	36.29	98.09	3185	20.1
	格尔木	36.42	94.90	2809	4.2
	冷湖	38.74	93.33	2765	1.8
	茫崖	38.25	90.85	2938	4.4
	诺木洪	36.43	96.42	2767	5.1
	乌兰	36.93	98.48	2980	19.6
	小灶火	36.80	93.68	2779	2.6
水文站	察汗河	36.94	98.48	2957	39.3
	察汗乌苏	36.24	98.11	3240	20.9
	德令哈（三）	37.38	97.43	3025	21.9
	都兰2	36.29	98.09	3194	21.2
	尕海	37.22	97.44	2860	13.2
	怀头他拉	37.34	96.73	2848	9.2
	上尕巴	36.99	98.57	3135	28.4
	夏日哈	36.40	98.12	3104	23.3
	香日德	35.91	97.98	3199	23.9
	纳赤台	35.87	94.57	3559	16.3
	柯尔	35.94	97.70	3249	26.3
	格尔木（四）	36.31	94.78	2919	5.4
	千瓦鄂博	35.75	98.13	3453	14.0

图 2-2 是各地面站点 2008—2016 年的月降水分布情况，前 9 个测站（大柴旦—小灶火）是气象站，包括察汗河之后的 13 个测站是水文站。水文站的月降水量整体要高于气象站。柴达木盆地 22 个地面站点的月降水均值为 15.9mm，中位数均值为 5.3mm。平均月降水量最大的是察汗河水文站，为 39.3mm；其次是上尕巴水文站，为 28.4mm；最小值出现在冷湖气象站，为 1.8mm。8 个地面站点的平均月降水量小于 10mm，其中有 6 个是气象站。月降水量的中位数为 0~19.2mm。月降水量的最高值出现在察汗河水文站。

2.1.3 研究方法

2.1.3.1 精度评估方法

在空间上，直接比较 4 种降水产品在柴达木盆地的多年平均空间分布情况。首先将 TRMM、GPM 和 MSWEP 的日栅格数据整合到年尺度上，同时计算 CMADS 各点的年降水数据，在 ArcGIS 中利用点转栅格工具生成栅格降水；再

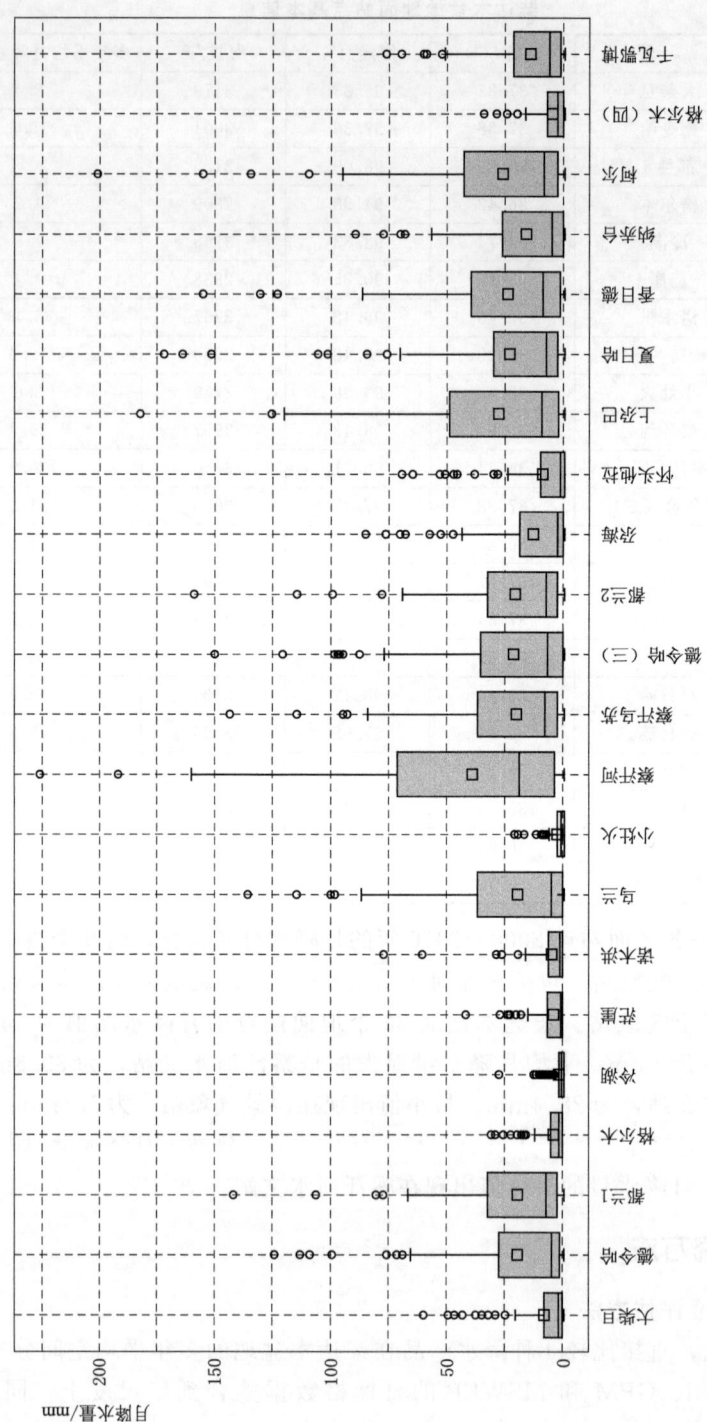

图 2-2 柴达木盆地各地面站点 2008—2016 年月降水量箱线图

利用研究区的矢量边界对栅格降水数据进行裁剪，计算并生成各降水产品在研究区的多年平均年降水量空间分布。为与实测降水进行对比，计算各站点的多年平均年降水量，在 ArcGIS 中根据降水值进行符号化表示。由于站点在研究区内分布很不均匀，直接表示各站点的降水能减少插值带来的额外误差。

除空间分布外，还对降水产品在柴达木盆地的逐月降水量进行直接比较。将 4 种日尺度的降水数据整合到月尺度上，利用研究区的矢量边界进行裁剪，再提取研究区内各格点的月降水值，得到不同降水产品在研究区的多年平均月降水量，用箱线图对降水离散数据进行直观详尽的统计分析。

在站点与栅格降水数据对上，本章使用点对像元的方式，以站点降水为真实值来评估格点降水的精度。为减少插值带来的额外误差，直接提取站点位置所在的格点降水值作为降水产品在该点的降水序列。因部分站点距离较近，且不同降水产品的空间分辨率存在差异，对在单个格点中存在两个或两个以上站点的栅格，取栅格内所有站点降水序列的平均值作为降水真实值。经统计，CMADS 和 TRMM 分别选出了 16 个和 17 个栅格点，GPM 和 MSWEP 则选出了 20 个栅格点。使用 Python 语言编程分别提取 4 种降水产品在站点位置的栅格降水值（2008—2016 年），并选用相关系数 R、百分比偏差 $PBIAS$ 和均方根误差 $RMSE$ 来评估降水产品的精度。本章所选用的 3 种定量指标的公式如下：

$$R = \frac{\sum_{i=1}^{n}[(X_i - \overline{X})(Y_i - \overline{Y})]}{\sqrt{\sum_{i=1}^{n}(X_i - \overline{X})^2} \sqrt{\sum_{i=1}^{n}(Y_i - \overline{Y})^2}} \quad (2-1)$$

$$PBIAS = \frac{\sum_{i=1}^{n}(Y_i - X_i)}{\sum_{i=1}^{n} X_i} \times 100\% \quad (2-2)$$

$$RMSE = \sqrt{\frac{\sum_{i=1}^{n}(X_i - Y_i)^2}{n}} \quad (2-3)$$

式中：X_i、Y_i 分别为 i 站点降水值和降水产品在站点位置的栅格降水值；n 为降水序列长度；$\overline{X}$、$\overline{Y}$ 分别为 i 站点降水和对应降水产品栅格降水的平均值。

各类定量指标中，相关系数 R 表示降水产品与站点降水值的线性相关程度；百分比偏差 $PBIAS$ 则表示降水产品的系统偏差程度，正负表示对实测降水的高估或低估；均方根误差 $RMSE$ 则用于反映降水产品与观测降水平均误差的大小。

2.1.3.2 降水产品在柴达木盆地的直接比较

1. 空间分布

分别计算站点和各降水产品在 2008—2016 年柴达木盆地的多年平均年降水

量，得到降水的空间分布。不同降水产品均表现出了区域降水量由西北向东南逐渐递增的趋势，与站点降水量的空间分布特征一致。不同降水数据计算的柴达木盆地年降水量为27～560mm，区域周围的山地降水量明显高于海拔较低的盆地。

CMADS 和 TRMM 在个别格点出现了年降水量大于 1000mm 的异常高值，研究发现这些格点的位置分布有盐湖或咸水湖，如东台吉乃尔湖、察尔汗盐湖和托素湖等。先前研究也表明 TRMM 和 CMORPH 的降水异常高值格点与盐湖分布一致（Qin et al.，2014）。由于被动微波较难识别盐湖水体与地表的差异，加上山区的云温阈值较高，使得盐湖水体附近的无雨云被识别为多雨云，从而在个别格点出现降水的异常高值。与 TRMM 相比，GPM 在被动微波遥感反演算法上有了明显改进，产品空间分辨率也有了提高，其数据的空间分布未出现降水的异常高值。MSWEP 虽以 TRMM 作为源数据，但使用多种资料加以订正，也未出现降水异常高值。

各降水产品计算得到的柴达木盆地的平均年降水量相差不大，为 147～190mm，MSWEP 计算的平均年降水量最高，其次是 TRMM。与其他 3 种降水产品相比，MSWEP 在南部山区的降水量更高，盆地中部降水量相对更低。

图 2-3 是提取的降水产品在柴达木盆地的格点年降水值和对应的高程值的对应分析（已剔除 CMADS 和 TRMM 的降水异常高值格点）。从图 2-3 可以看出，在高程 4500～4700m 存在一个相对高度，在该高度以下，柴达木盆地的降水量呈现随海拔升高而增加的趋势（$R=0.91～0.99$）；在该高度以上，MSWEP 和 TRMM 的降水量与高程的相关性较弱（$R<0.31$），GPM 和 CMADS 的降水量则随海拔升高而减少（$R=-0.95～-0.87$）。

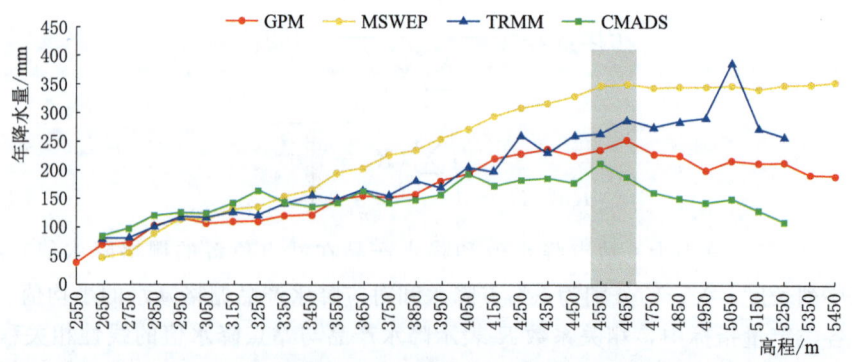

图 2-3　不同降水产品的年降水量随高程的变化情况

2. 年内分配

4 种降水产品在柴达木盆地的多年平均月降水量的箱线图如图 2-4 所示。表 2-3 是计算的各降水产品在柴达木盆地逐月降水量的平均值。各降水产品表现出了较一致的规律：柴达木盆地各月降水呈现先增后减的总体趋势，降水主要集中在5—9月，其中6—7月降水量最高（25.3~42.0mm），12月至次年2月的降水量最低（0.3~4.0mm）。计算各降水产品在柴达木盆地的逐月平均降水量发现（表2-3），MSWEP在5—9月的月平均降水量是降水产品中最高的，其余月份则是CMADS的降水量最高；5—8月的月平均降水量最低的产品是CMADS，其余月份则是GPM，其11月至次年2月的月平均降水量都要小于1mm，远低于同时期其余3种降水产品的月平均降水量。

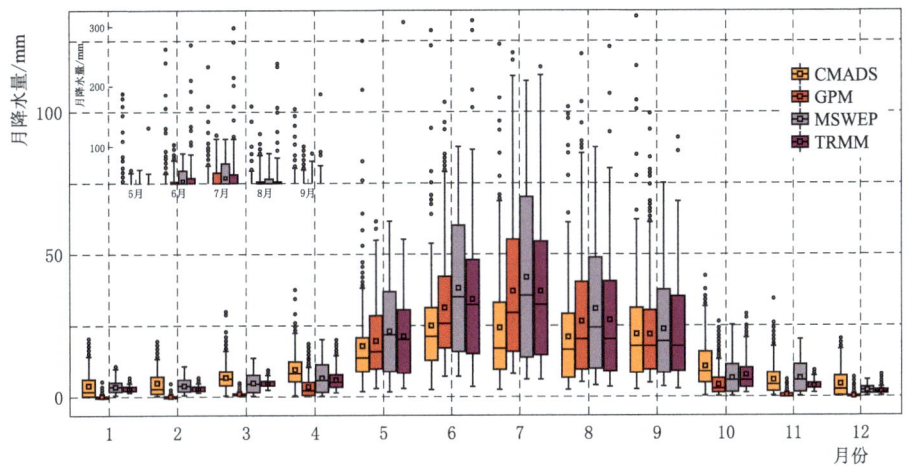

图2-4 基于降水产品的柴达木盆地2008—2016年降水量的年内分配

表2-3 柴达木盆地不同降水产品的逐月平均降水量

月份	降水量/mm			
	CMADS	TRMM	GPM	MSWEP
1	**3.96**	3.22	**0.38**	3.78
2	**4.42**	3.30	**0.31**	4.37
3	**6.70**	5.15	**1.01**	4.69
4	**9.48**	6.03	**3.70**	6.57
5	17.78	21.09	19.68	**23.19**
6	25.28	34.56	31.12	**38.00**
7	24.50	38.18	36.87	**41.99**
8	20.78	26.91	26.44	**30.51**
9	21.83	23.78	21.82	**24.23**
10	**11.05**	7.54	**4.49**	6.89
11	**5.94**	4.18	**0.81**	3.24
12	**4.52**	1.78	**0.41**	2.31

注 加粗数据表示各月平均降水量的最大值或最小值。

不同降水产品计算的柴达木盆地2008—2016年降水的年内分配情况存在一定的差异。CMADS在雨季（5—9月）的降水量相对最小，干季降水量则是4种产品中最大的。GPM的降水量整体相对较少，特别是干季的降水量明显小于其余3种产品。MSWEP的月降水均值相对较高，其次是TRMM。箱线图能很好地体现离散数据的分布特征，如图2-4所示，CMADS和TRMM在5—9月出现了比均值高出近10倍的降水异常高值。经检验，这些降水异常高值所在的格点位置与图2-3的异常高值格点位置对应。柴达木盆地在5—9月的降水量和气温相对较高，云量和云液水含量较高，更容易出现微波遥感对湖泊区域无雨云的错误识别而形成降水异常高值的格点（史继花，2021）。

2.1.3.3 降水产品与站点降水的精度对比

1. 年尺度

本章采用点对像元的方式提取降水产品在站点所在位置的栅格降水量，以站点监测的降水量为实测值，评估降水产品在年尺度和月尺度的降水精度。对一个像元中存在多个站点的栅格，计算多个站点的平均值作为该栅格降水量的实测值。计算各降水产品在站点所在栅格降水量的年均值，与22个站点的平均年降水量进行对比，结果如图2-5所示。从站点的年际变化来看，2008—2016年降水量呈波动下降的趋势，最大降水年是2010年，降水量为245.0mm；最小降水年是2013年，降水量为127.8mm。

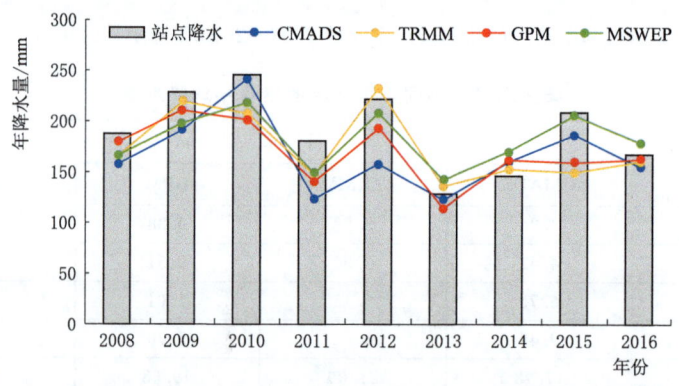

图2-5 基于不同降水产品的年降水量与降水实测值的时间序列图

不同的降水产品降水量年际变化的波动特征与站点降水实测值较为一致，总体来看，降水产品的年降水量一般稍低于站点降水。CMADS的低估程度相对最大，特别是在2011年和2012年，分别低估了站点降水的32%和28%；GPM也较易低估站点降水，在2011年和2015年分别低估了21%和24%。MSWEP较为准确地表达了站点降水的年际变化，与站点降水最为接近，其次是TRMM（图2-5）。

降水产品与站点降水量的年尺度的对比如图2-6所示。不同降水产品计算

的相关系数 R 均大于 0.60，且都通过了显著性水平为 0.01 的显著性检验，表明与站点降水存在强相关性。从百分比偏差 $PBIAS$ 来看，不同降水产品对站点年降水的高低估程度存在差异，但百分比偏差的数值均在 $-6\%\sim6\%$，表明对站点降水的高低估程度很小。CMADS 和 MSWEP 分别高估了 5.8% 和 0.5% 的站点年降水量，GPM 和 TRMM 则分别低估了 5.7% 和 1.9%。总体来看，4 种降水产品在年尺度上均有较好的表现，其中 MSWEP 与站点降水最接近：它的相关系数最高（$R=0.79$），百分比偏差的绝对值最小（$|PBIAS|=0.5\%$），均方根误差也是最小的（$RMSE=73.6$ mm）。

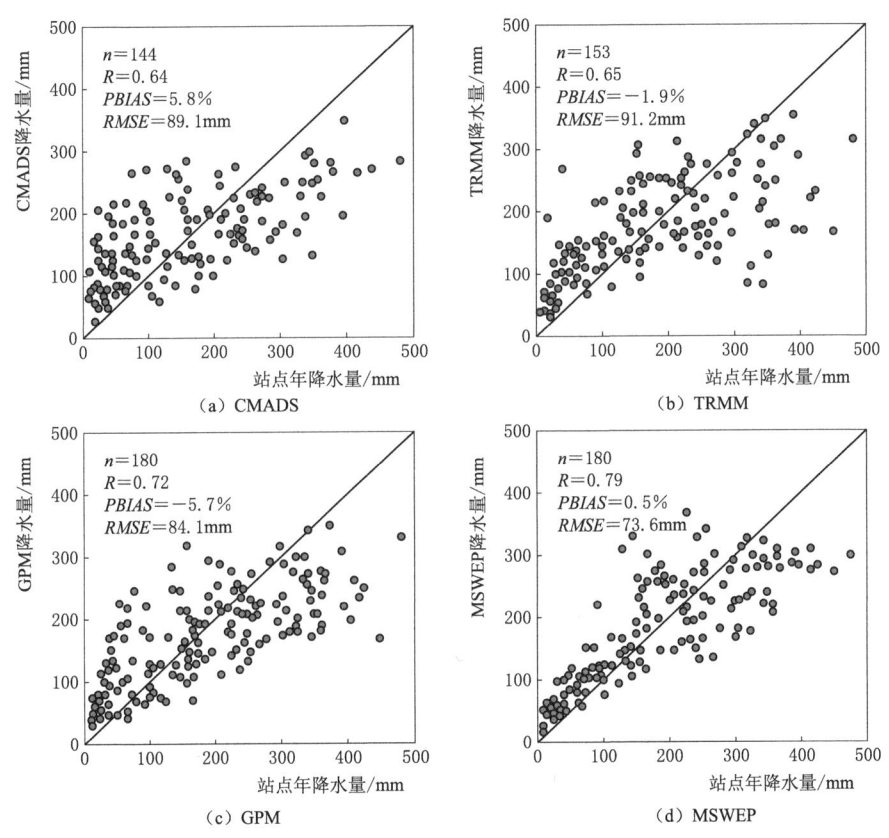

图 2-6　降水产品与站点年降水量的年尺度对比

2. 月尺度

站点降水和 4 种降水产品的月降水序列变化情况如图 2-7 所示。从站点降水来看，柴达木盆地降水的季节分配很不均匀，降水主要集中在 5—9 月，月降水量的最大值一般出现在 6 月或 7 月。2013—2016 年的雨季降水量要明显低于 2008—2012 年。从各降水产品与站点降水序列的一致性来看，MSWEP 与站点降水是最接近的。各降水产品均较易低估雨季降水，特别是 2008—2012 年。CMADS 对雨季降水的低估程度最大，此外还极易高估干季降水；GPM 在干季的降水量很小，易低估干季降水。

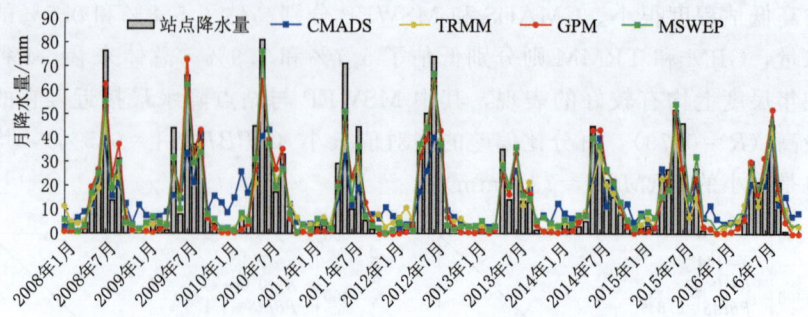

图 2-7　站点降水和降水产品的 2008—2016 年月降水量变化

在月尺度上，各降水产品与站点年降水量的相关系数 $R \geqslant 0.70$，且均通过了显著性水平为 0.01 的显著性检验，与实测降水存在强相关性，结果如图 2-8 所示。

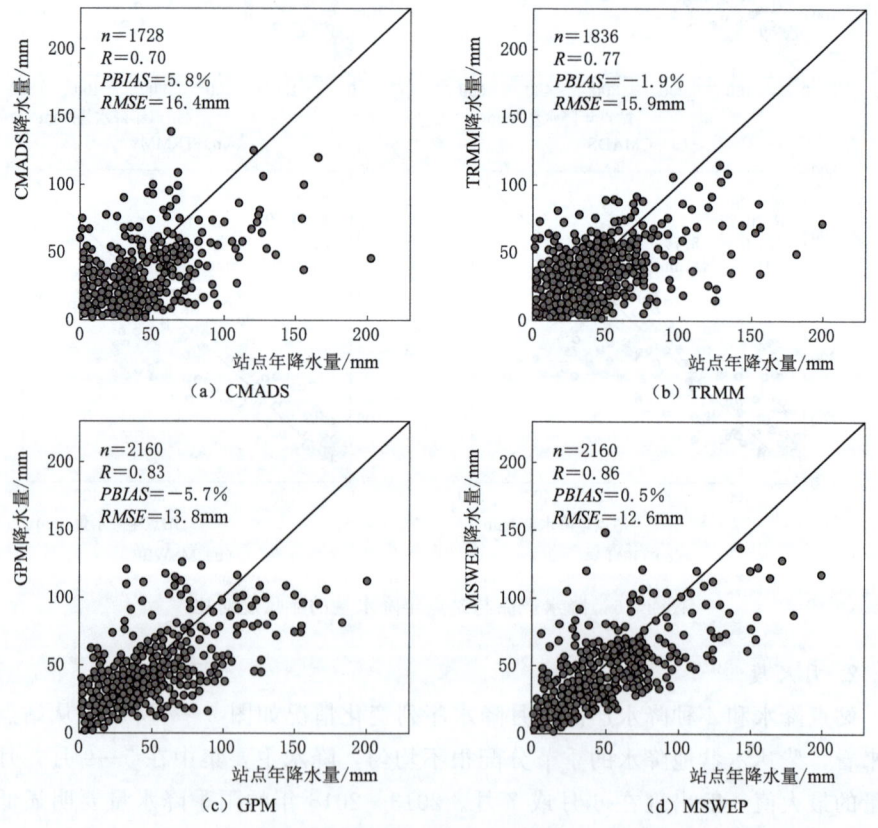

图 2-8　降水产品与站点年降水量的月尺度对比

月尺度和年尺度的百分比偏差数值一致，各降水产品在月尺度和年尺度对站点降水的高低估程度一致。从均方根误差 $RMSE$ 来看，降水产品在月尺度的数值明显小于年尺度。与年尺度上的精度对比结果类似，月尺度上 MSWEP 的相关系数最高（$R=0.86$），百分比偏差的绝对值最小（$|PBIAS|=0.5\%$），均方根误差也是最小的（$RMSE=12.6\text{mm}$），与站点降水量最接近。

3. 格点尺度

图 2-9～图 2-11 为各降水产品在站点所在格点与实测月降水的定量指标（相关系数 R、百分比偏差 $PBIAS$ 和均方根误差 $RMSE$）的计算结果，其中横轴的站点顺序总体是按高程值从小到大进行排列，距离原点越近高程值越小。各站点中高程最低的是冷湖气象站（2765m），高程最高的是纳赤台水文站（3559m）。

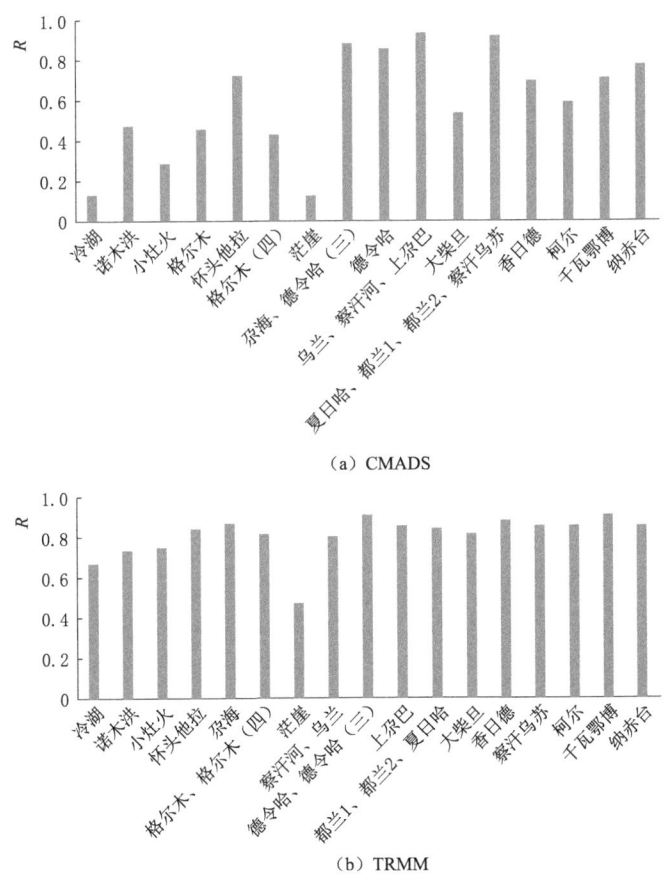

图 2-9（一） 降水产品在站点所在格点与实测月降水量之间的相关系数

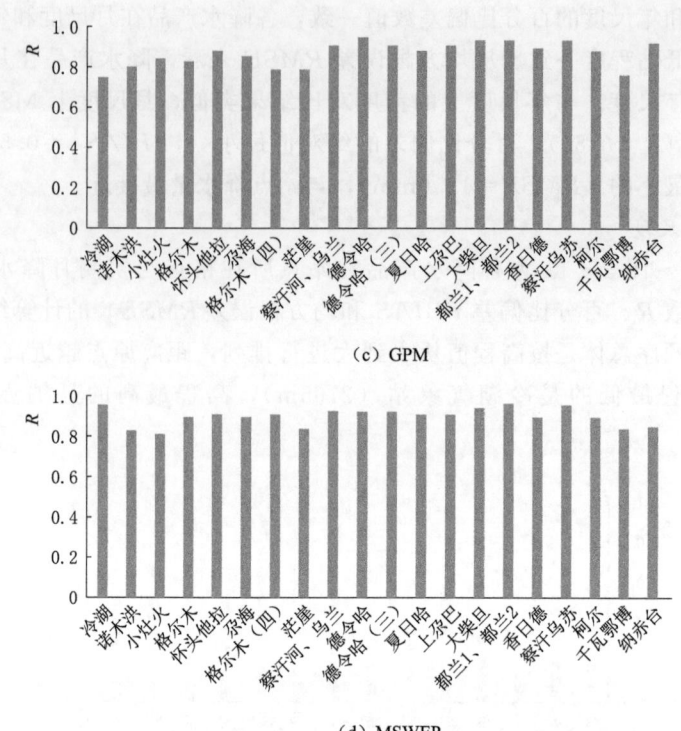

图 2-9（二） 降水产品在站点所在格点与实测月降水量之间的相关系数

相关系数的计算结果如图 2-9 所示，4 种降水产品在格点尺度相关系数的平均值从高到低排序为：MSWEP（0.89）＞GPM（0.87）＞TRMM（0.78）＞CMADS（0.59）。CMADS 在茫崖站和冷湖站所在格点的相关系数很低，分别为 0.12 和 0.13；在乌兰站、察尔汗站和上尕巴所在格点的相关系数最高，为 0.93。从相关系数和站点高程值来看，CMADS 与海拔相对较高的站点降水有更强的相关性。TRMM 在茫崖站的相关系数最低，为 0.46；在德令哈和德令哈（三）站所在格点以及千瓦鄂博站的相关性最高，为 0.88；在海拔较高的站点相关性相对更强。GPM 在各格点与实测降水的相关系数都大于 0.75，有 8 个格点相关系数大于 0.90，这些格点对应站点的海拔均大于 2950m。MSWEP 在各格点与实测降水的相关系数均大于 0.80，且相关性受高程的影响不大，各格点与站点降水均存在强相关性。

图 2-10 是各降水产品在站点所在格点与实测月降水量之间百分比偏差计算结果，4 种产品百分比偏差的均值从低到高排序为：MSWEP（20.7%）＜GPM（32.4%）＜TRMM（38.4%）＜CMADS（67.9%）。4 种产品中，CMADS 易高估海拔相对较低的站点，且高估程度很大，有 5 个站点的 $PBIAS$ 大于 150%，

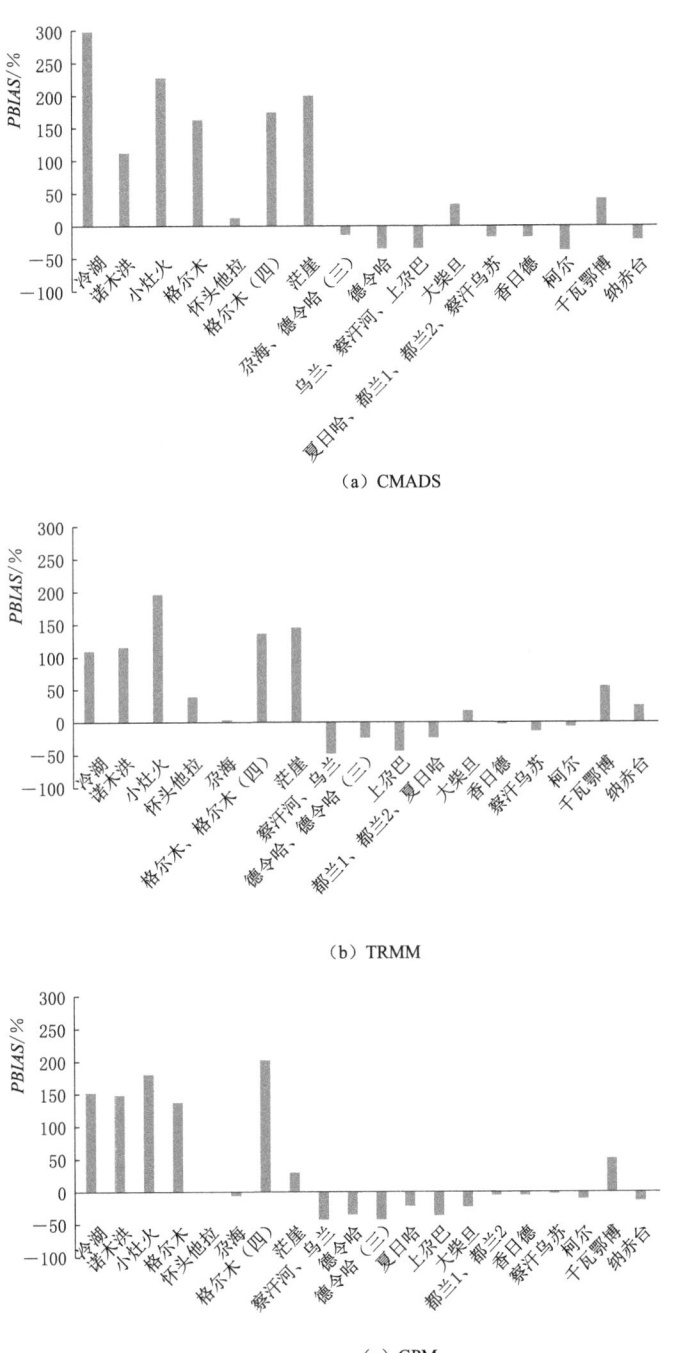

图 2-10（一） 降水产品在站点所在格点与实测月降水量之间的百分比偏差

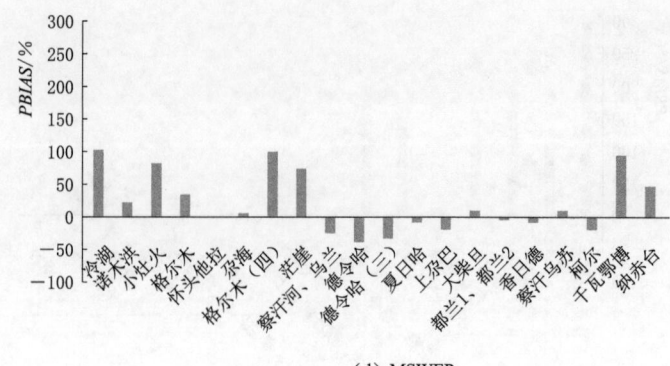

图 2-10(二) 降水产品在站点所在格点与实测月降水量之间的百分比偏差

分别是冷湖（300.7%）、小灶火（226.6%）、茫崖（200.8%）、格尔木（四）（175.5%）和格尔木（164.9%）；对海拔相对较高的站点则多表现为低估，低估程度在40%以内。其余3种降水产品展示了与CMADS相似的规律，即高估高程较低的站点降水量而低估高程较高的站点降水量，其中TRMM和GPM对低海拔站点降水量的高估程度较大，MSWEP的百分比偏差则在±100%以内。GPM的低估比例是最大的，有约60%的格点低估了站点降水量。

均方根误差的计算结果如图2-11所示，各降水产品格点均方根误差的均值从小到大排序为：MSWEP（11.2mm）＜GPM（12.7mm）＜TRMM（14.6mm）＜CMADS（15.6mm）。降水产品均方根误差的大小与站点高程无明显的规律性。CMADS的均方根误差最大值出现在柯尔站所在格点，为30.7mm，最小值出现在冷湖站，为10.1mm。TRMM和GPM均方根误差最大值均出现在察汗河站

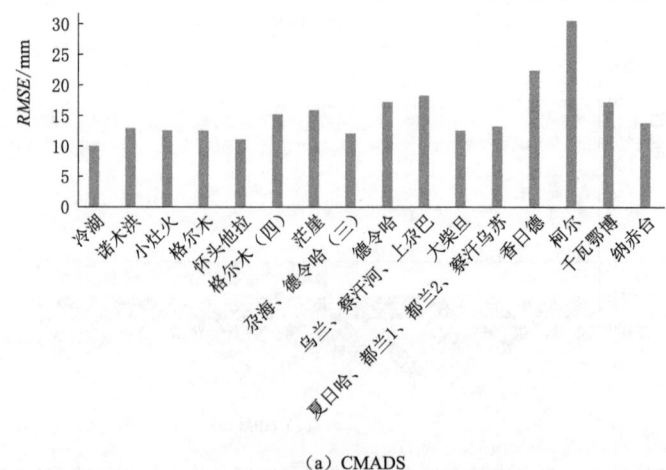

图 2-11(一) 降水产品在站点所在格点与实测月降水量之间的均方根误差

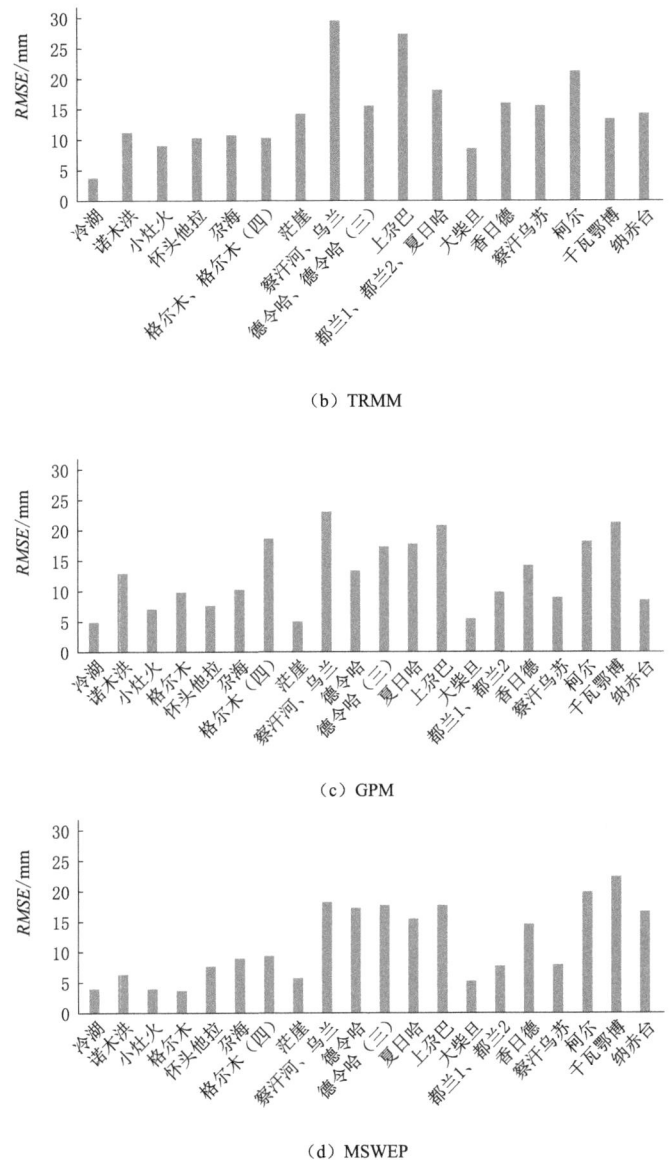

(b) TRMM

(c) GPM

(d) MSWEP

图 2-11（二） 降水产品在站点所在格点与实测月降水量之间的均方根误差

和乌兰站所在格点，分别为 29.4mm 和 22.6mm。MSWEP 的最大均方根误差则出现在千瓦鄂博站，为 21.5mm。

总体来看，MSWEP 在站点所在格点与实测降水量的吻合程度是最高的，其次是 GPM 和 TRMM，CMADS 的表现最差。各降水产品均易高估海拔较低站点的降水量而低估海拔较高站点的降水量，且高估程度一般大于低估程度。表 2-

4 是在每个站点计算 4 种降水产品的格点降水与站点降水的定量指标得到的结果，对于一个格点存在两个或两个以上站点的情况，采用格点降水值与格点内的多个站点逐一计算定量指标。

表 2-4　　降水产品在各站点与实测降水的定量指标计算结果

站点类型	站点名称	CMADS			TRMM			GPM			MSWEP		
		R	PBIAS/%	RMISE/mm	R	PBIAS/%	RMISE/mm	R	PBIAS/%	RMISE/mm	R	PBIAS/%	RMISE/mm
气象站	大柴旦	0.52	35.0	12.7	0.79	16.0	8.6	0.95	-23.4	5.5	0.94	10.0	4.8
	德令哈	0.85	-34.6	17.4	0.89	-19.6	14.4	0.96	-36.3	13.3	0.92	-37.7	16.9
	都兰1	0.91	-13.6	11.4	0.84	-21.3	14.9	0.93	-2.9	9.6	0.96	-2.5	7.0
	格尔木	0.45	164.9	12.7	0.82	165.6	10.6	0.83	135.9	10.0	0.90	33.7	3.6
	冷湖	0.13	300.7	10.1	0.65	108.9	3.9	0.76	151.5	5.3	0.95	99.6	3.6
	茫崖	0.12	200.8	16.2	0.46	145.3	14.3	0.79	30.0	5.0	0.83	71.6	5.6
	诺木洪	0.47	113.0	13.1	0.72	114.2	11.2	0.80	150.1	13.1	0.82	20.7	6.4
	乌兰	0.49	-0.5	9.1	0.79	-30.2	18.2	0.92	-18.3	11.8	0.91	11.5	11.5
	小灶火	0.29	226.6	12.7	0.72	197.3	8.9	0.84	179.3	7.5	0.81	79.3	3.7
水文站	察汗河	0.86	-50.4	33.9	0.75	-65.2	43.9	0.87	-59.2	37.7	0.89	-44.4	32.2
	察汗乌苏	0.91	-16.7	12.2	0.82	-16.2	15.6	0.94	-3.9	9.1	0.96	9.1	8.0
	德令哈（三）	0.88	-32.7	17.2	0.86	-28.3	17.6	0.91	-42.6	17.3	0.92	-33.0	17.2
	都兰2	0.92	-17.8	13.5	0.84	-25.2	16.8	0.93	-7.7	10.7	0.96	-7.4	8.7
	尕海	0.83	11.8	11.5	0.83	2.7	10.8	0.86	-6.5	10.3	0.90	5.6	8.7
	怀头他拉	0.72	13.8	11.2	0.81	39.3	10.2	0.88	-0.6	7.4	0.90	-0.5	7.3
	上尕巴	0.93	-31.3	17.7	0.83	-47.8	27.1	0.91	-36.5	20.1	0.91	-19.3	17.1
	夏日哈	0.86	-25.3	19.9	0.76	-31.9	23.7	0.88	-23.3	17.7	0.91	-6.9	15.1
	香日德	0.70	-17.6	22.5	0.86	-5.5	16.1	0.89	-6.0	13.9	0.89	-8.9	14.4
	纳赤台	0.77	-20.7	13.9	0.82	23.9	12.5	0.92	-14.5	8.5	0.85	46.3	16.3
	柯尔	0.59	-37.7	30.7	0.83	-9.0	21.0	0.88	-12.4	17.9	0.89	-19.5	19.2
	格尔木（四）	0.44	175.5	15.3	0.75	107.9	10.2	0.79	203.8	18.2	0.90	98.0	9.1
	千瓦鄂博	0.70	45.7	17.5	0.88	54.6	13.1	0.77	53.1	21.0	0.84	96.1	21.5

2.1.4　研究成果

统计降水产品在各站点的逐月降水量，根据站点实测降水量分别计算各降水产品在水文站和气象站的定量指标,得到的结果如图 2-12 所示。经计算,站点降水和 4 种降水产品(CMADS、TRMM、GPM 和 MSWEP)在气象站的月降水量均值分别为 9.5mm、12.4mm、11.0mm、10.5mm 和 10.0mm,在水文站的月降水量均值分别为 20.2mm、16.6mm、16.9mm、17.1mm 和 19.3mm。水文站主要分布在海拔较高的东部山区;气象站则在研究区内分布较均匀,海拔较低。不同降水产品在水文站和气象站的月均降水量有一致的规律:水文站的降水量要高于气象站。实测降水中,水文站的月均降水值是气象站的 2.1 倍。

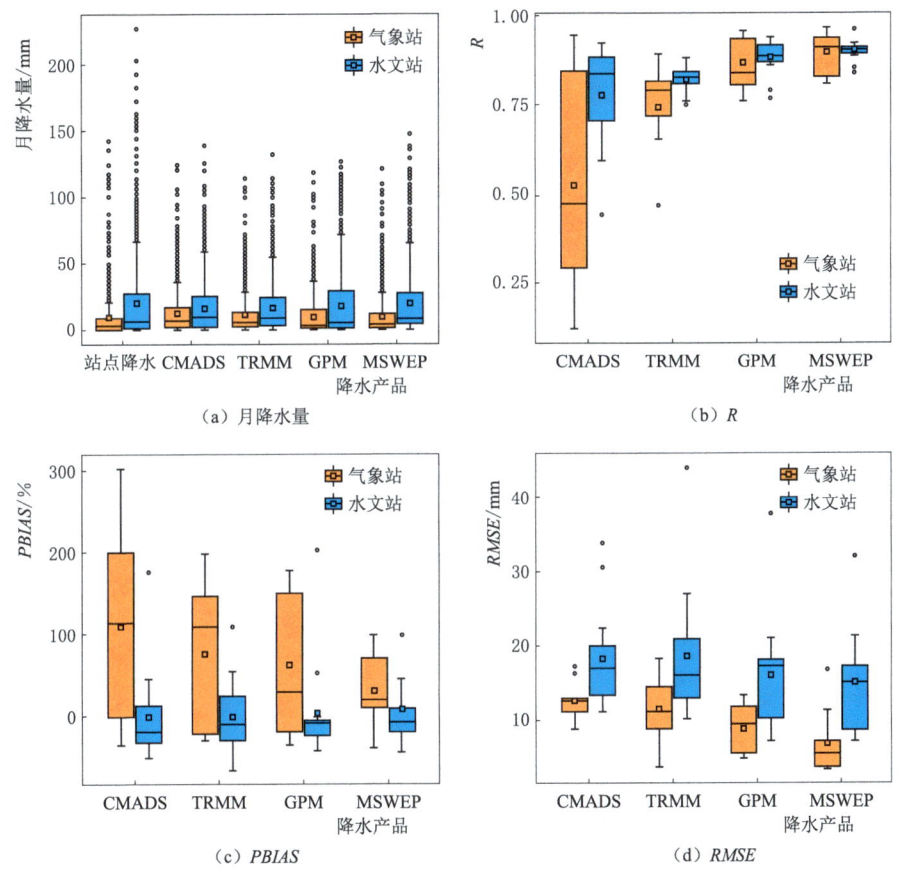

图 2-12　降水产品和站点降水在气象站和水文站的月降水量和精度对比

各降水产品与实测降水的 3 种定量指标计算结果在不同的站点类型也存在不同的规律(图 2-12)。从相关系数来看,降水产品的月降水量与水文站实测降水的相关性要强于气象站。CMADS 在气象站的 R 均值仅为 0.52,最小值为 0.12,水文站的 R 均值则为 0.78,最小值为 0.44。其余 3 种降水产品在气象站和水文站的 R 均值都要大于 0.70,与站点降水的平均相关性强。其中 MSWEP

在气象站（0.89）和水文站（0.90）与实测降水的相关系数均值相差最小。从 $PBIAS$ 来看，降水产品对多数气象站（56%～78%）的高估现象严重，而低估了多数水文站（62%～85%）的降水，但低估程度较小。CMADS 对气象站降水的高估程度最大，有 5 个气象站的高估程度大于 110%，其中有 3 个气象站的高估程度大于 200%。MSWEP 对气象站的高估比例最高，对 7 个气象站的实测降水表现为高估，但高估程度均小于 100%。GPM 对水文站的低估比例最高，对 11 个水文站的实测降水表现为低估，低估程度为 0.6%～59.3%。从 $RMSE$ 来看，降水产品与气象站实测降水量的 $RMSE$ 均值要小于水文站。GPM 和 MSWEP 在水文站与实测降水量的 $RMSE$ 均值约是气象站的 2 倍，各降水产品在气象站的 $RMSE$ 均值为 7.0～12.8mm，水文站则为 15.0～18.5mm。

2.2 基于 SWAT 模型的降水产品适用性分析

2.2.1 资料收集和数据处理

香日德河位于青海省中部、柴达木盆地东南部，是柴达木盆地的主要河流之一（图 2-13）。香日德河发源于昆仑山脉布尔汗布达山，河源海拔 4846m，总长 250km。流域地处封闭的内陆断陷盆地——柴达木盆地东南，四周高山环绕，海拔在 4000m 以上；光照丰富，年平均气温为 3.1～4.4℃；温度日变化大，高寒干旱，风大风多，终年干燥少雨，属于大陆性气候。香日德河中游设有千瓦鄂博水文站，控制流域面积为 9878km^2；据站点多年径流资料的统计分析，其多年平均流量为 13.5m^3/s，年径流量为 4.26 亿 m^3。荒漠植被类型是香日德河流域的主要植被类型，大面积分布在戈壁砾石带。

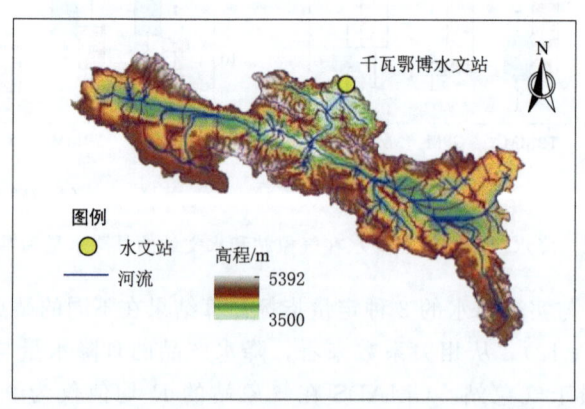

图 2-13 香日德河流域概况

本部分研究所选取的降水数据来源见 2.1.1 小节，基于 SWAT 模型进行径流模拟以评估不同降水产品在香日德河流域的适用性。选取降雨数据的基本信息见表 2-5。

表 2-5　　　　　　　　不同降水产品的基本信息及数据来源

数据名称及版本	空间分辨率	时间序列长度	数 据 来 源
CMADS V1.1	0.25°×0.25°	2008—2016 年	中国大气同化驱动数据集官网
GPM IMERG V6	0.1°×0.1°	2000 年 6 月至今	NASA GPM 任务官网
TRMM 3B42 V7	0.25°×0.25°	1997 年至今	NASA GPM 任务官网
MSWEP V2	0.1°×0.1°	1979 年至今	MSWEP-GloH2O 官网

SWAT 模型是美国农业部在 20 世纪 90 年代开发的半分布式水文模型。研究区可被离散为若干个水文响应单元，体现下垫面条件（地形、土壤、土地利用）对水文循环的影响从而提高模拟精度，常用于模拟和评价各种气候条件变化下的流域水文情势变化情况。其在缺资料或无资料地区的径流模拟也有很好的效果。SWAT 模型的水文过程模拟主要分为两方面：一方面是水文循环的陆地阶段，这部分是控制进入河道的水量、泥沙量和营养物质的输入量；另一方面是水文循环的河道演算阶段，控制着河道中水沙和营养物质向流域出口的运移转化过程，决定着流域内主河道向出口输送的径流、泥沙和营养物质的量。在水循环过程中，水量平衡是 SWAT 水文模拟的基础，水循环主要包括：降水、径流、下渗、蒸发和蒸腾、基流、壤中流等过程。SWAT 模型中采用的水量平衡方程式为

$$SW_i = SW_0 + \sum_{i=1}^{t}(P_i - R_{surf} - E - W_{seep} - R_{gw}) \qquad (2-4)$$

式中：SW_i 为第 i 天的土壤最终含水量，mm；SW_0 为第 i 天的土壤前期含水量，mm；t 为模拟的时间步长，天；P_i 为第 i 天的降水量，mm；R_{surf} 为第 i 天的地表径流量，mm；E 为第 i 天的蒸发量，mm；W_{seep} 为第 i 天存在于土壤剖面地层的渗透量和测流量，mm；R_{gw} 为第 i 天的地下水含量，mm。

作为分布式水文模型，SWAT 模型在进行模拟之前，首先进行子流域和水文响应单元 HRU 的划分。SWAT 模型首先基于 DEM 数据进行河流水系的提取，然后根据出水口和入水口的位置进行子流域划分。一般情况下，子流域的出水口和入水口都是位于河道的交叉点上。HRU 的划分使得模型能够模拟出不同土地利用和土壤类型在蒸发、产流、下渗、营养元素流失等方面的差异，提高模拟的精确性。SWAT 模型中划分的水文响应单元仅仅是用于水文计算的概念，不存在空间上的位置关系，它可以是子流域内的一个区域，也可以是子流域内具有相同土地利用和土壤类型的多个区域。

研究选用基于 ArcGIS 软件的 ArcSWAT 2012 作为 SWAT 操作界面，用于将地理、气象等数据输入并转换为模型所需参数的文本文件格式。SWAT 模型

对径流量的模拟需要大量的基础数据,这些基础数据分为空间数据和属性数据两类。其中,空间数据主要包括数字地面高程模型 DEM 数据、土地利用图和土壤类型图,此外,为了确定流域的出水口和入水口,并且更加精确地进行亚流域划分和 HRU 的生成,还需要流域的水系图、气象和水文站点图等。属性数据主要包括土地利用类型数据、土壤属性数据以及气象数据库。

研究所用的 DEM 数据是从地理空间数据云截取的 90m×90m 分辨率香日德河流域的数字高程模型数据集;土地利用类型数据和土壤数据是从中国西部环境与生态科学数据中心下载的 1km×1km 的 GLC2000 土地覆盖数据和世界土壤数据库的土壤数据。将所有栅格格式的空间数据设置统一的地图投影并填写相应的土地利用类型表和土壤属性表。径流实测数据来自霍布逊湖水系香日德河千瓦鄂博水文站(东经 98.1°,北纬 35.8°)1956—2016 年逐月径流数据,作为径流真实值来对比 SWAT 模型输出的以月为步长的径流模拟值。

驱动 SWAT 模型所需气象水文数据的不确定性对模拟结果影响较大,特别是降水。以 CMADS、TRMM、GPM 和 MSWEP 的日降水量作为变量,比较 4 种不同降水产品对香日德河流域径流的模拟效果,其余气象数据如温度、大气压、大气湿度以及风速数据均采用 CMADS 数据集中的数据。根据香日德河流域 DEM 数据在 ArcSWAT 2012 中得到 53 个子流域,将所有栅格格式的空间数据(土地利用类型数据和土壤类型数据)设置统一的地图投影并填写相应的土地利用类型表和土壤属性表,通过对土地利用类型、土壤类型和坡度范围进行叠加、设定坡度等级、对 HRU 进行定义,最终将研究区划分为 274 个水文响应单元。

参数率定选用 SCE 算法,它可以在初始参数的取值范围内进行参数优选,确定最优参数值,现已被广泛应用于水文模型中。本节选择了 14 个常用的与水文过程相关的参数(表 2-6),参数的选择基于已有研究的敏感性分析结果。选用纳什效率系数 NSE 和百分比偏差 $PBIAS$ 来描述模型率定期和验证期的模拟径流与实测径流的对比效果,将模型模拟精度分为四个等级(表 2-7),通常当 $NSE>0.50$ 且 $|PBIAS|<25\%$ 时,认为 SWAT 模型径流模拟效果是可靠的。

$$NSE = 1 - \frac{\sum_{i=1}^{n}(W_o - W_p)^2}{\sum_{i=1}^{n}(W_o - \overline{W_o})^2} \tag{2-5}$$

$$PBIAS = \frac{\sum_{i=1}^{n}(W_o - W_p)}{\sum_{i=1}^{n}W_o} \times 100\% \tag{2-6}$$

式中:W_o 为观测值;W_p 为模拟值。

表 2-6　　　　　　　　　　模型参数设置及初始范围

参　数	含　义	初　始　范　围
CN2	初始 SCS 曲线 Ⅱ	35～98
ESCO	土壤蒸发补偿系数	0.01～1
EPCO	植物吸收补偿系数	0.01～1
OV_N	地表径流曼宁系数	0.01～0.6
CH_N2	干流曼宁系数	0.01～0.5
CH_K2	径流有效水导率	0.001～150
ALPHA_BF	基流 α 系数	0.001～1
GW_DELAY	地下水延迟	0.0001～500
RCHRG_DP	深层含水层渗流	0.0001～1
GW_REVAP	地下水回升系数	0.02～0.2
GW_SPYLD	浅层含水层比产量	0.0001～0.4
SOL_AWC	可用水容量	0.01～0.4
SOL_K	饱和水导率	0.01～100
SURLAG	地表径流延迟	0.5～12

表 2-7　　　　　　　　　　模型精度评价指标

精度评级	高	较高	较低	低
NSE	0.75～1	0.65～0.75	0.5～0.65	≤0.5
$\|PBIAS\|$	0～10%	10%～15%	15%～25%	≥25%

本章对水文变量时间序列可能的突变点进行检测。实测水文序列获取困难且驱动水文模型得到的水文序列具有不确定性，导致了突变点检验的复杂性，因此本章对 4 种突变点检验方法（Pettitt 检验法、Buishand R 检验法、Buishand U 检验法以及标准正态均一性检验法）的结果进行对比，以增加检验结果的可靠性。

2.2.2　结果分析

2.2.2.1　降水产品在香日德河流域的直接比较

香日德河流域 4 种降水产品（2008—2016 年多年平均年降水量）的空间分布如图 2-14 所示。

GPM 年降水最大值出现在海拔相对低的流域中部，在流域东南部即流域海拔最高的地方降水量最小，降水量受地形的影响较为明显；CMADS 和 TRMM 则在流域东支托索湖的降水量最大，西支降水量相对较小，大体呈现了随海拔升高降水量减少的趋势，CMADS 相较于 TRMM 对该趋势的体现更为明显；

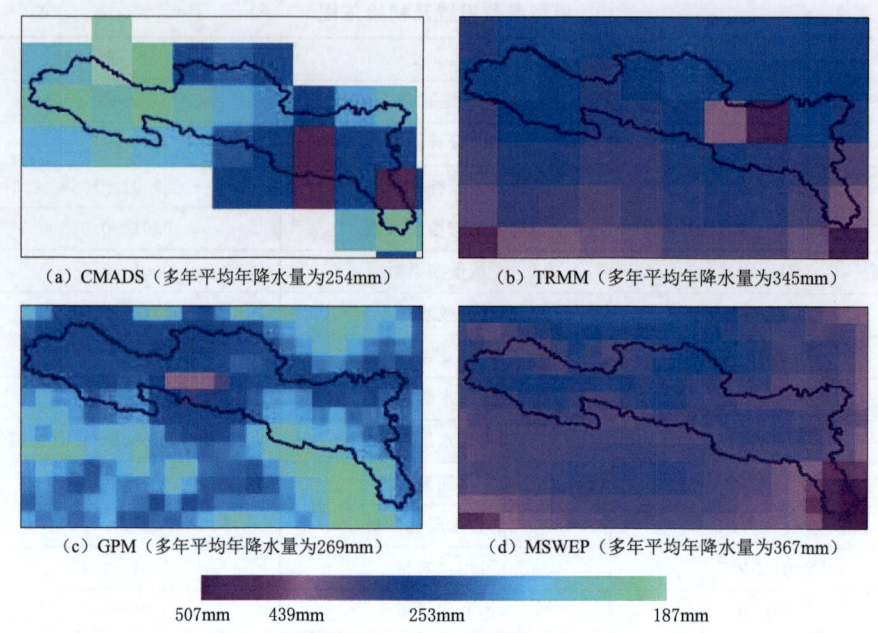

图 2-14 香日德河流域 4 种降水产品（2008—2016 年多年平均年降水量）的空间分布

MSWEP 的降水量最高值则出现在流域的东南端；不同降水产品降水量的空间分布差异可能与不同降水产品的空间分辨率大小有关。此外，TRMM 和 MSWEP 的流域平均年降水量明显高于另外两种降水产品。

计算不同降水产品在香日德河流域各月的平均降水量，得到不同降水产品在该流域平均降水量的年内分配情况，如图 2-15 所示。图中的误差线是基于各降水产品的月降水数据计算的标准误差。不同降水产品均表明香日德河流域降水具有明显的季节性变化，降水主要集中在 6—9 月，7 月降水量最大，冬季月

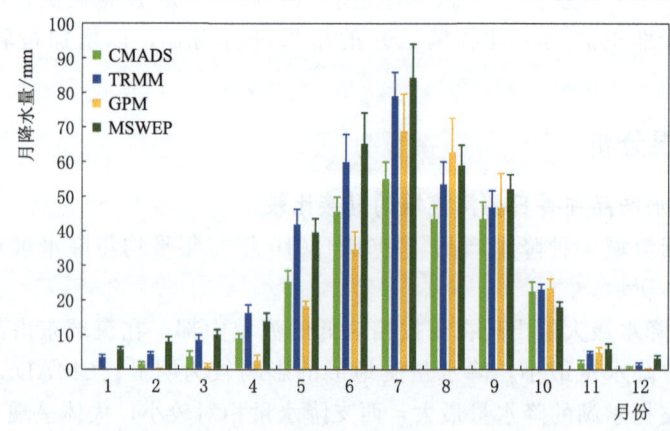

图 2-15 降水产品在香日德河流域 2008—2016 年降水量的年内分配情况

份（12月至次年2月）降水量较少。除4月、5月、8月和10月，其余月份MSWEP的月降水量都是最高的，4月、5月降水量最高的是TRMM，8月和10月则是GPM。CMADS在7—9月以及11月的降水量为4种降水产品最低。

2.2.2.2 水文-气候序列突变点分析

对2008—2016年香日德河流域水文站实测的月径流数据进行突变点检验，结果显示实测月径流数据在2012年9月发生了显著突变。由月径流序列的曲线图（图2-16）发现，突变点后径流减少。在此基础上，将时间范围分为两段进行后续不同降水产品径流模拟适用性研究：①突变点之前的基准期（2008—2012年）；②突变点之后的变化期（2013—2016年）。

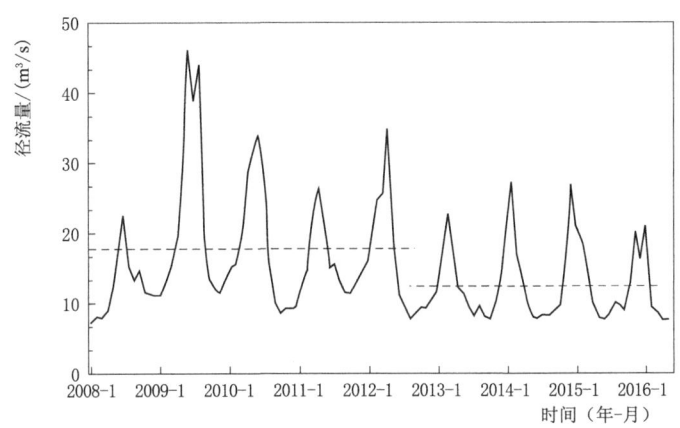

图2-16 香日德河流域径流序列及突变点前后径流均值

用4种突变点检验方法对2008—2016年香日德河流域实际月径流序列、4种降水产品驱动水文模型得到的流域平均月降水序列以及流域平均月潜在蒸散发序列的检验结果见表2-8。其中K_t、$R/\sqrt{n}$、U、T分别是4种方法的统计量，n为检测的水文序列长度，这里$n=108$；t为可能的突变点的位置；p是显著性水平，通常$p \leqslant 0.05$认为该点发生了突变。不同检测方法显示，流域实际月径流发生了突变，各检测方法的p值都小于0.01且得到的突变点位置相同（$t=57$）；而各降水产品驱动水文模型得到的流域平均月降水量和平均月潜在蒸散发序列均未发生突变（$p=$NS），可推断人类活动是径流减少的主因。

表2-8 突变点检验结果

项 目	Pettitt 检验法			Buishand R 检验法			Buishand U 检验法			标准正态均一性检验法		
	K_t	t	p	$R/\sqrt{108}$	t	p	U	t	p	T	t	p
径流	1272	57	***	2.268	57	***	0.878	57	**	12.468	57	**
P-CMADS	472	52	NS	0.867	52	NS	0.077	52	NS	3.233	100	NS

续表

项 目	Pettitt 检验法			Buishand R 检验法			Buishand U 检验法			标准正态均一性检验法		
	K_t	t	p	$R/\sqrt{108}$	t	p	U	t	p	T	t	p
P-GPM	335	82	NS	0.994	69	NS	0.125	69	NS	2.217	4	NS
P-TRMM	227	28	NS	0.716	16	NS	0.036	16	NS	2.559	4	NS
P-MSWEP	658	52	NS	0.752	16	NS	0.051	16	NS	2.764	5	NS
PET-CMADS	299	45	NS	0.738	81	NS	0.042	81	NS	3.025	106	NS
PET-GPM	253	9	NS	0.732	81	NS	0.041	81	NS	2.535	106	NS
PET-TRMM	267	69	NS	0.736	81	NS	0.038	81	NS	3.308	3	NS
PET-MSWEP	327	69	NS	0.819	81	NS	0.048	81	NS	3.298	3	NS

注 P 为降水量；PET 为潜在蒸散发量；＊＊表示 p 值小于0.01；＊＊＊表示 p 值小于0.001；NS 表示不显著。

2.2.2.3 降水产品径流模拟适用性分析

以突变分析得到的径流突变时间点为间隔，将时间序列分为两段分别进行径流模拟，即将原2008—2016年径流序列分为基准期（2008—2012年）和变化期（2013—2016年）。基准期将2008年作为模型预热期，2009—2012年为模型率定期；变化期将2008—2012年作为模型预热期，2013—2016年为模型率定期。

模型的率定基于 SCE 算法进行参数自动率定，MSWEP、GPM、TRMM 和 CMADS 降水数据分别率定出一套最优参数，再进行验证。用各降水产品组成的不同气象数据驱动模拟进行验证，比较用所率定的最优参数模拟结果和径流实测值的匹配程度。图2-17为香日德河流域2009—2012年和2013—2016年径流模拟值和实测值的对比结果。不同降水产品在变化期的径流模拟结果一般要优于基准期，CMADS 在两时期的径流模拟精度对比最明显。对基准期而言，MSWEP 的径流模拟精度最高（$NSE=0.64$），与实测径流曲线的吻合程度最好；而

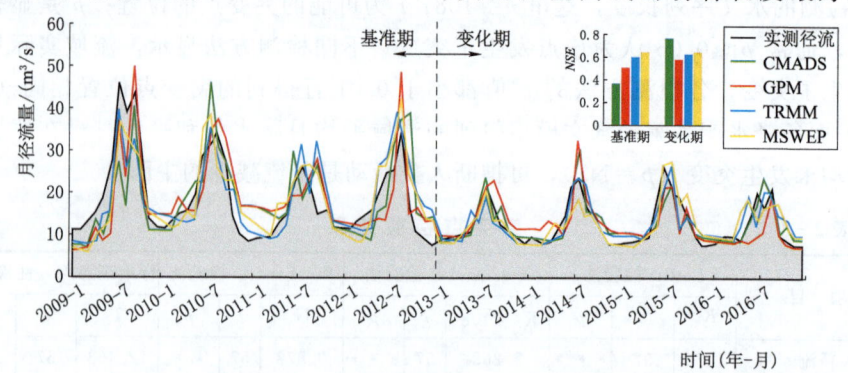

图2-17 降水产品模拟径流与实测径流对比结果

CMADS 的径流模拟效果最不理想（$NSE=0.36$）。对变化期来说，不同降水产品的径流模拟效果均较理想，NSE 都大于 0.5，其中 CMADS 的径流模拟效果最好（$NSE=0.75$）。不同降水产品在两时期相对偏差的绝对值 $|PBIAS|$ 均小于 6%。

表 2-9 是两时期不同降水产品的参数最优值和径流模拟评价结果。可以看出，同一降水产品在不同时期的最优参数值相差较大，特别是 CH_K2 和 GW_DELAY，表明不同阶段的降水-径流过程特征不同，分阶段进行径流模拟是有必要的。

表 2-9　　　　　不同降水产品径流模拟最优参数及评级

项目	基 准 期				变 化 期			
	CMADS	GPM	TRMM	MSWEP	CMADS	GPM	TRMM	MSWEP
CN2	46.50	59.09	41.68	61.64	69.12	65.34	35.03	35.01
ESCO	0.27	0.50	0.18	0.83	0.52	0.02	0.19	0.71
EPCO	0.99	0.80	0.77	0.02	0.33	0.42	0.62	0.73
OV_N	0.29	0.27	0.35	0.57	0.16	0.01	0.21	0.23
CH_N2	0.01	0.19	0.22	0.04	0.02	0.01	0.45	0.31
CH_K2	9.40	119.09	74.33	149.07	9.10	16.94	11.06	53.74
ALPHA_BF	0.98	1.00	0.31	0.32	1.00	1.00	1.00	1.00
GW_DELAY	291.19	436.05	182.31	119.52	468.74	499.86	453.66	499.56
RCHRG_DP	0.65	0.45	0.78	0.27	0.49	0.54	0.22	0.34
GW_REVAP	0.05	0.10	0.02	0.19	0.06	0.07	0.19	0.14
GW_SPYLD	0.22	0.36	0.29	0.35	0.16	0.02	0.40	0.30
SOL_AWC	0.01	0.01	0.05	0.01	0.02	0.02	0.02	0.02
SOL_K	53.18	25.60	47.39	32.85	24.05	18.14	14.59	19.00
SURLAG	1.23	4.56	7.94	3.15	6.45	5.78	9.91	11.51
NSE	0.36	0.51	0.59	0.64	0.75	0.57	0.62	0.64
$PBIAS$	0.00	−0.05	5.47	0.00	0.25	3.13	−0.22	0.00
评级	低	较低	较低	较高	高	较低	较高	较高

图 2-18 和图 2-19 分别表示通过 UQ-COFI（Uncertainty Quantification by Critical Objective Function Index）方法计算的 14 个水文参数在基准期和变化期的不确定分析结果。图中用箱线图表示不同降水产品样本参数值的分布情况，样本数一般远小于模型参数的率定迭代次数。其中基准期 CMADS、TRMM、GPM 和 MSWEP 的样本数分别为 2993 个、3004 个、2920 个和 2246 个，变化期 4 种降水产品参数优选的样本数为 1995 个、2392 个、2532 个和 2673 个。4

种产品同一参数最优值的差异利用 Kruskal-Wallis 检验进行两两检验，检验结果在箱线图上方；其中 *、** 和 *** 表示显著性水平分别为 $p<0.05$、$p<0.01$ 和 $p<0.001$，NS 则表示两组参数样本之间不存在显著差异。

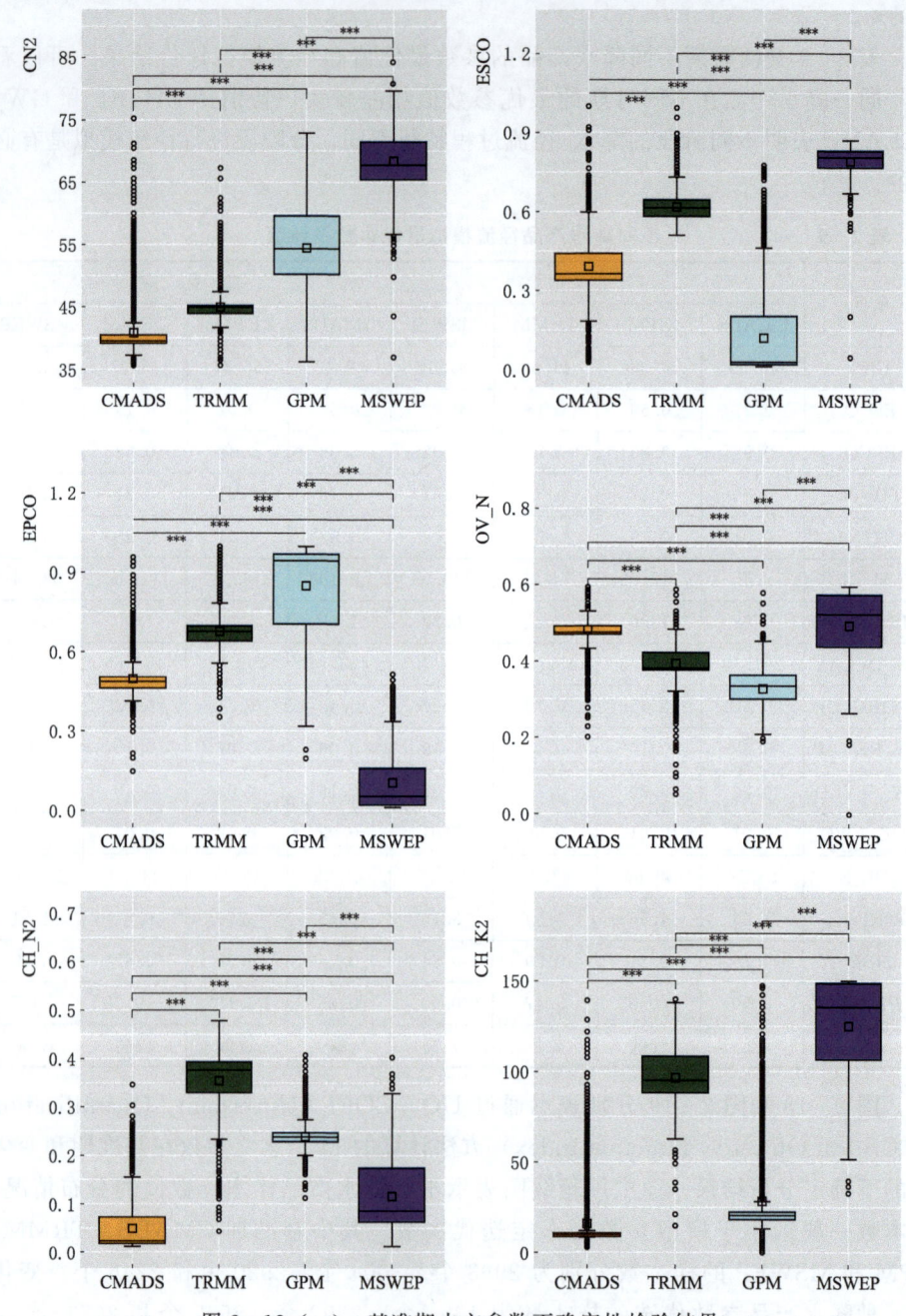

图 2-18（一） 基准期水文参数不确定性检验结果

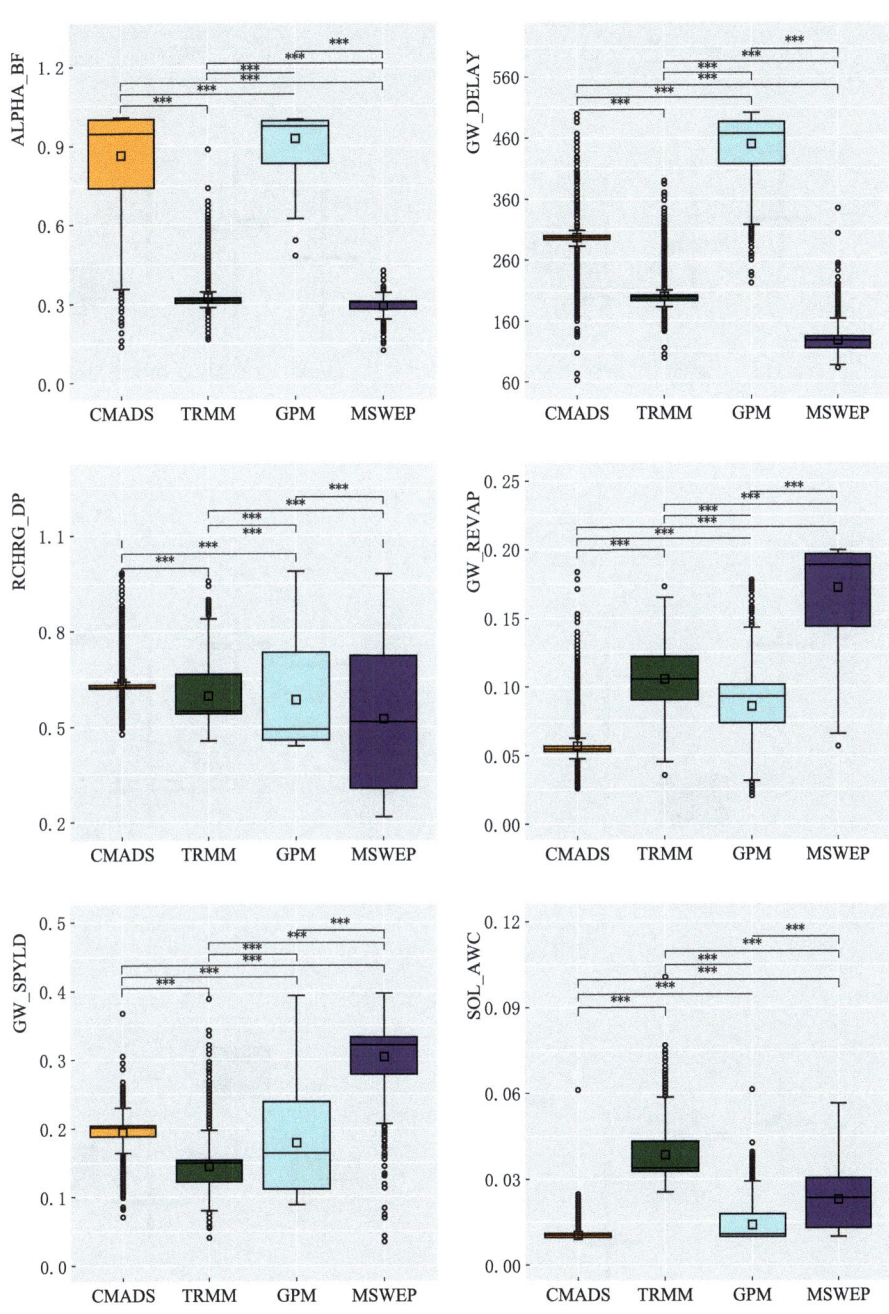

图 2-18（二） 基准期水文参数不确定性检验结果

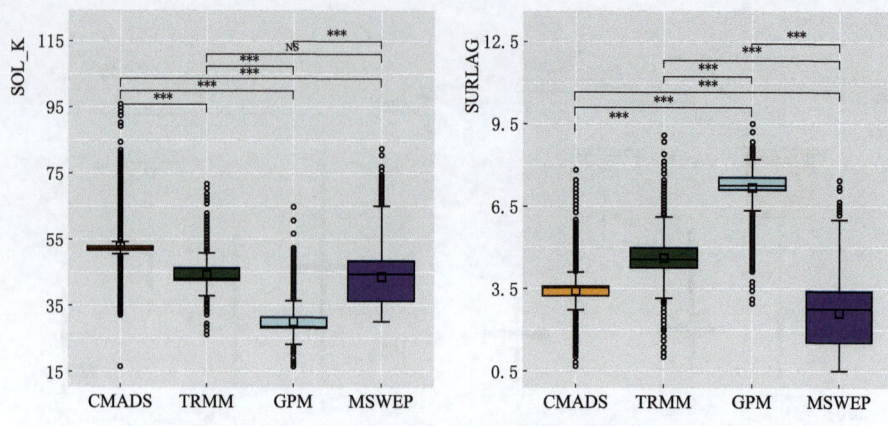

图 2-18（三） 基准期水文参数不确定性检验结果

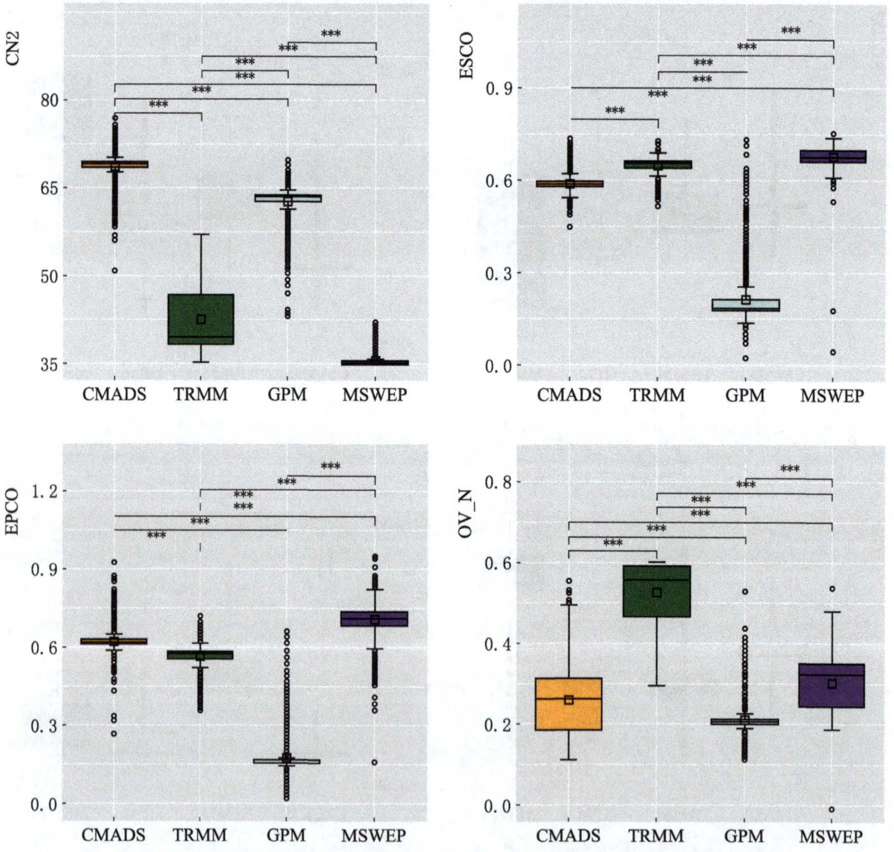

图 2-19（一） 变化期水文参数不确定性检验结果

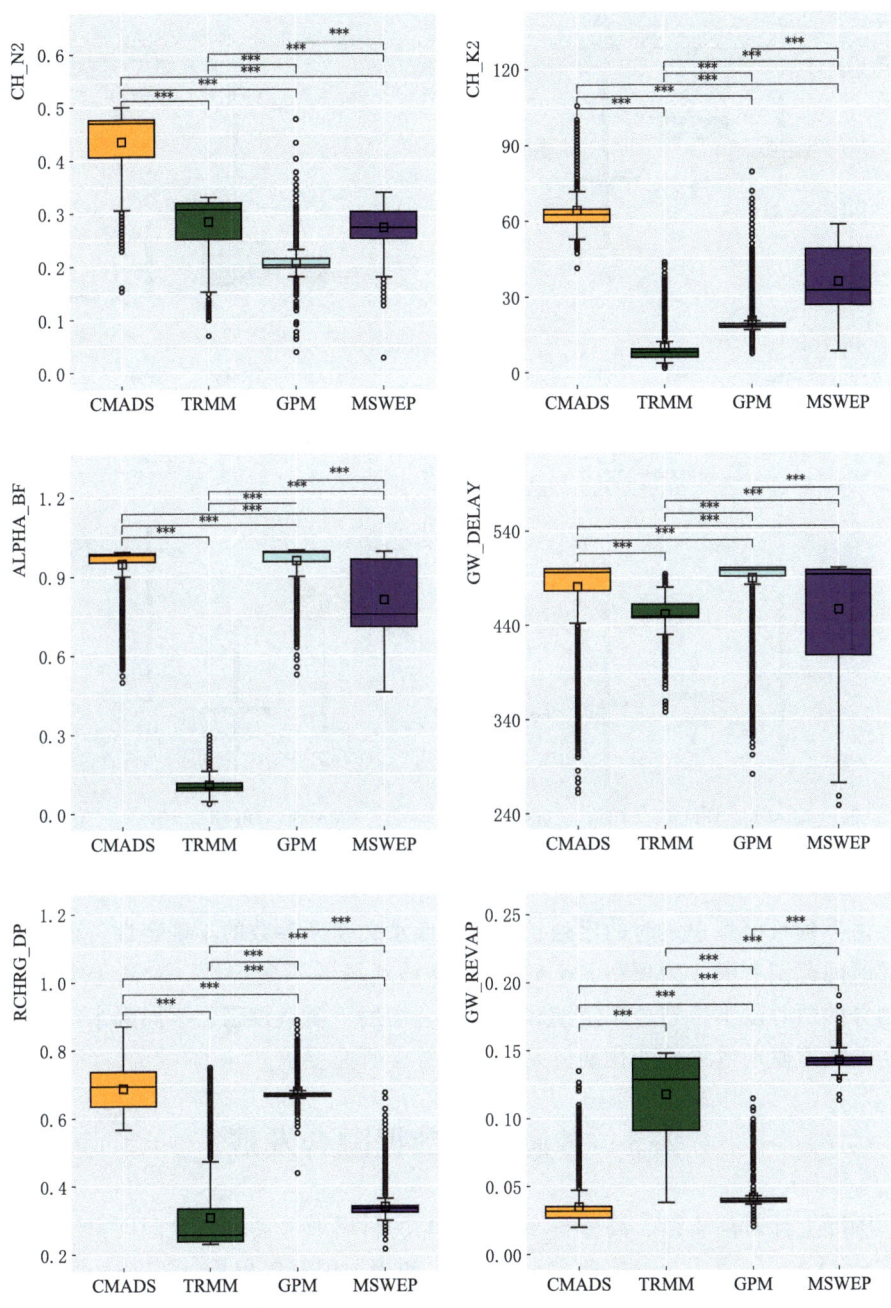

图 2-19（二） 变化期水文参数不确定性检验结果

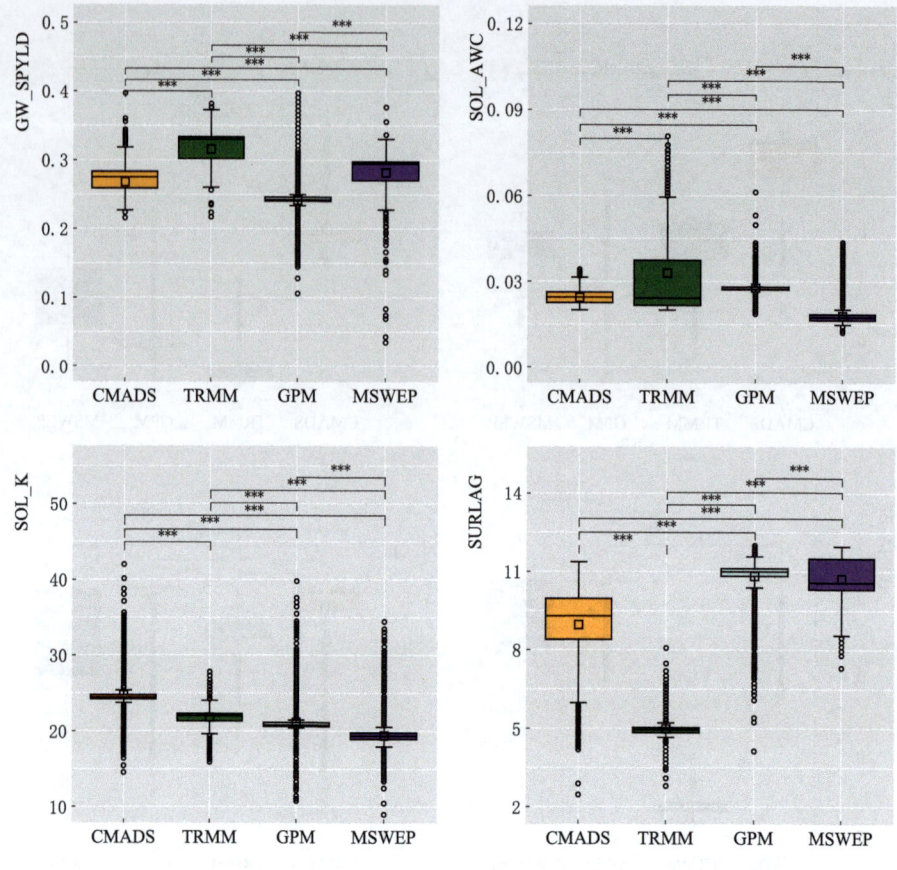

图 2-19（三） 变化期水文参数不确定性检验结果

适当延长模型率定时的序列长度可降低水文模型参数的不确定性，而研究选取的时间范围有限，为评估 SWAT 模型在该流域的不确定性，对基于突变点检验划分的两时段不再划分率定期和验证期，均用于模型校正。不同降水产品在基准期的模型驱动效果较变化期要差，但仍符合研究要求。

2.3 多源降水数据融合发展

国际上针对高质量、高分辨率降水产品的科研业务需求，美国国家海洋大气局（NOAA）国家强风暴实验室（NSSL）和美国国家气象局（NWS）水文发展办公室（Office of Hydrologic Development）联合发展了 NMQ 计划（The National Mosaic and Multisensor QPE Project）。在该计划的推动下，发展了一系列针对雷达和卫星估测降水资料的误差订正技术，包括空间一致情况下的平均场误差订正和针对单部雷达特性的局地误差订正，以及雷达、卫星与地面观测资料的融合技术，并实时推出了各种高分辨率定量降水估测（QPE）产品。其中就涉及了针对地面-雷达-卫星三源降水融合的尝试，其思路是先去除雷达和卫星估测降水产品的系统偏差，再将卫星填满雷达覆盖不到的区域形成一个覆盖完整的初始场，最后采用最优插值与地面资料融合。

美国国家环境预报中心（NCEP）利用地面观测数据对各种红外、微波降水估计产品进行偏差订正，再依据不同资料的误差采用泊松松弛法、误差反比加权等方法整合，生成的融合产品有美国气候预测中心融合分析降水（CMAP）和全球降水数据集（GPCP）。

美国 NASA 和日本 JAXA 合作开展全球降水观测计划（GPM）合作项目，解决了 TRMM 降水雷达时空分辨率不够、小雨和强降水不敏感问题。1km×1km 分辨率三源融合思路是利用概率密度函数（PDF）、贝叶斯模式平均（BMA）、空间降尺度（DS）和最优插值（OI）的方法，用雷达 1km×1km 的空间结构信息对 5km×5km 的概率密度函数（PDF）和贝叶斯模式平均（BMA）融合的数据进行空间降尺度（DS），得到的背景场有 1km×1km 的高分辨和 5km×5km 无偏矫正，优化了站点稀疏地区的降水数据融合方法。但是雷达空间结构不连续，雷达偏差订正方法还需要改进。

中国国家气象信息中心采用概率密度函数（PDF）和最优插值（OI）两步订正法建立了中国区域逐日 0.25°×0.25°卫星与地面降水资料融合的概念模型，并利用该方法在逐小时 0.1°×0.1°分辨率上研制了由 3 万个自动气象站观测与 CMORPH 卫星反演降水的融合产品，实现了中国区域的全覆盖，并具有较高的时空分辨率和质量，满足了一定的科研业务需求。

常用的降水融合方法有 CoKriging 插值和最优插值。CoKriging 插值以变差函数为度量工具，建立空间变量的变异性模型来推断空间变量的分布，只能把握空间两点之间的相关性，无法应用于复杂的空间分布特征；最优插值只能描述两点间相关性，不能描述多点间相关性。

2.3.1 数据与方法

2.3.1.1 数据来源

本章用到的数据包括 TRMM 遥感降水数据和地面气象观测数据。热带降水测量任务卫星是专门用于定量测量热带、亚热带降水的气象卫星，属于由多颗卫星组成的"地球观测系统"（EOS），由 NASA、日本宇宙开发事业团（National Space Development Agency，NASDA）联合研制，于 1997 年 11 月 27 日发射成功。NASA 负责卫星本体、4 种仪器和运行系统，日本宇宙开发事业团负责测雨雷达和卫星发射。

TRMM 卫星降水数据分为多个级别和层级，表 2-10 展示了 TRMM 卫星各传感器参数。原始卫星传感器探测的为第 0 层数据，第 1 层数据是对第 0 层数据进行标定处理后得到的，第 2 层数据是由第 1 层数据计算得出的降水、云中液态水的含量、潜热释放等大气状况数据，第 3 层是处理得到的降水网格数据，第 4 层是降水资料再分析产品。其中第 1 层数据为一级产品，第 2 层数据为二级产品，第 3 层和第 4 层数据为三级产品。

表 2-10　　　　　　　　　TRMM 卫星各传感器参数

传感器参数	PR	LIS	TMI	VIRS	CERES
分辨率	水平：5km×5km 垂直：250m×250m	25km×25m	11km×8km（37GHz）	2.4km×2.4km	4km×4km
波长	13.8Hz	0.778μm	10.7GHz、19.4GHz、21.3GHz、37GHz、85.5GHz	0.63μm、1.6μm、10.8μm、12μm	0.3～50μm
扫描宽度	215/274km	全球	760/878km	720/833km	600km
扫描方式	轨道垂直扫描	—	圆锥扫描	轨道垂直扫描	—

表 2-11 展示了常用的三级降水产品，本章节使用的 TRMM 3B42 和 TRMM 3B43 是 4 级产品，是于 2011 年发布的 V7 版本。TRMM 3B42 空间分辨率为 0.25°×0.25°，时间分辨率为 3h，覆盖范围为南纬 50°～北纬 50°。TRMM 3B43 空间分辨率为 0.25°×0.25°，时间分辨率为 1 个月。下载文件格式为 HDF，每个文件包含了该时间分辨率内的全球降水率数据，以及每个格点的误差和坐标范围信息。

表 2-11　　　　　　　　　TRMM 卫星三级降水产品

产品编号	产品名称	时间分辨率	空间分辨率
3A11	TMI 海洋降水网格产品	月	5°×5°
3A12	TMI 3 级分析产品	月	0.5°×0.5°
3A25	PR 网格降水产品	月	0.5°×0.5°，5°×5°
3A26	PR 网格地面降水总产品	月	5°×5°
3A46	SSM/I 降水数据	月	1°×1°
3B31	PR/TMI 组合降水产品	月	0.5°×0.5°
3B42	TRMM 和其他卫星联合降水产品	3h	0.25°×0.25°
3B43	TRMM 修正降水产品	月	0.25°×0.25°

鉴于柴达木盆地特殊的地理位置，本章选用的地面雨量站资料涵盖盆地周围 5km 内的国家气象站点，一共 17 个，分别为茫崖站、敦煌站、冷湖站、野牛沟站、小灶火站、大柴旦站、德令哈站、天峻站、格尔木站、诺木洪站、乌兰站、

都兰站、茶卡站、五道梁站、兴海站、曲麻莱站、玛多站。研究区域地面雨量站观测数据由青海省气象局提供，记载了柴达木盆地青海省内部分及周围区域内17个气象站点的日值记录数据。其中包含了17个气象站点在2009—2013年时间段内的站点气压、气温、降水量、蒸发量、相对湿度、风向风速等气候要素的日值数据。受地形等不良因素的影响，柴达木盆地地区的气象站点分布得十分稀疏，野外观测条件也十分恶劣，这些因素致使柴达木盆地的降水资料十分匮乏。为了保证研究区域的站点数据与TRMM数据在时空覆盖范围上保持一致，本章在月尺度数据选取了2009—2013年的每年9月数据，日尺度选择2018年8月1—30日数据进行研究，选取的气象站点信息见表2-12。

表2-12　　　　　　　气　象　站　点　信　息

站点	站点编号	东经/(°)	北纬/(°)	高程/m
茫崖站	51886	90.85	38.25	2944.8
敦煌站	52418	94.68	40.15	1139.0
冷湖站	52602	93.34	38.74	2770.0
野牛沟站	52645	99.60	38.43	3314.0
小灶火站	52707	93.68	36.80	2767.0
大柴旦站	52713	95.35	37.85	3173.2
德令哈站	52737	97.38	37.37	2981.5
天峻站	52745	99.02	37.30	3417.1
格尔木站	52818	94.91	36.42	2807.6
诺木洪站	52825	96.43	36.44	2790.4
乌兰站	52833	98.49	36.93	2950.0
都兰站	52836	98.10	36.30	3189.0
茶卡站	52842	99.08	36.79	3087.6
五道梁站	52908	93.08	35.22	4612.2
兴海站	52943	99.98	35.58	3323.2
曲麻莱站	56021	95.80	34.12	4175.0
玛多站	56033	98.22	34.92	4272.3

2.3.1.2　技术路线

本章基于ArcGIS和SGEMS平台，对柴达木盆地高精度雨量站降水和空间分布的TRMM卫星降水进行融合研究。将降水数据拆分为能够描述降水整体变化趋势的局部均值和反应降水局部差异的局部残差，当已知该区域的降水趋势时，对未知点降水量的估算即可转化为对局部残差的估算，借助CoKriging插值、Filtersim模拟法对不同来源的降水数据进行融合。技术路线如图2-20所示。

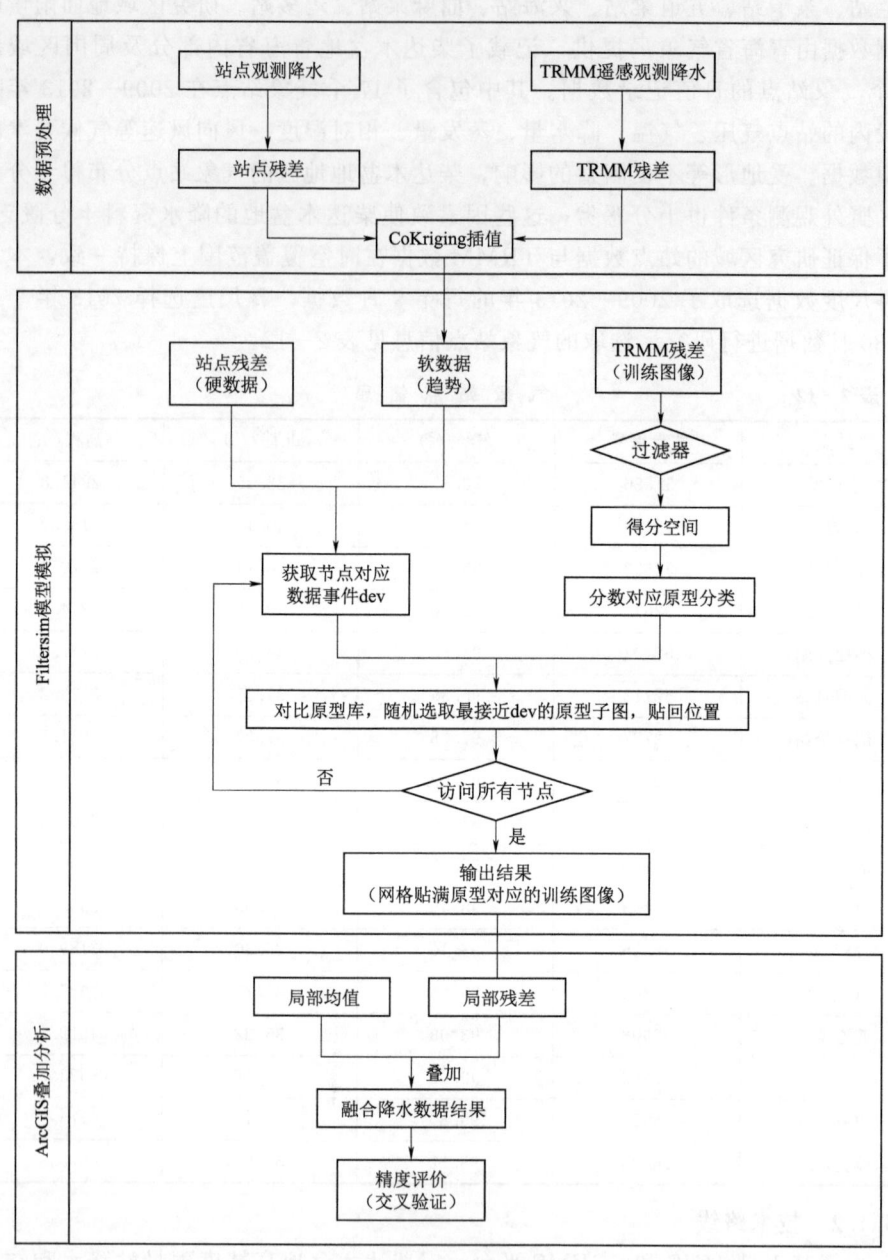

图 2-20 技术路线

2.3.1.3 方法

本章选用了不同来源的数据，在输入 Filtersim 模型进行模拟前需要进行预处理。首先，需要对卫星数据和雨量站观测数据中的缺失值和异常值进行处理。

对于不同类型的缺失值，分别根据其在空间上和时间上的相似性，使用时间或空间上的临近值进行替换。其次，对所有数据的时间序列进行对齐。由于卫星数据使用的时间是 UTC 协调世界时，而地面雨量站数据是北京时间，所以需要将雨量站数据的时间序列与协调世界时匹配对齐。然后，进行数据重采样，将原始 TRMM 的 3h 降水率数据转化为日累计降水量。为了获取更精细的降水空间分布以及在更小的区域内能获取更多的数据进行模拟运算，需要对 TRMM 数据使用最近邻插值法降尺度到 $0.05°×0.05°$。使用最近邻插值法是为了尽可能保留原值以避免引入新的误差，再次进行数据归一化处理。

由于柴达木盆地的降水分布极其不均，呈东多西少，在山脉区域降水分布复杂，从西北到东南具有明显变化趋势。因此，研究引入局部均值和局部残差对气象站观测数据和卫星降水数据进行处理，局部均值是指以某点为中心的一定范围内的所有降水量的平均值，用于描述降水量的整体变化趋势，局部残差用于反映降水在局部范围内的差异性。定义某时刻某位置的降水量为 $P(x)$，将降水量 $P(x)$ 分解为局部均值 $L(x)$ 和局部残差 $R(x)$ 之和，在降水趋势（局部均值）已知的情况下，对未知点降水量的估算可以转化为对局部残差的估算，即

$$P(x)=L(x)+R(x) \tag{2-7}$$

此时，满足

$$E[P(x)]=L(x) \tag{2-8}$$

$$E[R(x)]=E[P(x)-L(x)]=0 \tag{2-9}$$

对 TRMM 卫星降水 $P_2(x)$，用 $3×3$ 窗口进行移动平均计算，可得到 TRMM 卫星降水的局部均值 $L_2(x)$，即卫星降水的趋势面，简记为 L_2。从 TRMM 卫星降水 $P_2(x)$ 中剔除趋势面后，即可得到 $P_2(x)$ 的残差，记为区域化变量 $R_2(x)$，即

$$R_2(x)=P_2(x)-L_2(x) \tag{2-10}$$

TRMM 卫星降水数据的残差 $R_2(x)$ 可简记为 R_2。

$P_1(x)$ 和 $P_2(x)$ 为同一区域的降水数据，具有相同的降水趋势，所以可以将 TRMM 卫星降水数据 $P_2(x)$ 的趋势面近似当作站点降水数据 $P_1(x)$ 的趋势面。则 $L_1(x)=L_2(x)$，从站点降水数据 $P_1(x)$ 数据中剔除该趋势面后，即可得到站点降水的残差，记为区域化变量 $R_1(x)$，即

$$R_1(x)=P_1(x)-L_1(x) \tag{2-11}$$

对站点降水数据和 TRMM 卫星降水数据均进行局部残差处理，将站点降水数据局部残差作为主变量，卫星降水残差作为辅助变量，进行 CoKriging 插值，得到的残差场数据作为 Filtersim 模拟的软数据，具体流程如图 2-21 所示。将三种降水残差进行 Filtersim 模拟，融合结果叠加 TRMM 降水局部均值，获得具有空间分布的高精度降水数据。

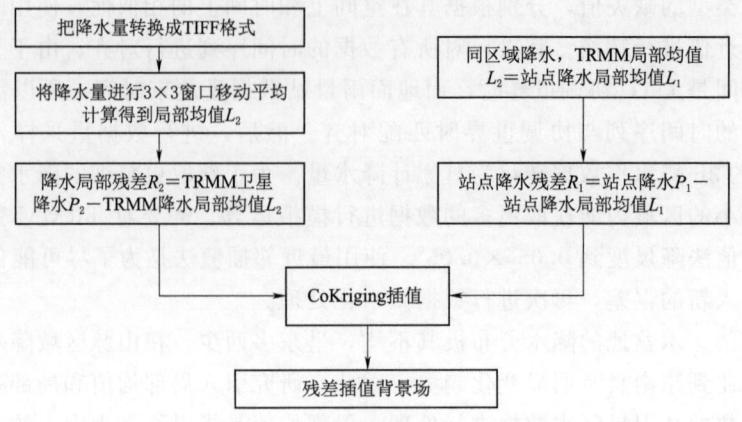

图 2-21 数据预处理流程图

在降水趋势面已知的情况下,未知点降水的估算可以转化为该点残差的估算。局部残差 $R(x)$ 作为区域化变量具有更好的局部平稳性,局部均值 $L(x)$ 可保证降水全局的稳健性。将 TRMM 卫星降水残差作为模拟的训练图像,站点降水残差作为模拟的硬数据,将 CoKriging 插值结果作为软数据约束模拟的趋势面进行 Filtersim 模拟。其流程可简述如下:

(1) 把搜索模板扩展到最粗尺度的模拟格网上。

(2) 利用扩展的模板和过滤器扫描训练图像,获得分图。

(3) 训练图案分割成原型类别。

(4) 分配硬数据,定义一条路径,保证路径访问到所有未知点且只访问一次。

(5) 对于路径中的未知点 u,获取中心点位的条件数据事件,找到离原型类别最近的数据类别,并从原型类别对应的一系列相似的训练图案中任意采一个样,拷贝到当前的格网上。

(6) 继续路径中的下一个结点,重复步骤 (5)。

(7) 重复以上过程直至所有嵌套格网都模拟到。

如果步骤 (5) 采用了两步分割法,则第一步产生父类原型 (parent prototype),第二步产生子类原型 (children prototype),两类原型都需搜索最近的数据事件,再从训练图案中采样和拷贝。由于只实施一次得分计算和模式分割,聚类的效率较高。搜寻最近距离,默认用马氏距离函数度量,且计算时考虑三种数据的分配权重:原始硬数据、已模拟的点、被采样的训练图案。

利用 Filtersim 模拟法对连续型数据进行处理时,软数据是以趋势面的形式 (即局部变化均值) 约束模拟的。这时模板不仅要获取数据事件,还要获取软数据事件,而那些未赋值的数据事件在步骤 (5) 中会被软数据事件代替。按步骤（5）寻找最近的原型后，模型在软数据、硬数据的条件制约下更新数据事件所对应的概率，形成新的数据事件；再次进行步骤（5），寻找离新的数据事件最近的原型。Filtersim 模拟流程如图 2-22 所示。

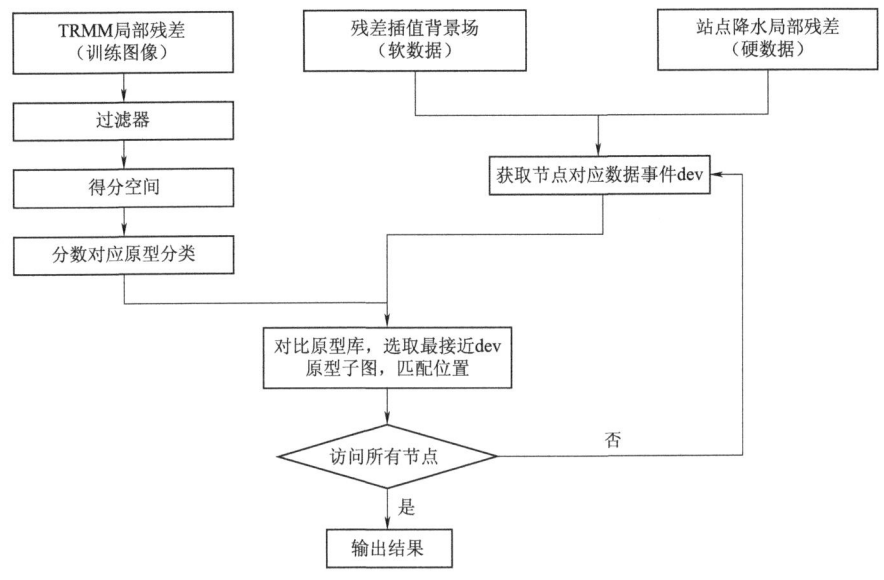

图 2-22 Filtersim 模拟流程图

对于 TRMM 卫星降水数据，用基于模式的模拟方法能够更精确地捕捉到降水的空间特征，并且基于模式的多点地统计模拟包含一种局部图案相似性匹配的思想，符合降水数据的局部自相关性。在模拟之前，首先对 TRMM 卫星降水数据残差和站点降水数据的残差进行 CoKriging 插值，结果作为多点地统计模拟的制约条件，即局部变化均值的趋势面，然后通过对粗尺度训练图像进行模式分类、原型匹配等一系列步骤，获取多次模拟结果，实现 TRMM 卫星降水和站点降水的整合，精化粗尺度的训练图像。

2.3.2 结果与分析

2.3.2.1 日尺度降水融合模拟

日尺度降水融合采用气象站点降水残差和 TRMM 卫星降水残差 CoKriging 插值结果作为模拟中的软数据约束 Filtersim 模拟，为模拟提供趋势面辅助模拟。数据选用 TRMM 3B42 V7，空间分辨率为 0.25°×0.25°，时间范围为 2018 年 8 月 1—30 日；17 个气象站点的实时观测降水数据由青海省气象局提供，经过了严格的质量控制和均一化订正。融合模拟过程以 8 月 1 日为例，过程如下：

（1）对 TRMM 3B42 卫星降水数据进行预处理，对所有数据进行整合。

(2) 对 TRMM 3B42 卫星降水数据通过 3×3 窗口平均进行局部均值的计算。

(3) 局部均值与原始 TRMM 3B42 降水数据进行叠加分析，计算 TRMM 降水局部残差。

(4) 将站点降水的局部残差与 TRMM 降水局部残差进行 CoKriging 插值，结果作为辅助模拟的软数据。

(5) 将气象站点降水的局部残差、TRMM 卫星降水局部残差以及两者的 CoKriging 插值结果输入到 Filtersim 模型中进行模拟计算，结果如图 2-23 所示。

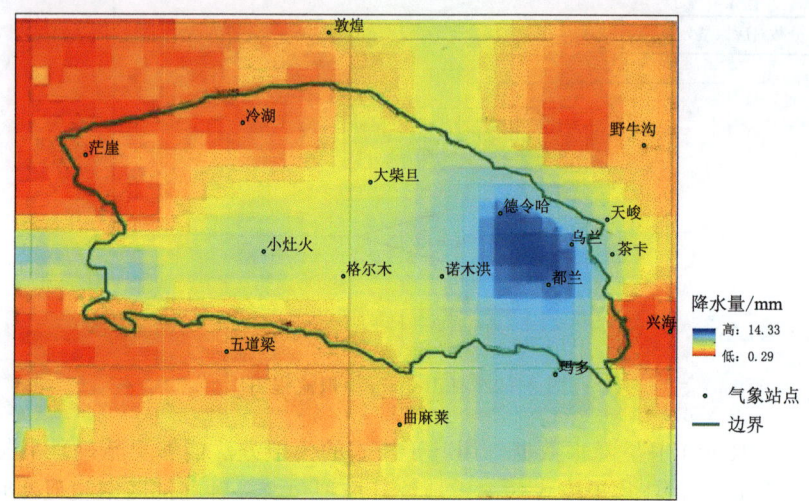

图 2-23　Filtersim 融合模拟结果（4 次模拟）

2.3.2.2　误差分析

本章选用交叉验证法对融合得到的降水数据进行精度的评估，验证假定某个站点的降水值未知，利用剩余 16 个站点数据模拟得到的降水数据估计假定点的降水值，计算估计值与实际观测值之间的误差，重复 16 次就可以得到全部站点的误差，通过相关系数（R）、均方根误差（$NMSE$）和平均绝对误差（MAE）等指标对融合后的结果进行效果评估，定义如下：

$$R = \frac{\sum_{i=1}^{n}[(P'_i - \overline{P'})(P_i - \overline{P})]}{\sqrt{\sum_{i=1}^{n}(P' - \overline{P'})^2 \sum_{i=1}^{n}(P_i - \overline{P})^2}} \quad (2-12)$$

$$NMSE = \sqrt{\frac{\sum_{i=1}^{n}(P'_i - P_i)^2}{n}} \quad (2-13)$$

$$MAE = \frac{\sum_{i=1}^{n} |P'_i - P_i|}{n} \qquad (2-14)$$

式中：n 为观测站点数量；P_i 为站点降水数据；P'_i 为交叉检验的估计值。

对融合结果进行交叉验证：研究区内一共有 17 个气象站点，每次预留一个站点数据，将剩余 16 个站点数据分别进行 CoKriging 插值和 Filtersim 模拟法融合，利用得到的降水数据估计预留点的降水值，计算估计值与实际观测值之间的误差，重复 16 次得到全部站点的误差。CoKriging 插值及 Filtersim 模拟法的 R、$RMSE$ 和 MAE 等指标结果如下。

如图 2-24 所示，日降水选用降水较为集中的 8 月，一共 31 组数据。从整体分析，原始 TRMM 3B42 降水数据的相关系数 R 普遍偏低，8 月 6 日的相关系数 R 呈负相关。CoKriging 插值的相关系数整体为正相关，相关性高于原始 TRMM 3B42 降水数据，但半数以上的相关系数 R 低于 0.4，相关系数 R 最高为 0.798（8 月 4 日），最低为 0.003（8 月 18 日），数据融合效果一般。Filtersim 模拟法的相关系数 R 有 18 组数据高于 0.4，且相关系数 R 普遍高于原始 TRMM 3B42 降水数据和 CoKriging 插值结果，8 月 24 日的相关系数 R 为 0.868，8 月 13 日的相关系数 R 为 0.846，较 CoKriging 插值分别提高了 0.179 和 0.361。Filtersim 模拟法融合后的降水数据精度有明显的提高，但极个别日期的相关性较低，后续研究将进一步提升融合效果。

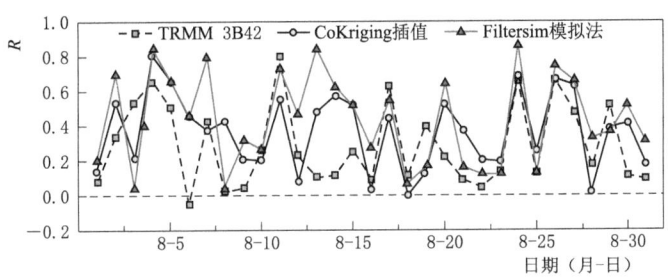

图 2-24　8 月实际观测日降水与不同方法估计的日降水间的相关系数

图 2-25 为交叉验证后估计降水与实测降水的均方根误差折线图。均方根误差是反映观测值与模拟值之间偏差的一种度量，用于说明样本数据的离散程度。分析可得，三种降水数据的均方根误差数值起伏大致相同，Filtersim 模拟法与 CoKriging 插值获取的降水数据的 $RMSE$ 值均比原始 TRMM 3B42 要低。Fltersim 模拟法融合后的降水均方根误差最大为 6.235mm（8 月 6 日），最小为 0.523mm（8 月 18 日）；经过 CoKriging 插值融合后的降水均方根误差最大值出现在 8 月 6 日（8.043mm），最小值出现在 8 月 18 日（1.560mm）。虽然二者最

大值和最小值分别出现在同一日期，但相比之下，Filtersim 模拟法能够有效降低数据的均方根误差。

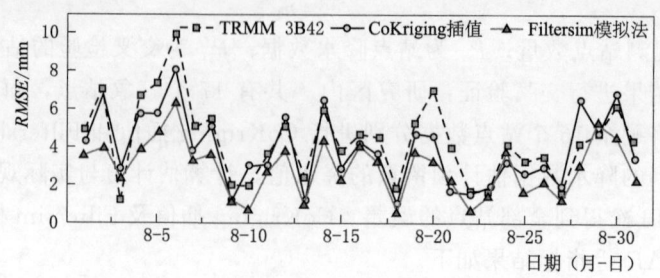

图 2-25　8 月实际观测日降水与不同方法估计的日降水间的均方根误差

图 2-26 为交叉验证后估计降水与实测降水的平均绝对误差折线图。TRMM 3B42 作为与其他卫星联合的降水产品，数据的平均绝对误差精度较高，但由于研究区域特殊，个别天数的平均绝对误差出现异常较高，如 8 月 20 日数值为 5.560mm，分析原因为 8 月 20 日降水不均匀且时间较短。CoKriging 插值的平均绝对误差的数值在趋势上与 TRMM 3B42 降水平均绝对误差保持一致，且整体偏高，原因是 CoKriging 插值依赖于 TRMM 3B42 降水数据和气象站点的设立，研究区内气象站点过于稀疏，导致 CoKriging 插值融合的降水效果较差。Filtersim 模拟法得到的降水平均绝对误差数值在周期性的起伏上与 TRMM 3B42 一致，且整体偏低；与 CoKriging 插值相比，Filtersim 模拟法较为明显地降低了平均绝对误差的数值，且波动跟随 TRMM 3B42 较为稳定，差值较大的出现在 8 月 1 日、8 月 3 日、8 月 6 日、8 月 20 日和 8 月 30 日，差值分别为 4.121mm、2.837mm、2.744mm、2.338mm 和 2.330mm。整体分析可得，Filtersim 模拟法能够有效地降低多源降水数据融合的平均绝对误差，融合效果更好。

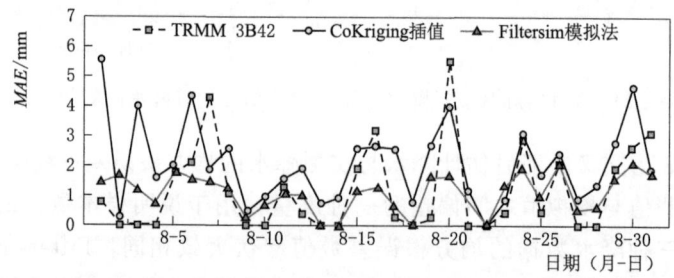

图 2-26　8 月实际观测日降水与不同方法估计的日降水间的平均绝对误差

2.3.2.3　讨论与展望

降水作为全球水循环的基本组成部分，是生态学、水文学和气象学的关键参数。准确、高空间分辨率的降水数据对于提高流域尺度水文的模拟至关重要。柴达木盆地位于干旱半干旱地区，是降水资料匮乏盆地的典型例子。近年来，随着遥感技术的快速发展，气象卫星和气象雷达为降水空间分布估计提供了新的方式。本章使用的降水数据来自 TRMM 3B42，其准确度受以下两个因素的影响：①TRMM 3B42 数据本身的精度未经完全评估。TRMM 3B42 降水产品是由 TRMM 和其他数据源产生最佳估计降水率（mm/h）的估计值，其本身存在一些缺陷，例如数据记录的不连续性和 TRMM 3B42 的 AMSUB 算法引入的偏差，这可能降低 TRMM 3B42 降水产品的准确性。②数据集的校正依赖气象站点的分布与数量。柴达木盆地是一个气象站点稀少的盆地，这限制了 TRMM 3B42 的有效校准。这两个因素的综合影响降低了降水数据的准确性，从而影响了算法的精度。

由于降水和地形以及陆表信息之间存在密切关系，所以本章基于多点地统计学 Filtersim 模拟法，在柴达木盆地开展融合 TRMM 卫星降水和地面雨量站降水的研究，采用不同的模拟法来解释降水的空间相关性。相关成果将为区域水文分析、水资源规划与管理、洪涝干旱监测提供重要参考。

通过 CoKriging 插值和 Filtersim 模拟法对 TRMM 卫星降水和气象站点降水融合的结果分析，从数据评估标准的改善程度来看，Filtersim 模拟法较 CoKriging 插值考虑了降水在空间上的相关性，且模拟精度高于 CoKriging 插值，平均绝对误差 MAE 比原始 TRMM 卫星数据降低了 14.3%，比 CoKriging 插值降低了 9.2%，相关系数提高到 0.868。从不同降水强度下对融合效果的评估来看，Filtersim 模拟法能够有效改善原始 TRMM 卫星降水的误差，且模拟效果优于 CoKriging 插值。

对于现有的降水融合方法，大多选用偏向于数值插值的算法，忽略了降水数据在空间上的变化特征，本章采用 Filtersim 模拟法研究融合 TRMM 卫星降水和气象站点降水，探讨如何获取高精度、高时空分辨率空间降水数据的可行性。但由于科研水平和数据获取等方面的限制，本章中仍存在一些不足和可以改进的地方，主要是 Filtersim 模拟法的搜索模板和打分过滤系统是影响融合精度的主要因素，实验选用默认的过滤器，在某些特定的区域是具有局限性的。在接下来的研究中，将会根据降水数据在空间上的差异性，通过自定义过滤器赋予不同的权值，提高融合精度，并通过类柴达木盆地区域对该算法的适用性进行评估。

2.4 结　论

现如今，尽管降水的观测方式更加多样，但站点观测仍是降水信息获取最广泛和最精确的方式。本章以柴达木盆地为研究区，评估了 4 套降水产品（CMADS、TRMM、GPM 和 MSWEP）的适用性，利用 9 个气象站和 13 个水文站的站点降水信息分析各降水产品的精度，主要结论如下：

（1）4种降水产品的空间分布和年内分配具有一致的规律：研究区降水量呈现由西北向东南逐渐递增的趋势，年降水量为27～560mm，四周山地降水量明显高于海拔较低的中部盆地地区；研究区降水的季节性变化明显，降水主要集中在5—9月。

（2）直接比较4种降水产品的空间分布和年内分配情况发现：CMADS和TRMM在雨季（5—9月）存在降水的异常高值点，这些格点的位置与盐湖的分布一致。降水产品在柴达木盆地的降水量大致随海拔升高而增加，在海拔4500～4700m甚至以上，CMADS和GPM降水量随海拔升高而减少，MSWEP和TRMM降水量与海拔的相关性较弱（$R<0.31$）。

（3）通过评估降水产品在不同时间尺度上的精度发现：4种产品在年、月尺度上均呈现较好的适用性，格点与站点降水的相关系数都大于0.6，百分比偏差控制在±6%以内。年尺度均方根误差为73.6～91.2mm，月尺度为12.6～16.4mm。其中，表现精度最高的是MSWEP，其次是GPM和TRMM，最差的是CMADS（图2-6和图2-8）。

（4）地形分析表明，降水产品普遍存在对低海拔站点降水的高估倾向，而对高海拔区域则多表现为低估（图2-10）。对比不同观测站点类型发现：相较于气象站，降水产品与水文站数据具有更强的相关性，但平衡偏差更显著（图2-12）。

第3章 气温遥感监测

空气温度（T_a）作为重要的气象要素之一，在地表能量交换、水循环等众多陆面过程中起着至关重要的作用（张丽文等，2014）。因此，准确获取气温的时空分布信息对于气候学、生态学和水文学等诸多学科研究具有重要意义（蔡明勇等，2014）。常规的气象站点观测技术虽然具有时间分辨率高、记录准确等优点，但是仅能覆盖有限的空间范围，无法准确反映气温的空间异质性，特别是在气候、高程变化较大的地区尤为明显。空间插值是获取区域尺度气温分布格局的常用方法，尽管该方法在不断发展和完善，但是在自然环境复杂、气象资料匮乏的地区，基于有限的站点通过空间插值依然难以生成较为精准的气温分布数据（Wloczyk et al.，2011）。

与基于站点的气温观测数据相比，虽然遥感卫星尚未实现对近地表气温的直接观测，但是能够提供大范围连续的地表和大气参数，进而生成气温的时空分布数据。气温遥感估算的方法主要有3类。第一类是地表能量平衡法，该方法基于太阳辐射收支平衡的原理，利用能量的转化过程来估算气温，但能量平衡公式较为复杂且所需参数众多，遥感技术难以同时提供植被、土壤、地表粗糙度等众多下垫面参数信息，因此该方法适用范围有限（Sun et al.，2005）。第二类是温度-植被指数（surface temperature–vegetation index，TVX）分析法，该方法假设浓密植被的冠层温度等于冠层内的空气温度，通过建立地表温度与植被指数（Vegetation Index，VI）的负相关关系，利用饱和VI值来估算气温。该方法的不足之处在于需要去除窗口内多余的云体或水体信息，并且需要气温观测值进行校准（江东等，2001）。第三类是统计分析法，该类方法具有模型简单、适用范围广等优点，具体又可分为地表温度回归分析法（Kawashima et al.，2000）和大气廓线外推法（Mendez，2004；Zhu et al.，2017）。地表温度回归分析法采用"自下而上"的估算方式，通过建立气温观测值和地表温度的回归模型，进而估算区域尺度气温。Kawashima等（2000）用Landsat TM地表温度数据估算的冬季晴天气温误差为1.40~1.85℃。姚永慧等（2013）利用146个气象站点的观测数据和MOD11C3地表温度数据，建立了气温与地表温度和高程的地理加权回归模型，分析了青藏高原气温的时空变化规律和增温效应。与地表温度回归分析法不同，大气廓线外推法采用的是"自上而下"的估算方式，利用不同气压带气温和海拔的线性关系来估算气温。Bisht等（2010）提出了一种完全基于

MOD07 大气廓线产品的气温估算方法,其思想是将气温垂直递减率设置为常数 6.5℃/km,但是该方法仅适用于高程较低的地区,因为气温垂直递减率不仅随着高程的变化而变化,还会随着季节变化而变化。针对这个缺陷,Mendez (2004) 利用 MOD07 大气廓线产品估算了非洲东南部林波波河(Limpopo River)的空气温度,将实测的气温垂直递减率应用在气温估算中,但是该方法使用的遥感数据受到云量的影响,仅适用于晴朗的天气条件。在此基础上,Zhu 等(2017)利用 MODIS 大气廓线产品和地表温度产品估算了我国柴达木盆地东部地区和美国南部大平原的气温,结果表明利用 MODIS 大气廓线产品求得的气温存在明显低估现象,而地表温度产品对气温存在着高估现象,两者的误差存在互补效应,两者的平均值能够更为精准地进行气温估算。

与地表温度回归分析法不同,大气廓线外推法的优势在于可以摆脱对气温观测数据的依赖,完全基于遥感数据实现气温的估算。虽然上述研究已经在不同地区证明了大气廓线外推法在近地表气温估算中的有效性,但不同方法之间缺乏对比分析,并且研究区范围较小,区域内气候、高程变化不明显,大气廓线外推法在大尺度复杂下垫面条件下的适应性仍缺乏有效验证。基于此,本章以自然环境复杂、气象资料匮乏的青海省为研究区,系统评价了 3 种基于大气廓线产品的瞬时气温估算方法,进而结合气象站点实测数据通过多元回归的方法生成了高精度月尺度气温产品,对青海省空气温度的时空分布格局进行了分析,以期为相关学科研究提供数据与方法支撑。

3.1 数 据

3.1.1 MODIS 数据

Zhu 等(2013)的研究表明,TERRA 卫星反演的空气温度比 AQUA 卫星精度高。因此,本章使用的遥感数据均来自 MODIS TERRA 卫星,其过境时间为地方时 10:30 左右。MODIS 是搭载在 TERRA 和 AQUA 卫星上的传感器,具有 36 个光学通道,星下点的地面分辨率为 250m×250m、500m×500m 和 1000m×1000m,目前共有 44 个 MODIS 数据产品。具体来说,本章使用的 MODIS 产品包括 MOD07_L2、MOD06_L2 和 MOD11_L2,时间跨度为 2011—2019 年。MOD07_L2 大气廓线产品包括大气温度廓线和地面气压分布数据,其空间分辨率为 5km×5km。它提供了 20 个垂直分布的水平大气压,利用统计回归的方法,通过观测辐射率和对应的大气廓线之间的统计关系来确定大气温度廓线。受云量影响,MOD07_L2 仅能够提供晴天的气温廓线和地表气压。MOD06_L2 地表温度产品包含云的光学和物理参数,这些参数用于确定云的属性,与

MOD07_L2 不同的是，MOD06_L2 不受云量干扰，能够同时提供晴天和有云天的地表温度数据，其空间分辨率为 1km×1km。MOD11_L2 地表温度（Land Surface Temperate，LST）产品是基于广义劈窗 LST 算法研发的，其空间分辨率为 1km×1km。MOD11_L2 也受云量影响，仅能提供晴天的 LST 数据（柯灵红等，2011）。

3.1.2 气象观测数据与高程数据

本章使用的气温实测数据为 2011—2019 年的逐小时观测数据。青海省共有 52 个国家气象站，分布非常稀疏，海拔为 1800~4600m。其中有 2 个站点的气温数据是从 2015 年开始记录的，因此本章最终仅选取了 50 个具有长时序气温记录的站点，并通过与 TERRA 卫星的过境时间相匹配，以最接近过境时间的气温观测值作为验证数据。高程数据来自 SRTM DEM 数据，空间分辨率为 90m×90m，为了结合 MODIS 数据分析青海省气温的时空分布格局，本章按最近邻插值法对其进行重采样，使其与 MODIS 产品具有相同的空间分辨率。

3.2 方 法

3.2.1 晴天条件下瞬时气温的遥感估算

根据现有研究，利用 MODIS 大气廓线产品估算晴天气温主要有以下 3 种方法：

方法一：大气廓线外推法。MOD07_L2 大气廓线产品虽然提供了 20 个不同高度带的气温数据，但是这 20 个高度带的气温数据与近地表气温缺乏对应关系。根据气温随海拔增加而下降的特点，Bisht 等（2010）利用 MOD07_L2 提供的近地表大气压和气温廓线，提出近地表空气温度的估算公式为

$$T_{a1} = T_a^{L1} + \frac{T_a^{L2} - T_a^{L1}}{P_a^{L2} - P_a^{L1}}(P^S - P^{L1}) \quad (3-1)$$

式中：T_{a1} 为 MOD07_L2 反演的近地表晴天气温；P^{L1} 为 MOD07_L2 产品 20 个气压带中距离地表最近的大气压；P^{L2} 为 P^{L1} 对应的上层大气压；T_a^{L1} 和 T_a^{L2} 分别为与气压带 P^{L1} 和 P^{L2} 相对应的大气温度；P^S 为 MOD07_L2 提供的近地表大气压。

方法二：平均法。Zhu 等（2017）研究表明，通过大气廓线外推法反演的空气温度（T_{a1}）具有低估的趋势，而通过 MOD06_L2 地表温度估算的气温具有高估的趋势。二者的平均值能够更为准确地估算晴天空气温度，公式如下：

$$T_{a2} = \frac{T_{a1} + T_s}{2} \quad (3-2)$$

式中：T_{a2} 为方法二估算的晴天气温；T_{a1} 为大气廓线外推法估算的晴天气温；T_s 为 MOD06_L2 产品提供的地表温度数据。

方法三：产品估计法。除了上述两种方法，诸多研究直接选取 MOD07_L2 大气廓线产品中距离地表最近的气压带（P^{L1}）对应的空气温度（T_a^{L1}）来代表近地表晴天气温（Seddon et al.，2016），即

$$T_{a3} = T_a^{L1} \tag{3-3}$$

式中：T_{a3} 为方法三估算的近地表晴天气温。

3.2.2　有云条件下瞬时气温的遥感估算

由于 MOD07_L2 只提供了晴天条件下的大气廓线数据，所以上述方法只能实现晴天气温的遥感估算。MOD06_L2 可以同时提供晴天和有云天的地表温度，Stisen 等（2007）和 Vancutsem 等（2009）的研究表明，MOD06_L2 的地表温度与近地表气温具有较强的线性关系，通过回归的方法可以实现有云天气温的遥感估算。因此，在上述晴天气温估算的基础上，可以逐像元建立一元回归模型，因变量为 9 年每日晴天气温估算值，自变量为 9 年每日晴天地表温度数据（MOD06_L2）。将 9 年每日有云天地表温度代入一元回归方程，实现有云天瞬时气温的遥感估算。

3.2.3　月尺度空气温度产品的合成

在晴天和有云天瞬时气温遥感估算的基础上，为了更准确地反映青海省气温的时空分布格局，本章将日尺度瞬时气温的估算值通过平均化的处理方法合成逐月平均气温（T_{a2}^m），然后结合 50 个站点月平均气温实测数据（T_a^m），通过式（3-4）建立其与 T_{a2}^m 和高程的多元回归模型，生成精度更高的月尺度气温分布数据。多元回归模型的具体建立流程如下：每月随机选取 40 个站点作为式（3-4）的校准数据，另外 10 个站点作为验证数据，随机选取 5 次，通过交叉验证的方法获得月尺度气温估算的精度。当验证精度高于 T_{a2}^m 估算的气温精度时，将 50 个站点全部用于多元回归模型的校准，并将构建的多元回归系数应用到栅格尺度，进而生成青海省高精度月气温产品，用于分析气温的时空分布格局。

$$T_a^m = a_0 + a_1 T_{a2}^m + a_2 H \tag{3-4}$$

式中：T_a^m 为月平均气温实测值；T_{a2}^m 为基于平均法日尺度瞬时气温估算的月平均值；H 为各站点的高程；a_0、a_1、a_2 为多元回归模型的系数。

3.2.4　精度评价指标

本章采用 4 个统计指标来评价不同气温估算方法的精度，分别为相关系

数（R）、平均偏差（$Bias$）、绝对偏差（MAE）和均方根误差（$RMSE$），公式如下：

$$R = \frac{\sum_{i=1}^{n}[(x_i - \overline{x})(y_i - \overline{y})]}{\sqrt{\sum_{i=1}^{n}(x_i - \overline{x})^2 \sum_{i=1}^{n}(y_i - \overline{y})^2}} \quad (3-5)$$

$$Bias = \frac{\sum_{i=1}^{n}(x_i - y_i)}{n} \quad (3-6)$$

$$MAE = \frac{1}{n}\sum_{i=1}^{n}|x_i - y_i| \quad (3-7)$$

$$RMSE = \sqrt{\frac{1}{n}\sum_{i=1}^{n}(x_i - y_i)^2} \quad (3-8)$$

式中：n 为样本数量；x_i 和 y_i 分别为空气温度的估算值与实测值；$\overline{x}$ 和 $\overline{y}$ 分别为 x_i 和 y_i 的平均值。

3.3 结　　果

3.3.1 三种晴天气温估算方法的对比分析

对青海省 50 个气象站点 2011—2019 年共 87908 个晴天样本进行瞬时气温估算，三种气温估算方法的总体精度见表 3-1。在未使用气温观测值进行校准的情况下，结果如下：①三种方法的气温估算值与实测值之间均具有很强的相关性，相关系数 R 为 0.83～0.93；②大气廓线外推法反演的空气温度（T_{a1}）与 MOD07_L2 直接提供的气温数据（T_{a3}）相比，估算精度有所提高，但是二者都低估了晴天气温，平均低估大小为 3.43℃ 和 8.28℃；③平均法在引入了 MOD06_L2 地表温度数据后，虽然晴天气温（T_{a2}）存在明显高估（$Bias = 2.95$℃），但是其总体精度明显提高。各种统计指标均表明三种晴天气温估算方法的总体精度排序为 $T_{a2} > T_{a1} > T_{a3}$。无论是 T_{a1} 还是 T_{a3}，都对晴天瞬时气温存在明显低估，这主要是由 MOD07_L2 气温廓线算法或输入的遥感数据存在系统误差所导致。这同时也表明仅利用 MOD07_L2 产品来估算晴天气温具有一定的局限性，MOD06_L2 地表温度数据的引入能够在很大程度上弥补这种系统误差，从而显著提高晴天气温的估算精度。

表 3-1　晴天条件下瞬时气温的估算精度

方法	瞬时气温	R	Bias/℃	MAE/℃	RMSE/℃	n
大气廓线外推法	T_{a1}	0.88	−3.43	4.77	5.87	
平均法	T_{a2}	0.93	2.95	3.79	4.71	87908
产品估计法	T_{a3}	0.83	−8.28	8.99	10.38	

由于青海省 50 个气象站点地理位置分布稀疏，海拔分布差异明显，并且气温受地形、植被类型等众多因素共同影响，因此不同站点的气温估算精度存在差异。图 3-1 为三种方法晴天气温估算精度的箱线图，每个箱线代表 50

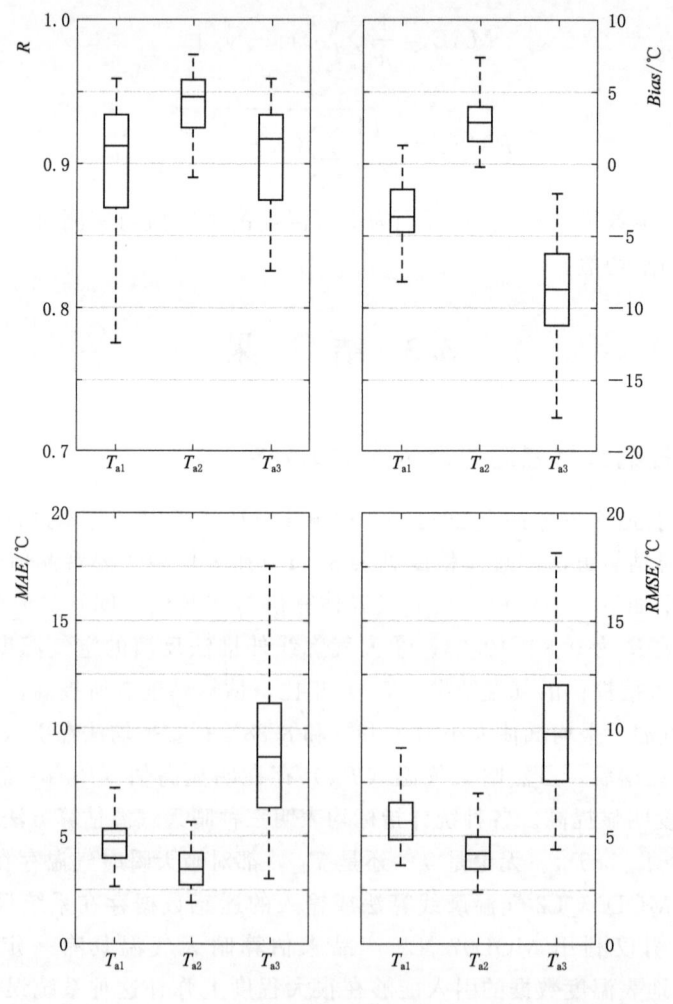

图 3-1　2011—2019 年 50 个站点晴天瞬时气温估算精度箱线图

个站点 2011—2019 年晴天瞬时气温估算精度的统计值。从箱线分布的位置可以看出：①三种气温估算方法的相关系数 R 大部分在 0.8 以上，尤其是 T_{a2} 有 49 个站点的 R 在 0.9 以上；②与 T_{a3} 相比，T_{a1} 和 T_{a2} 的平均偏差 $Bias$ 明显降低，并且偏差范围缩小；③ T_{a2} 的 MAE 和 $RMSE$ 均低于 T_{a1} 和 T_{a3}。不同方法估算的晴天气温结果表明，T_{a3} 精度最低，并且误差范围较大；T_{a1} 的精度虽然有所提高，但是仍然没有摆脱 MOD07_L2 产品本身的系统误差；T_{a2} 相比于 T_{a1} 和 T_{a3}，虽然高估了晴天气温，但是整体误差最小。

地表温度回归法是另一种常用的晴天气温估算方法。为了充分验证大气廓线产品特别是方法二在晴天气温遥感估算中的优势，本章还开展了两种方法的对比分析。具体来说，参考已有研究（姚永慧等，2013），地表温度回归法采用的遥感数据为 MOD11_L2 提供的 LST 数据，利用前 5 年（2011—2015 年）每日晴天气温观测值和 LST 数据作为校准样本，逐站点建立回归模型，并将后四年（2016—2019 年）LST 数据代入回归模型进行晴天气温估算，评价其精度。结果表明，该方法后四年气温估算的 R、$Bias$、MAE 和 $RMSE$ 分别为 0.91℃、−0.24℃、3.16℃ 和 4.10℃。该精度与表 3-1 中 T_{a2} 的精度对比表明，地表温度回归法在使用气温实测值进行校准的情况下具有更好的估算精度，平均偏差 $Bias$ 较小，但是 MAE 和 $RMSE$ 的改善并不明显，仅降低了 0.63℃ 和 0.61℃。因此，方法二在未使用气温实测值进行校准的情况下，能够较好地估算晴天气温。

3.3.2 有云天瞬时气温的估算精度

三种方法的对比表明，T_{a2} 晴天瞬时气温的估算精度明显高于 T_{a1} 和 T_{a3}，因此本章最终建立晴天条件下 T_{a2} 与 MOD06_L2 地表温度数据的回归模型，将有云天的地表温度数据应用到回归模型中实现有云条件下瞬时气温的遥感估算，从而生成全天气条件下的气温估算数据，其总体精度见表 3-2。验证结果表明，有云天气温估算的 MAE 和 $RMSE$ 分别为 4.16℃ 和 5.16℃，略低于晴天气温的估算精度；全天气条件下气温的 MAE 和 $RMSE$ 分别为 3.97℃ 和 4.93℃，介于晴天估算精度和有云天估算精度之间。方法二在引入 MOD06_L2 地表温度数据后，虽然晴天气温估算精度明显提高，但仍然存在较为明显的系统误差，平均高估 2.95℃，这表明平均法没有处理好 T_{a1} 和 MOD06_L2 地表温度之间的比例关系，导致气温存在普遍高估，这主要是因为不同条件下（如高程、植被类型），实际气温并不是 T_{a1} 和地表温度之间简单的平均关系，后续研究需要更为深入地分析两者的比例关系。

表 3-2　　　　　　　　有云天和全天气条件下气温的估算精度

天气条件	R	Bias/℃	MAE/℃	RMSE/℃	n
有云天	0.89	2.86	4.16	5.16	80979
全天气	0.92	2.90	3.97	4.93	168887

3.3.3　青海省月平均气温的估算精度

由上述气温估算结果可知，在气温实测值未参与校准的情况下，通过方法二和回归模型估算的全天气条件下气温瞬时值与观测值具有强烈的相关性，总体精度 R 和 $RMSE$ 分别为 0.92 和 4.93℃。基于此，本章通过平均化的处理方法将日尺度瞬时气温估算值合成逐月平均值，总体精度如图 3-2（a）所示。可见全天气条件下月尺度气温估算的总体精度（$RMSE=4.06℃$）略高于日尺度（$RMSE=4.93℃$），但依然存在明显高估，平均偏差为 2.90℃。为了进一步提高气温的模拟精度，基于月气温实测数据，通过建立多元回归模型的方法估算青海省月平均气温。由于高程是影响气温分布的重要因素之一，并且青海省高程变化范围较大，因此在多元回归模型建立过程中引入了高程数据。具体来说，该多元回归模型是逐月建立的，因变量为随机选取的 40 个站点月气温实测数据（T_a^m），自变量为各个站点相对应的月气温估计合成值（T_{a2}^m）和高程，每月剩余的 10 个站点进行精度验证，每月随机选取 5 次，验证精度如图 3-3 所示。结果显示，各个月份多元回归模型的决定系数 R^2 为 0.69～0.97，其中有 96 个月 R^2 在 0.8 以上，占月份总数的 89%，表明拟合程度良好。验证结果显示，所有月份气温估算的 $RMSE$ 为 0.59～2.89℃，每个月的交叉验证精度全部高于 T_{a2}^m 估算的每月平均气温的精度，并且有 99 个月的 $RMSE$ 在 2.5℃以下，占月份总数的 92%，这充分表明在使用气温观测值进行校准的情况下，通过引入高程参数并结合 T_{a2}^m 所建立的多元回归模型能够较好地估算青海省各站点的每月平均气温。

3.3.4　青海省气温的时空分布格局

通过多元回归的方法能够有效进行青海省月气温的模拟估算，大部分站点的 $RMSE$ 在 2.5℃以下，如图 3-3 所示。为了更准确地分析青海省气温的时空分布格局，将每月 50 个站点的 T_a^m、T_{a2}^m 和高程数据全部用于多元回归模型的校准［图 3-2（b）］，进而应用于栅格尺度估算每月平均气温，最终得到青海省 2011—2019 年逐月平均气温（108 个月）的空间分布数据，将 9 年间 1—12 月的气温进行平均，得到青海省 2011—2019 年月平均气温的时空分布，如图 3-4 所示。需要特别强调的是，这里的月平均气温是指卫星过境时刻（地方时 10：30 左右）瞬时气温的月均值，与气象学传统意义上的月平均气温具有明显差异，后

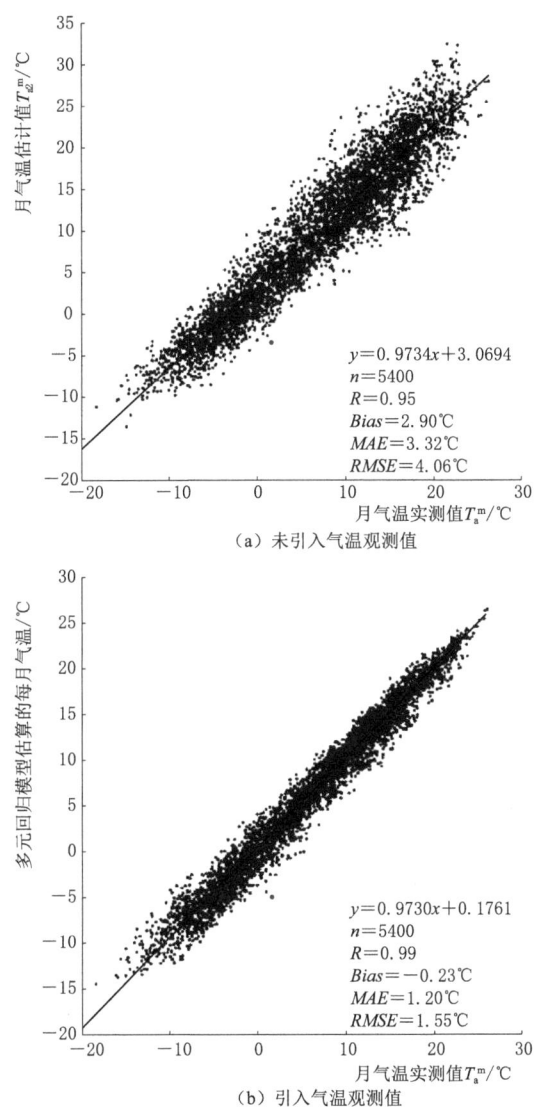

图 3-2　未使用气温实测值校准和使用气温实测值校准的月尺度气温估算精度

者是指月内逐日平均气温的均值。青海省气温时空分布表明，全省在 7 月达到最高气温，空间变化范围为 4.25～23.87℃，平均值为 13.59℃；最低气温出现在 1 月，空间变化范围为 -20.41～-0.53℃，平均值为 -9.44℃。气温的空间分布主要受海拔控制，结合青海省高程的空间分布可以看出，柴达木盆地和东部湟水谷地由于地势相对较低，各月平均气温均明显偏高；而地势较高的青南高原和祁连山区则属于低温区。

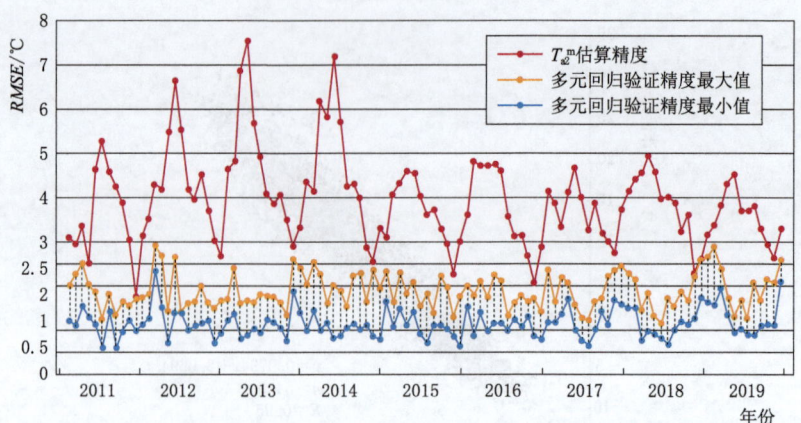

图 3-3　多元回归模型月尺度气温估算交叉验证精度与 T_{a2}^m 估算精度

由图 3-2（b）中多元回归模型精度可知，利用 T_{a2}^m 和高程可以较好地估算青海省每月的平均气温，$RMSE$ 为 1.55℃，平均偏差仅为 -0.23℃，这较好地弥补了 T_{a2}^m 本身的系统误差。姚永慧等（2013）利用地理加权回归模型估算了青藏高原地区气象台站气温，其均方根误差（$RMSE$）为 0.95~1.64℃，这表明本章的多元回归模型也能有效估算青海省各站点气温。由多元回归模型的验证精度（图 3-3）可以推断，青海省气温时空分布的估算精度基本可以控制在 2.5℃以内。为了更准确地说明气温与高程的关系，本章将青海省按高程大小分为 24 个地带，起始高程为 1600m，高程间隔为 200m。图 3-4 是青海省年平均气温观

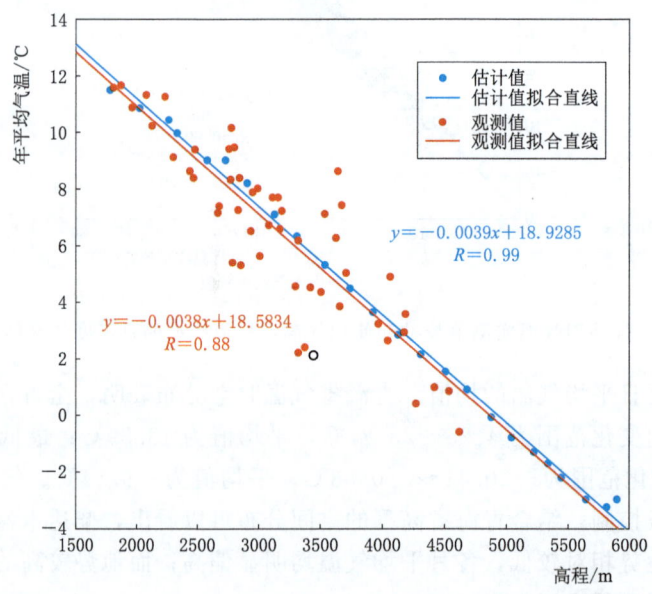

图 3-4　青海省年平均气温观测值、估计值与高程间的散点图

测值、估计值与高程间的散点图，为了表明气温估计值的准确性，该图同时引入了 50 个站点的年平均气温观测值与其进行对比。结果表明二者拟合直线的斜率均接近 −0.004，表示高程每上升 1km，气温约下降 4℃。

需要注意的是，多元回归模型中使用的 T_{a2}^m 是通过 MOD06_L2 地表温度估算得到的，而 MOD06_L2 估算的水面或湖面温度通常高于陆表温度，这会导致 T_{a2} 估算的水面或湖面气温高于实际气温值，进而导致回归模型估算的水面或湖面气温不准确，如青海湖及柴达木盆地内的小湖泊，其冬季（12 月、1 月和 2 月）的气温值与周围地区的陆表气温差异较大。由于本章使用的气温观测值均来自陆表气象站，而水面或湖面的空气温度由于缺乏实测数据无法考证，因此该多元回归模型仅适用于估算陆地近地表的空气温度，不适用于估算水面或湖面上的空气温度。基于此，图 3-5 中所有湖面的气温估算值均采取了掩膜处理。

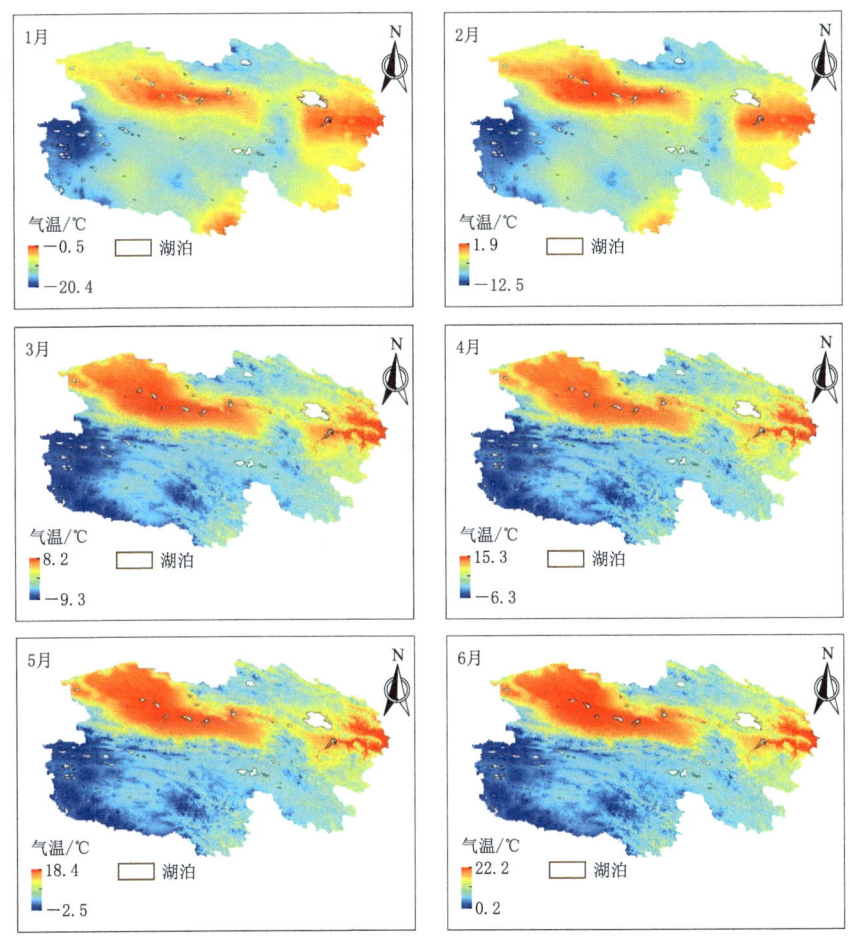

图 3-5（一） 青海省 2011—2019 年月平均估算气温空间分布图

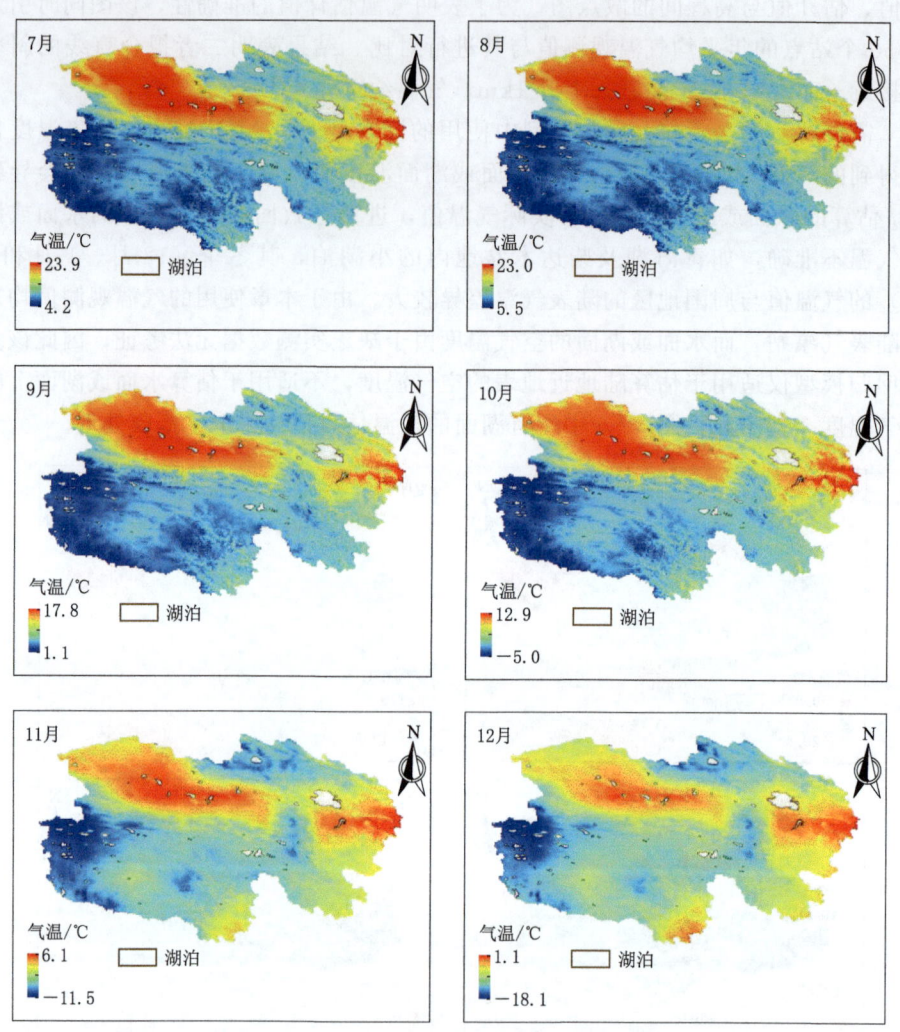

图 3-5（二） 青海省 2011—2019 年月平均估算气温空间分布图

3.4 结 论

本章基于 MODIS 大气温度廓线产品，首先利用三种方法估算了青海省 2011—2019 年晴天条件下的瞬时气温，分析了不同方法估算晴天气温的精度差异，然后通过逐像元回归的方法估算了有云条件下的瞬时气温，最后综合日尺度瞬时气温估算值和站点实测气温，通过逐月多元回归模型的建立生成更高精度的月气温数据，用于青海省气温时空分布格局分析。主要结论如下：

（1）在未使用气温观测值进行校准的情况下，尽管三种晴天气温估算方法得到的气温估计值与站点气温观测值均具有很强的相关性（$R=0.83\sim0.93$），但三种估算方法的精度存在明显差异：直接利用 MOD07_L2 最低层廓线温度（T_{a3}）来代表气温，其精度最低，$RMSE$ 高达 10.38℃，平均偏差为 -8.28℃；通过大气廓线外推法得到晴天气温（T_{a1}）的 $RMSE$ 为 5.87℃，虽然精度有所提高，但是存在明显的低估现象，平均偏差为 -3.43℃；平均法通过 MOD06_L2 地表温度的引入，能够明显提高大气廓线外推法的精度，T_{a2} 的 $RMSE$ 为 4.71℃，偏差为 2.95℃。利用 T_{a2} 通过简单线性回归模型来估算有云天气温的结果表明，有云天气温和全天气气温的 $RMSE$ 分别为 5.16℃ 和 4.93℃，与晴天气温估算精度基本接近。

（2）在使用气温观测值进行校准的情况下，利用多元回归模型可以显著提高月气温的估算精度（$R=0.99$，$RMSE=1.55$℃），模型交叉验证的决定系数 R^2 基本在 0.8 以上，验证精度（$RMSE$）可以控制在 2.5℃ 以内，能够较好地获取青海省气温的时空变化规律。全省 7 月气温最高，气温变化范围为 $4.25\sim23.87$℃，平均气温为 13.59℃；最低气温出现在 1 月，空间变化范围为 $-20.41\sim-0.53$℃，平均气温为 -9.44℃。受海拔因素影响，地势较低的柴达木盆地，其各月平均气温显著高于青藏高原和祁连山区。此外，本章估算的青海省气温垂直递减率与气温观测值相一致，高程每上升 1km，气温约下降 4℃。

综上所述，本章结合不同气温遥感估算方法和站点气温数据，能够较精确地估算青海省全天气瞬时气温，并获取月气温的时空分布格局，从而为青海省的气候变化研究提供数据支撑。

第4章 植被遥感监测

植被是全球陆地生态系统最重要的组成部分,其可从根本上调节地表能量收支平衡、水循环、化学循环等,同时,植被生长直接受制于水热条件,能敏感地响应气候变化,是气候变化的指示器。地表绿度是研究植被状况的一个重要参量,其变化直接反映了一定时间内地表植被分布的变化情况,间接反映了地表生态环境质量的变化情况(章钊华等,2018),是目前研究全球变化的核心内容之一。卫星遥感技术以其较高的时空分辨率和低成本优势成为监测区域和大尺度植被变化的主要技术手段,其中,归一化植被指数(normalized difference vegetation index,NDVI)是广泛被用来表征植被生长状态和地表绿度的最佳指标之一(刘爽等,2012),尤其在植被覆盖度较低的荒漠地区,NDVI被首选用来监测和评价荒漠化程度(Han et al.,2021)。

近年来,借助NDVI监测区域植被和生态环境变化的研究成果较多,但大多集中于植被NDVI在不同时空尺度下的演变特征,以及不同生态系统对气候变化的响应机制。研究表明,2000—2010年中国地表绿度整体呈增加趋势,荒漠化面积呈缩减趋势,地表绿度增加最显著的区域位于青海等地(刘爽等,2012)。针对青海柴达木盆地,徐浩杰等(2014)以2001—2010年MODIS数据为基础,结合气温和降水量数据,分析了盆地植被时空变化特征及对气候要素的响应;杨运航等(2020)基于1998—2018年生长季的Landsat影像,研究了盆地不同地貌单元的NDVI变化特征,并分析了其驱动力;李红梅(2018)基于1982—2016年GIMMS和MODIS资料分析了盆地不同区域和主要植被类型NDVI变化趋势及其植被演替特征。上述研究均发现盆地NDVI呈显著上升趋势,气候的暖湿化是促使柴达木盆地植被改善的主要驱动力。对盆地而言,地形作为影响植被分布最基本的生境因子,通过外部形态(如高程、坡向等)影响气温、降水等气候条件的空间差异,并在一定程度上影响人类活动,从而影响植被的空间分布格局,因此植被分布及变化趋势的地形分异特征对于理解其驱动因素具有重要意义。然而,关于柴达木盆地地形对地表绿度变化影响的研究非常有限。

柴达木盆地位于青藏高原东北隅,气候干旱,生态环境脆弱,受全球气候变化的影响,气温大幅升高,降水量明显增加,气候逐渐向暖湿化方向发展,成为整个青藏高原气候变化最为敏感和显著的地区(李红梅,2018)。此外,2000年以来,我国开始制定并实施退耕还林、退牧还草等一系列林业生态工程,柴达木盆地是重点建设区。在此背景下,最新的柴达木盆地地表绿度变化趋势、地表绿度变化的地形分异规律、气候因子的影响机制和未来可能演化趋势均会为柴达木盆地生态环境保护和开发提供决策支持和数据依据,但目前针对这些问题的研究尚显不足。

基于此,本章以 2000—2021 年 MODIS NDVI 数据为基础,结合 DEM、气象数据和积雪面积数据,综合利用 Sen+Mann-Kendall 趋势分析法、相关性分析法以及 Hurst 指数分析法,分析了在气候变化背景下,柴达木盆地地表绿度的时空演变趋势、地形分异特征、气候因子的影响以及未来演变趋势,旨在了解近年来柴达木盆地植被变化规律,为柴达木盆地应对气候变化和生态环境建设提供理论依据。

4.1 数 据 与 预 处 理

4.1.1 NDVI 数据

NDVI 数据选用 2000—2021 年生长季(6—9 月)16 天合成的 MODIS 植被指数产品 MOD13Q1-NDVI,轨道号为 H25V05,空间分辨率为 250m×250m。数据可从美国国家航空航天局的 LPDAAC 数据中心免费获得。该数据已经过表面的双向反射率大气校正,去除水、云、气溶胶和云阴影的影响。本章共收集了柴达木盆地 220 个时相的影像数据,对数据进行拼接、重投影、格式转换等预处理后,进行年最大合成,最后掩膜得到研究区 22 年逐年的年最大 NDVI。

4.1.2 DEM 数据

DEM 数据采用航天飞机雷达地形测绘任务(Shuttle Radar Topography Mission,SRTM)数据集,数据版本为 V003,来源于美国地质勘探局官网,空间分辨率为 90m×90m。本章利用 DEM 数据研究不同地形因子和 NDVI 空间分布及变化特征之间的关系,为与 NDVI 数据进行叠加分析,将其重采样和重投影为与 NDVI 一致的空间分辨率和投影,并利用 ArcGIS 软件生成海拔和坡向分布图,图 4-1(a)将高程按一定间隔划分为 14 级,图 4-1(b)将坡向按 45°等间隔划分为 8 类。

4.1.3 气象数据

选取 2000 年 1 月 1 日至 2021 年 12 月 31 日柴达木盆地地区周围气象站的逐日气温和降水数据,采用 ANUSPLIN 专用气候插值软件的薄板样条函数法实现气象数据空间插值,并以 DEM 数据为协变量提高插值准确性,获得空间分辨率

第4章 植被遥感监测

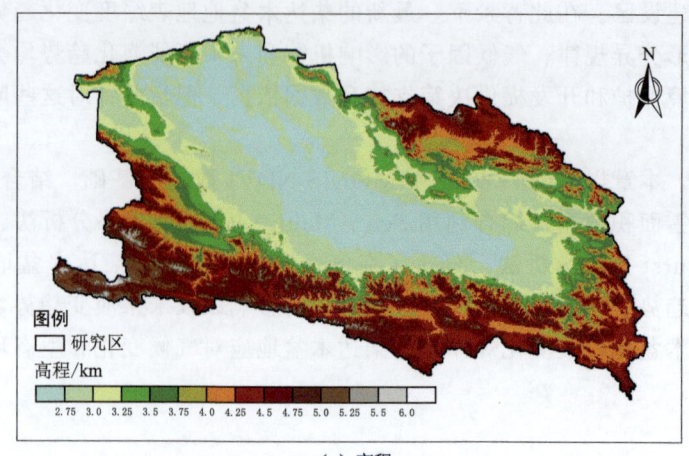

(a) 高程

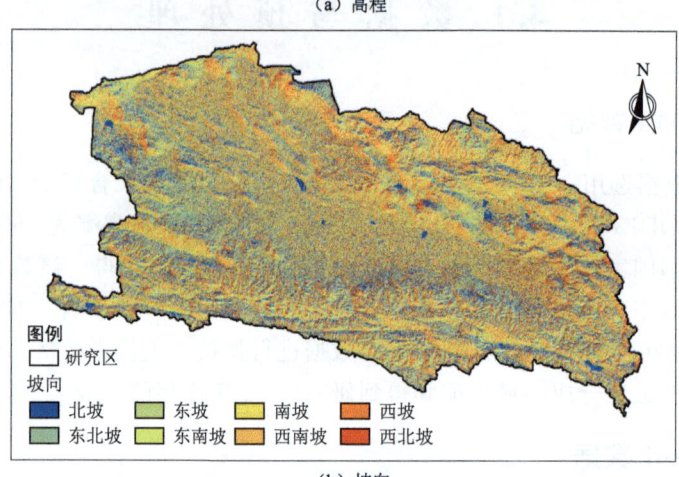

(b) 坡向

图 4-1　柴达木盆地青海省内部分的高程与坡向的空间分布

为 250m×250m 的气象格点数据，最后裁出研究区范围。其中，柴达木盆地及周边气象台站数据来源于中国气象局综合气象信息共享平台，经过严格的质量控制，准确性及完整性能够满足科学研究需求。

4.1.4　青藏高原 MODIS 逐日无云积雪面积数据集

本章由 MODIS 逐日无云积雪面积数据计算得到每个水文年（10月至次年5月）的积雪日数，最后裁出研究区范围。其中，青藏高原 MODIS 逐日无云积雪面积数据集（2002—2021年）充分考虑了青藏高原地形和山地积雪特征，采用了多种去云过程和步骤相结合，逐步实现保持积雪分类精度的情况下，消除逐日积雪的云量，形成逐步综合分类算法制备的数据集，其空间分辨率为 0.05°×

0.05°，时间分辨率为 1 天。地面台站雪深数据验证表明，高原地区当积雪深度大于 3cm 时，无云积雪产品总分类精度达到 96.6%，积雪分类精度达 89.0%，整个算法流程对 MODIS 积雪产品去云的精度损失较低，数据可靠性较高，数据来源于国家青藏高原科学数据中心。

4.2 方　　法

4.2.1 趋势分析

Theil-Sen Median（Sen）趋势分析通过计算序列中的中位数，可以很好地减少噪声干扰，是一种稳健的非参数统计趋势计算方法（Hirsch et al.，1984）。Mann-Kendall 检验法（M-K 检验）在长时间序列趋势分析中具有很大优势，被广泛使用（马士彬等，2019）。

Sen 趋势分析计算公式为

$$Sen = \text{median}\left(\frac{x_i - x_j}{i - j}\right) \quad \forall_i > j \tag{4-1}$$

式中：x_j 和 x_i 为时间序列数据；$\text{median}(\cdot)$ 为序列中位数函数；$Sen > 0$ 表示时间序列呈上升趋势，$Sen < 0$ 表示时间序列呈下降趋势。

在 M-K 检验中，原假设 H_0 为时间序列 $X = (x_1, \cdots, x_n)$，是 n 个独立的、随机变量概率分布相同的样本；备择假设 H_1 是一切使原假设不成命题，是双边检验，对于所有的 i、$j \leqslant n$，且 $i \neq j$，x_i 和 x_j 的分布是不相同的，检验的统计变量 S 计算公式为

$$S = \sum_{i=1}^{n-1} \sum_{j=i+1}^{n} \text{sgn}(x_i - x_j) \tag{4-2}$$

其中

$$\text{sgn}(x_i - x_j) = \begin{cases} +1 & x_j - x_i > 0 \\ 0 & x_j - x_i = 0 \\ -1 & x_j - x_i < 0 \end{cases} \tag{4-3}$$

S 为正态分布，其均值为 0，方差 $\text{var}(S)$ 计算公式为

$$\text{var}(S) = \frac{n(n-1)(2n+5)}{18} \tag{4-4}$$

当 $n > 10$ 时，标准的正态统计变量计算公式为

$$Z = \begin{cases} \dfrac{S-1}{\sqrt{\mathrm{var}S}} & S>0 \\ 0 & S=0 \\ \dfrac{S+1}{\sqrt{\mathrm{var}S}} & S<0 \end{cases} \quad (4-5)$$

这样，在双边的趋势检验中，在给定的 α 置信水平上，如果 $|Z| \geqslant Z_{1-\alpha/2}$，则原假设是不可接受的，即在 α 置信水平上，时间序列数据存在明显的上升或下降趋势。而对于统计变量 Z，若大于 0，则时间序列呈上升趋势；若小于 0，则呈下降趋势。在本章检验中 Z 的绝对值大于 1.65、1.96 和 2.58 时，表示趋势通过的置信水平 α 分别为 90%、95% 和 99%。根据显著性检验结果将变化趋势分为如下 5 个等级：不显著减少（$Sen < -0.0005$，$\alpha \leqslant 95\%$）、显著减少（$Sen < -0.0005$，$\alpha > 95\%$）、（基本不变（$-0.0005 \leqslant Sen \leqslant 0.0005$）、显著增加（$Sen > 0.0005$，$\alpha > 95\%$）、不显著增加（$Sen > -0.0005$，$\alpha \leqslant 95\%$）。

4.2.2 皮尔逊相关系数

本章采用皮尔逊相关分析方法（黄嘉佑等，2015）分析研究变量之间的相关关系。对于研究变量 x 和 y，其相关系数 R_{xy} 的计算公式为

$$R_{xy} = \dfrac{\sum\limits_{i=1}^{n}[(x_i - \overline{x})(y_i - \overline{y})]}{\sqrt{\sum\limits_{i=1}^{n}(x_i - \overline{x})^2 \sum\limits_{i=1}^{n}(y_i - \overline{y})^2}} \quad (4-6)$$

式中：n 为研究变量样本总量；x_i、y_i 为第 i 对样本；$\overline{x}$、$\overline{y}$ 为两个变量样本均值；R_{xy} 的取值范围为 $[-1, 1]$。当 $0 < R_{xy} < 1$ 时，表示 x、y 呈正相关关系；当 $-1 < R_{xy} < 0$ 时，表示 x、y 呈反相关关系；且 $|R_{xy}|$ 越大，表示 x 与 y 之间关系越密切，采用 F 检验对 R_{xy} 进行显著性检验。

4.2.3 Hurst 指数

Hurst 指数用于检测长时间序列变量在未来变化的演变趋势，在水文、气象和经济等领域应用广泛。目前，Hurst 指数常常使用重标极差（R/S）分析方法来计算，其原理如下：

对于时间序列 $\{X(t)\}$，$t = 1, 2, \cdots, n$。对任意正整数 n，定义均值序列：

$$X_i = \dfrac{1}{i} \sum_{t=1}^{i} X_t \quad i = 1, 2, \cdots, n \quad (4-7)$$

累积离差序列为

$$Y_\varphi = \sum_{t=i=1}^{n}(X_t - \overline{X_i}) \quad \varphi = 1, 2, \cdots, n \quad (4-8)$$

极差序列为

$$R_\varphi = \max(Y_\varphi) - \min(Y_\varphi) \quad \varphi = 1, 2, \cdots, n \qquad (4-9)$$

标准差序列为

$$S_\varphi = \sqrt{\left(\frac{1}{\varphi}\sum_{t=i=1}^{\varphi}(X_t - \overline{X}_i)^2\right)} \quad \varphi = 1, 2, \cdots, n \qquad (4-10)$$

R/S 比值序列为

$$\frac{R}{S}(\varphi) = \frac{R_\varphi}{S_\varphi} \quad \varphi = 2, 3, \cdots, n \qquad (4-11)$$

如果 R/S 统计量存在如下关系：

$$\frac{R}{S}(\varphi) \approx C\varphi^H \qquad (4-12)$$

则表明 $\{X(t)\}$ 存在 Hurst 现象。式 (4-12) 中 C 为常数。H 可根据对数变换得到一元线性回归方程 $\lg\left[\frac{R}{S}(\varphi)\right] = a + H\lg\varphi$，然后用最小二乘法拟合回归方程得到。

一般情况下，Hurst 指数可分为 3 种情况：①若 $0.5 < H < 1$，表明时间序列具有持续性，未来总体趋势与过去一致，H 越接近于 1，持续性越强；②若 $H = 0.5$，表明时间序列是相互独立、方差有限的随机序列；③若 $0 < H < 0.5$，表明时间序列具有反持续性，未来总体趋势与过去相反，H 越接近于 0，反持续性越强，而其中的随机性成分越少。

4.3 结　　果

4.3.1 植被 NDVI 时空分布及演变

图 4-2 (a) 是柴达木盆地青海省内部分年平均 NDVI 的空间分布图，2000—2021 年柴达木盆地 NDVI 值具有显著的空间异质性，呈边缘高腹地低的向心环状分布特征，随海拔变化规律性明显。西南部和南部的昆仑山、东部的鄂拉山、东北部的祁连山等盆地边缘山麓及格尔木市、乌图美仁乡、诺木洪县、德令哈市等盆地内部绿洲是 NDVI 高值区，NDVI 均值普遍大于 0.3，部分地区甚至大于 0.6，而盆地腹部的都兰西北部、德令哈南部、大柴旦大部、茫崖大部、格尔木大部地区 NDVI 不到 0.1。盆地平均 NDVI 为 0.15，整体以 0~0.1 等级为主，约占总面积的 45.92%。由图 4-2 (b) 统计结果可知，0.1~0.2、0.2~

0.3 等级 NDVI 面积占比分别为 23.97% 和 13.83%，NDVI 大于 0.3 的面积仅占总面积的 16.28%，主要分布在兴海、玛沁、玛多和天峻。这是由于柴达木盆地深居内陆，来自海洋的暖湿气流难以到达，加之四周的昆仑山、祁连山、阿尔金山和鄂拉山等高海拔山脉阻挡（戴升等，2013），东南低山区生长季降水充沛且有较为丰富的冰雪补给，植被丰茂，多为草原草甸，因此 NDVI 较高，绿洲核心区大部分海拔较低且湖泊河流等水文条件较好，有利于植被生长，因此 NDVI 也较高，其余大部地区水热匹配条件较差，多为戈壁砾石、风蚀残丘、沙漠和盐壳，年 NDVI 很小。

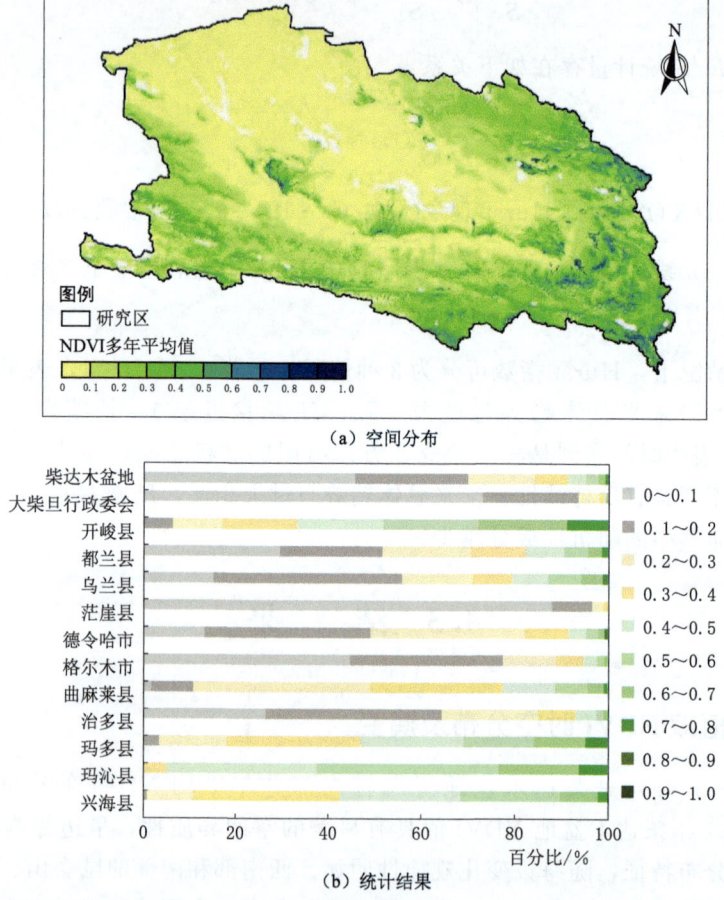

图 4-2 2000—2021 年柴达木盆地青海省内部分的年平均 NDVI 空间分布及其统计结果

图 4-3 展示了 2000—2021 年柴达木盆地 NDVI 的年际变化趋势。从时间序列上看，2000—2021 年柴达木盆地 NDVI 总体呈波动上升趋势，年际变化速率

为 1.8×10^{-3}/年（$P=0.008$），2001 年最小（0.12），2020 年最大（0.17）。分阶段来看，2000—2010 年，柴达木盆地 NDVI 呈波动上升趋势，NDVI 增长率为 2.9×10^{-3}/年（$P=0.009$），2010 年后柴达木盆地 NDVI 变化波动幅度较大。其中，2010—2016 年，呈波动下降趋势，年际变化速率为 -3.2×10^{-3}/年（$P<0.05$）；2016 年后，呈波动上升趋势，年际变化速率为 5.5×10^{-3}/年（$P=0.038$），尤其是 2016—2018 年盆地 NDVI 持续向好。2018 年以来，盆地 NDVI 变化较为平稳，且维持在一个较高水平。

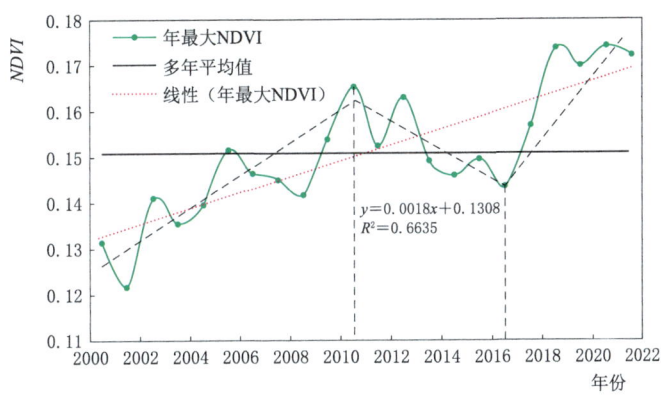

图 4-3　2000—2021 年柴达木盆地 NDVI 的年际变化趋势

由图 4-4、表 4-1 可知，柴达木盆地 65.62% 的区域 NDVI 呈增加趋势，显著增加面积占比 53.04%，表明近 22 年来柴达木盆地 NDVI 以改善为主，东北部的天峻、乌兰、都兰东部、格尔木西部和茫崖西部等高山草甸，以及格尔木市、乌图美仁、诺木洪、香日德、德令哈市等盆地内部绿洲地区 NDVI 增加速率最快，平均增加速率为 0.01/年，其中 NDVI 显著增加的区域主要分布在盆地边缘山麓洪积扇和冲积-洪积平原地区，多为温性荒漠类植被，呈半环形分布；而盆地边缘外围南部和东南部地区的高寒草原和低地草甸以及盆地内部的绿洲核心区 NDVI 为轻度增加；中部、西北部的裸地沙漠地区 NDVI 基本不变；NDVI 显著减少的面积占比为 1.21%，零星分布在南部、东北部高海拔山脉、冰川雪山边缘地区以及盆地内部的各个绿洲局部地区，减少速率达 0.01/年。在"高原变暖放大效应"影响下，柴达木盆地暖湿化现象较为明显，良好的水热条件促进了植被生长，因此盆地大部地区 NDVI 呈增加趋势，绿洲地区多城镇建设、工业用地和农田分布，人类活动较强，加之城镇扩张，局部地区 NDVI 减少，但绿洲整体 NDVI 增加，这与政府实施的退耕还林、退牧还草、天然林防护等重大工程与生态环境保护措施密不可分。

第4章 植被遥感监测

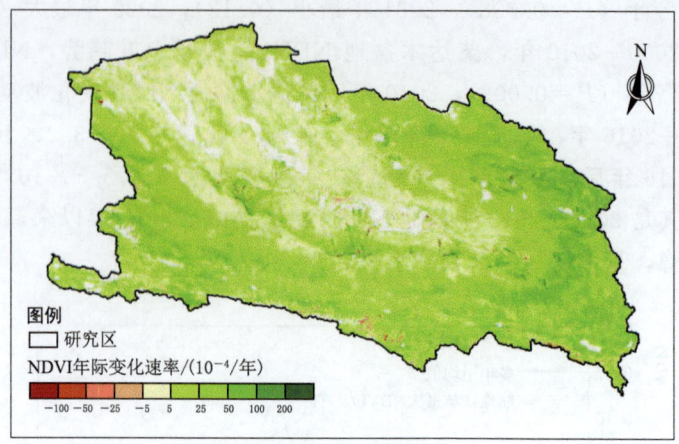

(a) NDVI年际变化趋势

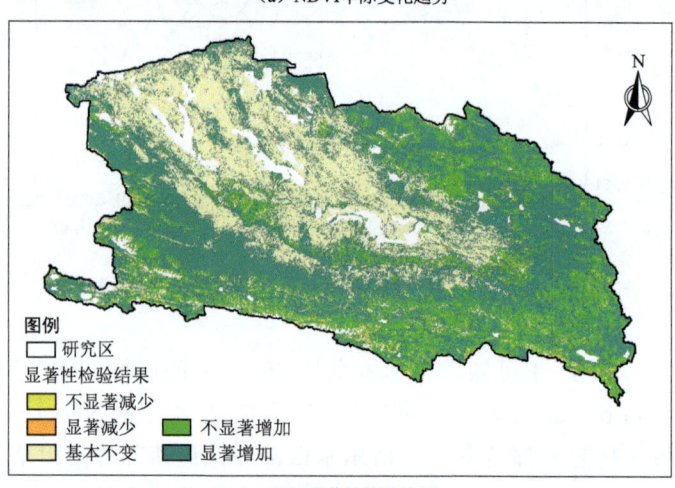

(b) 显著性检验结果

图 4-4 2000—2021 年柴达木盆地青海省内部分的
NDVI 年际变化趋势及其显著性检验结果

表 4-1 柴达木盆地 NDVI 年际变化速率及显著性检验统计的各类面积百分比

地理单元	平均年际变化速率 /(10^{-4}/年)	面积百分比/%				
		基本不变	不显著减少	显著减少	不显著增加	显著增加
兴海县	33.76	16.87	0.00	3.63	27.08	52.43
玛沁县	32.41	28.86	0.00	1.63	44.31	25.20
玛多县	32.48	10.92	0.00	5.04	31.90	52.14
治多县	19.39	31.05	0.00	2.32	15.32	51.31
曲麻莱县	24.11	8.57	0.00	5.31	33.70	52.42

续表

地理单元	平均年际变化速率 /(10^{-4}/年)	面积百分比/%				
		基本不变	不显著减少	显著减少	不显著增加	显著增加
格尔木市	15.41	32.78	0.00	1.28	10.63	55.30
德令哈市	27.05	8.32	0.00	0.70	19.89	71.09
茫崖市	6.85	62.42	0.00	0.26	1.57	35.74
乌兰县	33.70	7.58	0.00	0.97	10.58	80.87
都兰县	25.03	20.84	0.00	1.57	20.67	56.91
天峻县	55.39	1.25	0.00	0.65	20.84	77.25
大柴旦行政委员会	8.91	47.13	0.00	0.47	7.43	44.97
柴达木盆地	26.21	33.17	0.00	1.21	12.58	53.04

注 因四舍五入产生的计算误差未作调整。

4.3.2 NDVI 地形分异

4.3.2.1 高程

受水热条件的差异影响，柴达木盆地 NDVI 表现出显著的高程敏感性。从柴达木盆地 NDVI 与高程整体上看［图 4-5 (a)］，NDVI 随高程上升呈抛物线形变化（$R^2=0.8106$）。其中，高程小于 3km 的面积占盆地总面积的 37.52%，小于 2.75km 的高程带多为沙漠盐沼，NDVI 不足 0.1，2.75～3.00km 高程带 NDVI 较高，主要是由于该高程带多农场、绿洲分布，植被丰茂；而 3.00～3.25km 高程带受地理因素和水分条件限制多为麻黄、柽柳等温性荒漠植被，NDVI 随之减小；3.00～4.50km 高程带面积占比 45.33%，NDVI 为 0.10～0.30，呈阶梯式增大，这是由盆地植被垂直过渡带依次为温性荒漠、高寒草原和高寒灌丛草甸所致（杜庆等，1981），其中，4.25～4.75km 高程带 NDVI 较高，超过 0.30，该高程带多为高寒草原和草甸，植被长势较好；大于 4.50km 高程带面积占比 17.16%，NDVI 呈阶梯式减小，这与气候条件密切相关。这一区域为冰原气候所控制，气温低且多强风，山顶效应明显，植被逐渐过渡为冰川或永久积雪（杜庆等，1981）。

从 2000—2021 年柴达木盆地 NDVI 变化趋势的不同高程梯度分异［图 4-5 (b)］可以看出，除 5.50km 以上高程外，盆地不同高程梯度的 NDVI 年际变化速率均呈增加趋势，其中 3.50～4.50km 高程带 NDVI 年际增加速率较快，均超过 $2.75×10^{-3}$/年，该高程带多为高寒草原；小于 3.50km 高程带 NDVI 年际变化速率随着海拔上升呈阶梯式增大，从 $5.13×10^{-4}$/年增至 $1.7×10^{-3}$/年；大于 4.50km 高程带 NDVI 年际变化速率随着海拔上升呈阶梯式减小，从 $3.0×$

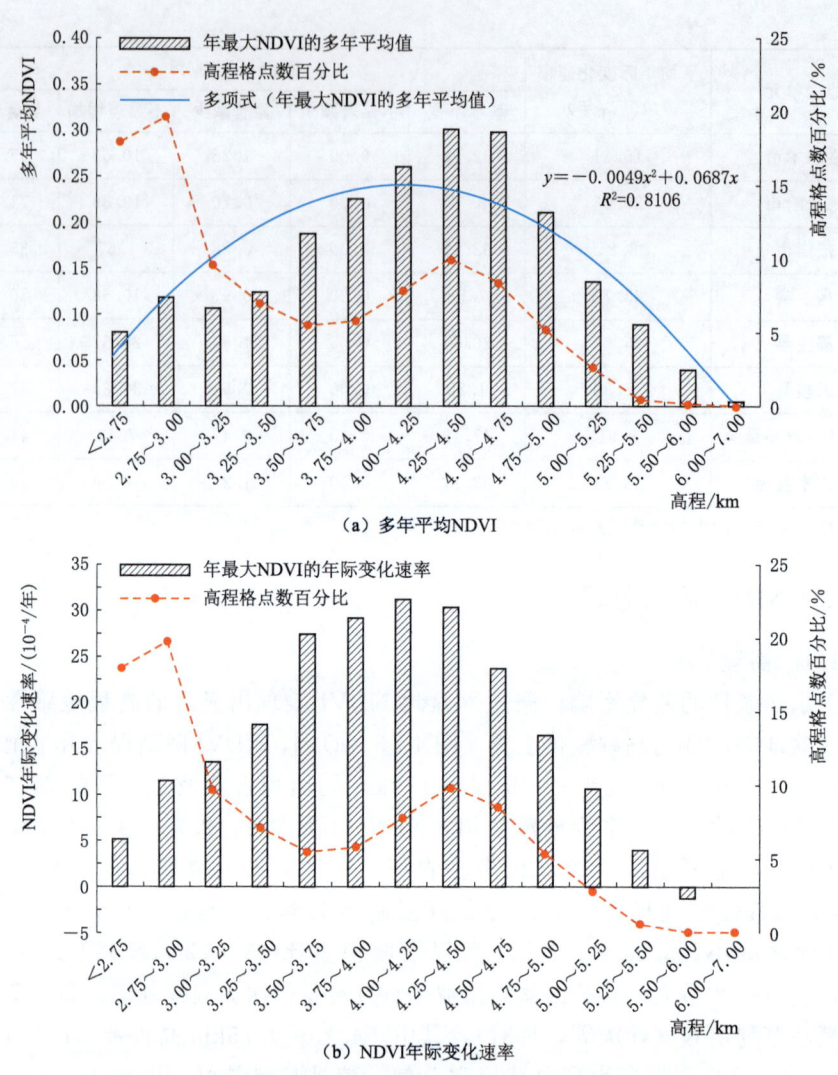

图 4-5 2000—2021 年柴达木盆地多年平均 NDVI 及其
年际变化速率的高程梯度分异

10^{-3}/年减至 4.13×10^{-4}/年；5.50～6.00km 高程带 NDVI 年际变化呈减少趋势，年际变化速率为 -1.23×10^{-4}/年。研究发现气候变暖背景下柴达木盆地地表绿度变化的显著区域主要集中在人为影响较少的高高程区，这一结论亦从植被变化视角证实了学者们的研究发现，即全球变化背景下山地对气候变化具有高度的敏感性，其中高山带对气候变化的响应更敏感（You et al.，2020）。

4.3.2.2 坡向

从图 4-6（a）可以看出，柴达木盆地不同坡向的年平均 NDVI 差异明显。

虽然柴达木盆地以东北坡、西南坡、北坡和南坡为主,其面积比例分别为13.64%、12.88%、12.66%和11.41%,但从图4-6(b)可以看出,多年平均NDVI呈现北坡大于南坡、西坡大于东坡的分布格局。其中,西北坡NDVI最大,约为0.19,其次是北坡、西坡、东北坡、东坡、东南坡、西南坡,年平均NDVI为0.18~0.16,南坡的最小,不足0.16。图4-6(c)中NDVI变化趋势方面,2000—2021年柴达木盆地不同坡向的NDVI均呈增加趋势,其中西北坡的增加速率最快,为$1.93×10^{-3}$/年,其次是北坡、西坡、东北坡、西南坡、南坡和东坡,NDVI增加速率分别为$1.86×10^{-3}$/年、$1.85×10^{-3}$/年、$1.77×10^{-3}$/年、$1.75×10^{-3}$/年、$1.73×10^{-3}$/年和$1.73×10^{-3}$/年,东南坡的增加速率最慢,约为$1.70×10^{-3}$/年。

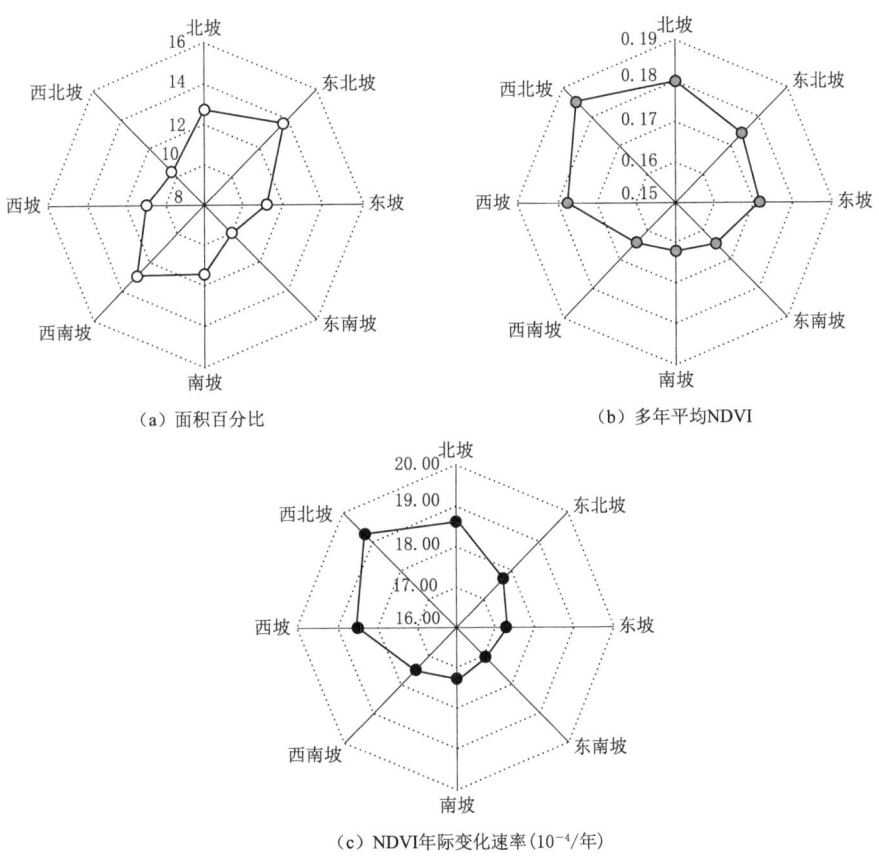

图4-6 柴达木盆地面积百分比、多年平均NDVI及其NDVI年际变化速率的坡向分异

4.3.3　NDVI 对气候变化的响应

由柴达木盆地青海省内部分 2000—2021 年生长季（5—9 月）平均气温、降水量及 2003—2021 年水文年积雪日数年际变化速率空间分布可以看出，柴达木盆地生长季气候变化表现出明显的"暖湿化"特征，其中，平均气温以 0.12℃/10 年（$P=0.008$）的速率极显著增加，尤其是盆地腹地和东南部地区升温较为显著，而西南部地区平均气温呈下降趋势 [图 4-7（a）]；降水量以 16.06mm/10 年（$P=0.041$）的速率显著增多，除盆地中部外，其余地区降水量均呈增多趋势，尤其是盆地东部和西部边缘地区 [图 4-7（b）]；积雪日数以 1.35 天/10

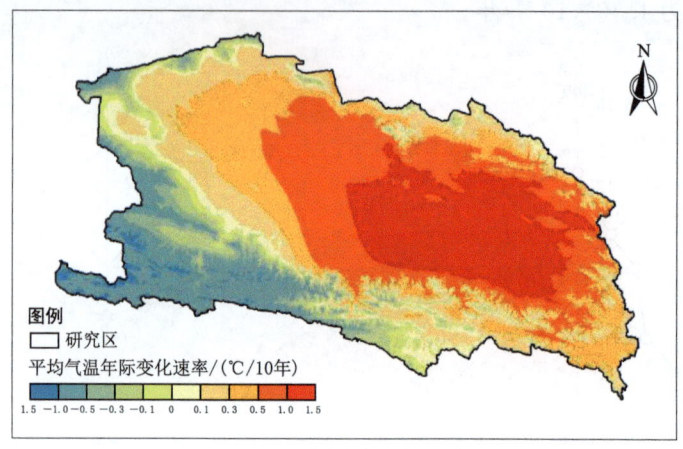

（a）平均气温年际变化速率

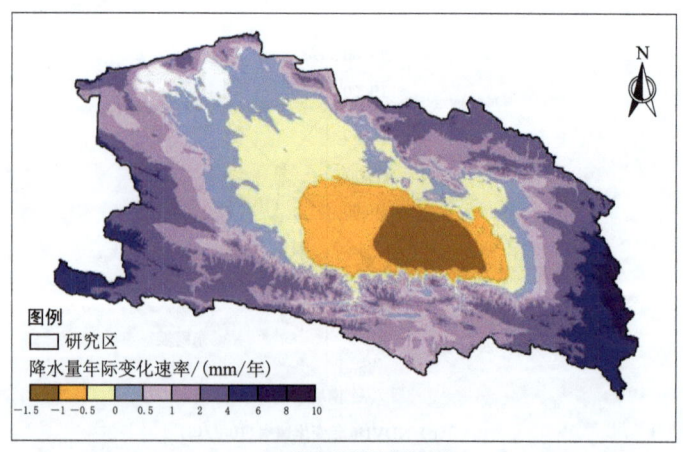

（b）降水量年际变化速率

图 4-7（一）　柴达木盆地青海省内部分 2000—2021 年生长季平均气温、降水量及 2003—2021 年水文年积雪日数年际变化速率的空间分布

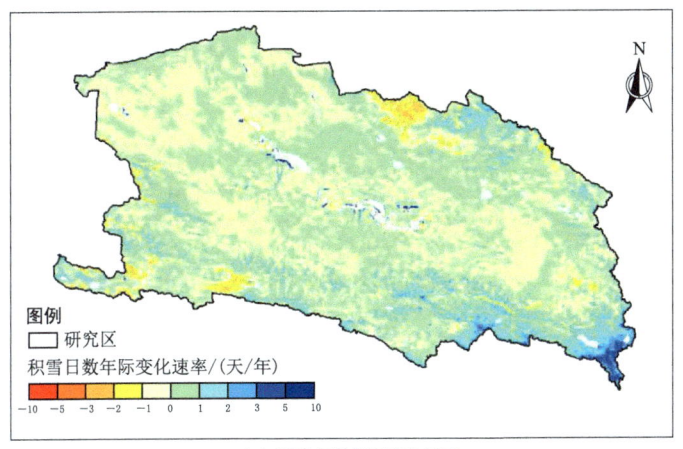

(c)积雪日数年际变化速率

图4-7(二) 柴达木盆地青海省内部分2000—2021年生长季平均气温、降水量及2003—2021年积雪日数年际变化速率的空间分布

年($P=0.033$)的速率显著增多,其中盆地大部地区积雪日数呈增多趋势,东部和南部边缘地区明显增多,而大柴旦东北部、格尔木南部局部地区积雪日数明显减少[图4-7(c)]。此外,2002—2018年,柴达木盆地共有82条冰川消失,35条冰川分裂为73条,冰川面积减少169.14 km^2(-9.08%),较1977—2002年面积变化相对速率为-0.54%/年,冰川面积退缩呈加快趋势。柴达木盆地NDVI与生长季平均气温的相关系数为0.11,与降水量的相关系数为0.61、呈极显著正相关,与水文年积雪日数的相关系数为0.23,表明这里的植物对水分的变化更加敏感,2000—2021年生长季明显的"暖湿化"气候变化特征是柴达木盆地地表绿度改善的主要原因,降水量增多、积雪日数增多、冰川消融速率加快是重要的驱动因素。

进一步分析2000—2021年柴达木盆地生长季平均气温、降水量和积雪日数及其变化趋势的高程梯度分异(表4-2)可以看出,柴达木盆地植被生长季平均气温随高程升高而减小,降水量和积雪日数随高程升高而增加。不同高程带降水量均增加,加之冰川消融后的补给,充沛的水分条件是盆地地表绿度整体增加的主要原因;而3.50~4.50km高程带水热条件匹配最佳,其中平均气温均呈增加趋势,年际变化速率为0.00~0.03℃/年,降水量和积雪日数均呈增多趋势,年际变化速率分别为1.73~2.66mm/年和0.02~0.49天/年,这可能是该高程带NDVI年际增加速率较快的主要原因;大于4.50km的高程带虽然降水量呈增多趋势,年际变化速率超过2.69mm/年,但气温均呈减小趋势且随高程上升减小速率加快,水热条件匹配不足,这是该高程带NDVI年际变化速率随着高程上升呈阶梯式减小的主要原因；大于 5.50km 高程带多冰川雪山，气温以 0.11℃/年的速率降低，但受最高温度升高影响，冰川消融在加快，积雪日数以 0.11～0.22 天/年的速率减少，因此该高程带 NDVI 呈减小趋势。

表 4-2 2000—2021 年柴达木盆地生长季平均气温、降水量和积雪日数的多年平均值及年际变化趋势的高程梯度分异

高程/km	气温（2000—2021年）		降水量（2000—2021年）		积雪日数（2003—2021年）	
	多年平均值/℃	年际变化速率/(℃/年)	多年平均值/mm	年际变化速率/(mm/年)	多年平均值/天	年际变化速率/(天/年)
<2.75	15.30	0.07	49.30	-0.52	2.41	0.00
2.75～3.00	14.40	0.07	77.90	0.00	1.94	-0.02
3.00～3.25	12.69	0.06	110.40	0.62	4.89	0.02
3.25～3.50	11.18	0.05	133.27	1.16	7.81	0.03
3.50～3.75	9.63	0.03	166.07	1.73	13.04	0.04
3.75～4.00	8.13	0.02	189.84	2.00	19.16	0.02
4.00～4.25	6.61	0.02	224.11	2.56	27.56	0.32
4.25～4.50	5.18	0.00	247.34	2.66	41.07	0.49
4.50～4.75	4.04	-0.02	252.52	2.69	55.74	0.53
4.75～5.00	2.87	-0.05	249.36	3.18	74.31	0.35
5.00～5.25	1.79	-0.08	252.53	3.72	97.89	-0.11
5.25～5.50	0.46	-0.10	264.42	4.03	163.18	-0.22
5.50～7.00	-1.08	-0.12	279.12	4.80	206.58	-0.11

就坡向分异而言，柴达木盆地西部主要受强劲西风环流的控制，而中东部则由于西风环流的减弱更容易受到高原季风的影响，有利于印度洋和孟加拉湾水汽向盆地中东部输送。这种水汽输送特征决定了在地形的抬升作用下，南坡更易获得降水，植被生长季累计降水量南坡较北坡多 7.26mm [图 4-8（a）]；但是相比于北坡，南坡为阳坡，可以吸收更多的太阳辐射，不利于积雪的保存，使得北坡积雪日数（23.40 天）较南坡（20.25 天）多 [图 4-8（b）]。北坡在植被生长季可以获得更为丰富的冰雪融水，加之柴达木盆地辐射强烈且昼夜温差较大，会导致水分蒸发量大，不利于植被生长。南坡向阳，土壤干燥，水分蒸发快，而北坡背阴，阳光照射时间短，水分蒸发慢，土壤相对湿润，因此，北坡的气候条件更利于植物生长。东坡和西坡接收的太阳辐射基本相同，但是西南方向的暖湿气流会使得西坡的降水量（152.69mm）大于东坡（145.47mm），这是西坡 NDVI 大于东坡的主要原因。研究表明，柴达木盆地西南方向的水汽输送呈增强趋势，在这一背景下西坡生长季降水量的年际变化速率（1.30mm/年）较东

坡（1.27mm/年）快[图4-8（c）]，且西坡积雪日数年际变化速率（0.15天/年）也较东坡（0.14天/年）快[图4-8（d）]，西坡有更充沛的水分条件，这可能是西坡NDVI速率增加较快的主要原因。

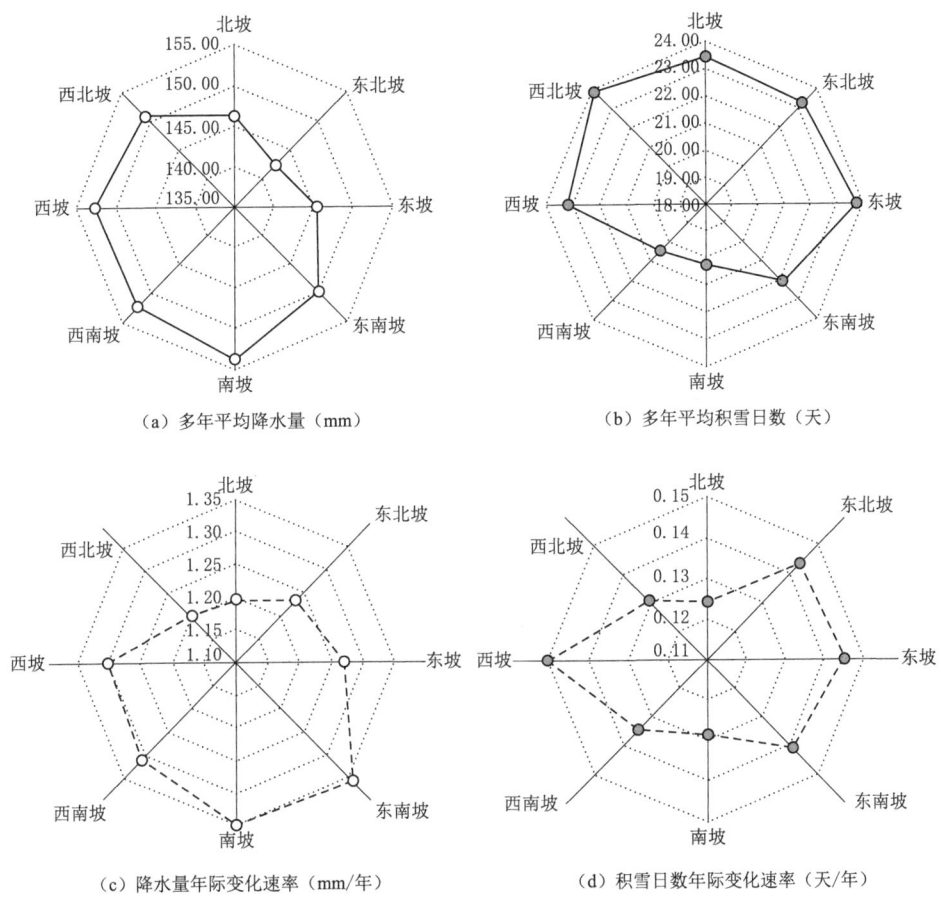

图4-8 柴达木盆地2000—2021年生长季多年平均降水量及其年际变化速率和2003—2021年水文年多年平均积雪日数及其年际变化速率的坡向分异

4.3.4 NDVI变化趋势预测

柴达木盆地植被平均Hurst指数为0.67，持续性序列占比83.76%，反持续性序列占比16.24%，植被变化持续程度较强，强持续性序列（0.65~1.00）占一半以上，比重为62.53%[图4-9（a）]。这种强持续性从侧面进一步说明柴达木盆地NDVI变化主要是自然因素作用的结果。为进一步了解柴达木盆地NDVI未来变化趋势，将Hurst指数与2000—2021年NDVI变化速率结果进行空间叠加，获得柴达木盆地NDVI未来变化趋势分布[图4-9（b）]。从图中可以看出柴达木盆地 NDVI 未来变化类型以持续性增长为主,占盆地总面积的 55.45%;其次是稳定不变的,主要是盆地内部的戈壁、裸地或沙漠,面积占比为 32.91%;有 8.94% 的区域 NDVI 将由改善变为退化,零星分布在盆地外缘的高海拔山脉和绿洲边缘地区。由此推断,柴达木盆地绿度未来在空间上总体呈向好的态势,但由于盆地植被覆盖度较低,生态环境脆弱,盆地外缘的高海拔山脉和绿洲边缘地区仍有退化的风险,未来变化趋势还需进一步密切关注。

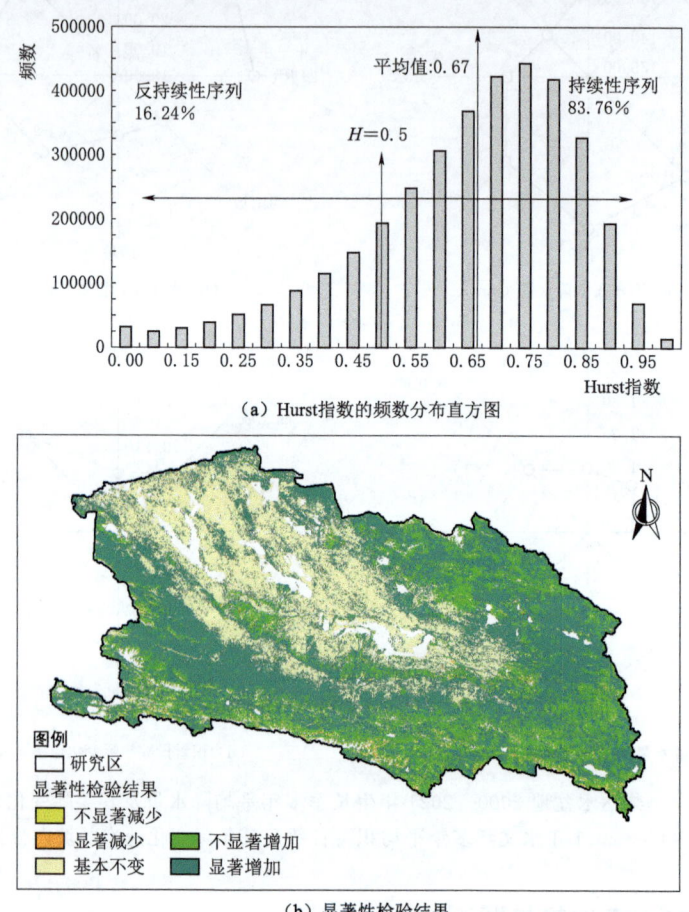

图 4-9 柴达木盆地青海省内部分 NDVI 未来变化趋势预测

4.4 结 论

绿度可以反映地表生态环境质量,本章基于 MODIS NDVI 遥感资料,结合 DEM、气象数据和积雪面积数据,综合利用 Sen+Mann-Kendall 趋势分析法、相关性分析法以及 Hurst 指数分析法，分析了在气候变化背景下，柴达木盆地地表绿度的时空演变趋势、地形分异特征、气候因子的影响以及未来演变趋势。主要结论如下：

(1) 2000—2021 年柴达木盆地 NDVI 呈边缘高腹地低的向心环状分布特征，随海拔变化规律性明显。高值区主要集中在盆地外围的山麓及内部绿洲地区，均值普遍大于 0.3，而盆地腹地大部地区不到 0.1。65.62% 的区域 NDVI 呈波动增加趋势，显著增加区域占比 53.04%，平均增加速率为 1.8×10^{-3}/年。

(2) 2000—2021 年柴达木盆地 NDVI 及其变化趋势存在明显的高程和坡向分异。整体随高程上升呈抛物线形变化，其中，4.25~4.75km 高程带的 NDVI 较高，超过 0.30；3.50~4.50km 高程带的 NDVI 年际增加速率较快，均超过 2.75×10^{-3}/年；NDVI 北坡大于南坡、西坡大于东坡，西北坡最大，为 0.19，且西北坡的 NDVI 增加速率最快，超过 1.93×10^{-3}/年。

(3) 2000—2021 年生长季柴达木盆地明显的"暖湿化"气候变化特征是地表绿度改善的主要原因，降水量增多、积雪日数增多、冰川消融速率加快是重要的驱动因素，不同高程的水热条件匹配和不同坡向的降水及冰雪融水、太阳辐射的气候差异造成了 NDVI 分布和变化的差异。

(4) 柴达木盆地绿度未来在空间上总体呈向好的态势，但由于盆地植被覆盖度较低，生态环境脆弱，盆地外缘的高海拔山脉和绿洲边缘地区仍有退化的风险，未来变化趋势还需进一步密切关注。

第 5 章　地表净辐射遥感监测

地表净辐射通量是地球表面太阳短波净辐射通量和长波净辐射通量之和，是估算地表能量收支的重要指标之一。同时，作为研究陆地-大气相互作用的关键参数，地表净辐射通量是地表蒸发、光合作用、土壤和大气热量的驱动力，其时空变化影响着水分和能量平衡，是地球系统科学研究中构建各类陆面过程模型的重要参量之一。因此准确估算地表净辐射通量对于农业应用、气候变化、生态环境等研究具有重要意义。

地面气象观测数据和遥感数据是地表净辐射通量参数化的两个重要数据源。利用地面通量数据进行空间插值或基于经验模型和气象资料估算，可以得到站点尺度上精度较高的地表净辐射通量，但由于站点数量有限，无法实现大范围内地表净辐射通量的估算。与站点观测相比，卫星遥感可以提供有关陆地和大气状态的高空间分辨率数据，在大尺度应用中具有独特优势。目前基于遥感的地表净辐射通量估算方法主要分为：①基于近地表数据（如气温、地表温度和湿度等）估算长波和短波辐射分量，进而实现地表净辐射通量的估算（叶晶等，2010）；②基于大气层顶部的辐射通量（长波辐射通量）和反射通量（短波辐射通量）数据，建立地表净辐射通量与短波辐射通量的统计回归关系，直接估算地表净辐射通量。后者相对简单，避免了长波辐射通量的估算，但需要根据实测数据进行局地校准。前者虽然在估算长波辐射通量时存在误差累积，但普适性较好，尤其是在地面观测资料匮乏的情形下，是大尺度地表净辐射通量遥感估算的有效途径。Bisht 等（2010）完全基于 MODIS 产品在晴天和有云情况下分别估算了小区域的地表净辐射通量，Jiang 等（2016）结合 MODIS 数据、再分析资料和地面观测数据得到了 GLASS 全球尺度的地表净辐射通量产品。

作为一个相对独立的气候单元，青藏高原的能量收支变化及分配过程影响着高原及其邻近地区的天气和气候。许多学者对青藏高原地表净辐射通量的估算方法、影响因素和变化特征等方面进行了相关研究。在青藏高原地区云对地表净辐射通量的影响有明显的区域和季节差异。在春季和夏季，云对地表净辐射通量的影响更强烈，且地表净辐射通量随云量的增多而减小；在湿润地区，云对地面的冷却作用明显高于干旱地区。青藏高原西部的冬季地表净辐射通量与夏季降水呈正相关关系，与高原积雪呈负相关关系，1961—2010 年各站点冬季地表净辐射通量随着积雪的增加而显著降低（张海宏等，2020）。青海省位于青藏高原东北部，气象和通量观测站点较少，50 个国家气象站点中仅有 2 个站点有地表净辐射通量的观测数据，且资料序列较短，目前针对青海省地表净辐射通量的研究也相对较少。而且，基于个别站点数据开展的研究难以反映区域地表净辐射通量的空间变化特征。遥感数据可以有效解决大范围地表净辐射通量估算的问题，因此有必要基于遥感数据对青海省地表净辐射通量进行估算研究，为青海省气候和生态的深入研究奠定基础。

云对地表净辐射通量遥感估算的精度有极大影响，因此当前基于遥感数据的估算方法多局限于晴天条件（叶晶等，2010）。青海省受有云天影响，遥感数据存在缺失现象，导致净辐射通量的遥感估算精度较低。另外，该省净辐射通量的实测数据较少，遥感估算结果的验证和校准也存在困难。在此背景下，本章对地表净辐射通量的遥感估算主要基于晴天条件，并同时对有云条件下的不确定性进行了分析。具体来说，本章首先基于 MODIS 陆地和大气产品，分别估算了青海省晴天和有云条件下的瞬时地表净辐射通量，然后基于正弦模型对瞬时地表净辐射通量进行时间尺度拓展，实现全天候日间地表净辐射通量的估算，并依据通量和气象数据对估算结果进行综合对比和评价；进而基于估算结果分析了地表净辐射通量的时空变化特征，为青海省气候、生态和水文研究奠定基础，也为青藏高原地区的地表净辐射通量估算方法研究提供参考。

5.1 数 据 与 方 法

5.1.1 数据

MODIS 是搭载在 TERRA 和 AQUA 卫星上的传感器，具有 36 个光学通道，星下点的地面分辨率为 250m×250m、500m×500m 和 1000m×1000m，目前共有 44 个 MODIS 数据产品。表 5-1 列出了本章用到的 5 种产品信息。在参数化方案中，MOD03 的太阳天顶角数据和 MCD43B3 的白空与黑空反照率数据主要用于计算短波净辐射通量；MOD11A1 的地表温度和地表发射率数据主要用于计算晴天条件下的上行长波辐射通量；云产品 MOD06_L2 和大气廓线产品 MOD07_L2 主要用于计算下行长波辐射通量，其中在晴天条件下主要利用 MOD07_L2 的空气温度和露点温度数据以及 MOD06_L2 的地表温度数据，在有云条件下利用 MOD06_L2 的云层信息和地表温度数据。为了保证数据空间分辨率的一致性，本章使用近邻插值法将 MOD07_L2 插值到 1km×1km 分辨率。

表 5-1　　　　　　　　　研究中使用的 MODIS 产品信息

MODIS 产品	空间分辨率/km	所 用 参 数
MOD03	1×1	太阳天顶角
MCD43B3	1×1	白空与黑空反照率
MOD11A1	1×1	地表温度和地表发射率
MOD06_L2	1×1	地表温度、云量和云的光学厚度、发射率、表面温度
MOD07_L2	5×5	空气温度和露点温度

本章使用青海省 50 个国家气象观测站 2011—2019 年的逐日气象观测数据，主要包括日平均气温（℃）、空气相对湿度（％）、日照时数（h）等，以及格尔木和西宁 2 个通量站点 2017—2019 年的总辐射辐照度（W/m²）和净全辐射辐照度（W/m²）。其中，气象数据用于计算日间地表净辐射通量，进而用于验证遥感估算的日间地表净辐射通量精度；而通量观测数据用于验证瞬时地表净辐射通量和气象数据估算的日间地表净辐射通量精度。

本章所用气象观测数据和通量数据均来自国家气象观测站，在日常资料处理业务中均经过了严格的"台站—省级—国家级"三级质量控制，数据精度可靠性高。本章选用的青海省 50 个气象观测站点，高程范围为 1813~4612m，基本覆盖了整个青海省区域。由于青海省内仅有西宁（海拔 2295.2m）和格尔木（海拔 2807.6m）两个通量站点，在一定程度上影响了空间代表性。因此，本章选用气象观测数据基于 FAO56 推荐公式估算了净辐射通量，得到 50 个气象观测站点处的地表净辐射通量，提高了通量验证数据的空间代表性，在更大空间范围上实现对遥感估算结果的精度验证，也提高了检验的可信度。

5.1.2　方法

基于 MODIS 产品对青海省晴天和有云条件下的地表净辐射通量分别进行了估算：①基于 MODIS 的地表温度、气温、反照率和地表发射率等数据，在晴天和有云条件下分别计算地表能量收支的所有组分，得到卫星过境时刻的瞬时地表净辐射通量，并根据实测通量数据进行站点尺度的精度检验；②基于地表净辐射通量的日变化模型，将地表净辐射通量的瞬时值转换为日间值，并利用估算的气象站日间地表净辐射通量对遥感估算结果进行验证；③依据估算的瞬时和日间地表净辐射通量，分析了青海省 2011—2019 年地表净辐射通量的时空变化特征；④在有云条件下对地表净辐射通量估算的不确定性进行了分析，并讨论其可能的误差来源。由于 MOD11A1 的地表温度数据仅在晴天条件下存在有效值，因此依据 MOD11A1 在过境时刻的有效数据筛选晴天。另外，受仪器误差的影响，通量观测数据的波动较明显，本章在晴天条件下筛选了前后两天数值波动较小（≤20%）的辐射通量数据。

5.1.2.1 晴天条件下瞬时地表净辐射通量的遥感估算

地表净辐射通量（R_n）是经过地表的长波辐射通量和短波辐射通量的矢量和，其数学表达式描述如下（叶晶等，2010）：

$$R_n = R_S^\downarrow - R_S^\uparrow + R_L^\downarrow - R_L^\uparrow = (1-\alpha)R_S^\downarrow + \varepsilon_s R_L^\downarrow - R_{LS}^\uparrow \tag{5-1}$$

式中：$R_S^\downarrow$ 为地表水平面上接收到的短波辐射通量，W/m²；$R_S^\uparrow$ 为地表反射出去的短波辐射通量，它是由地表反照率 α 决定的，W/m²；$R_L^\downarrow$ 和 $R_L^\uparrow$ 分别为地表接收到和发射出去的长波辐射通量，W/m²；ε_s 为地表的发射率；$R_{LS}^\uparrow$ 为地表自身发射的长波辐射通量。

本章晴天条件下瞬时地表净辐射通量的遥感估算是基于 Bisht 等（2010）提出的参数化方法开展的。具体来说，$R_S^\downarrow$ 是利用 Zillman（1972）提出的参数化方法来进行估算，输入参数为近地表水汽压 e_0(hPa) 和太阳天顶角参数 θ(rad)。其中 θ 可通过 MOD03 获得，e_0 是依据 Clausius – Clapeyron 公式，将露点温度 T_d(K) 作为输入计算得到：

$$R_S^\downarrow = \frac{S_0 \cos^2\theta}{1.085\cos\theta + e_0(2.7+\cos\theta)\times 10^{-3} + \beta} \tag{5-2}$$

$$e_0 = 6.11\exp\left[\frac{L_v}{R_v}\left(\frac{1}{273.15} - \frac{1}{T_d}\right)\right] \tag{5-3}$$

式中：S_0 为大气层顶的太阳常数，约为 1367W/m²；β 为 0.2（Bisht et al.，2010）；L_v 为蒸发潜热，约为 2.5×10^6 J/kg；R_v 为水汽的气体常数，为 461J/(kg·K)。

短波净辐射通量的估算需要输入地表反照率 α。基于 MCD43B3 产品获取的白空反照率（white – sky albedo）和黑空反照率（black – sky albedo），α 可表示为两者的线性函数（Lucht et al.，2000），计算公式如下：

$$\alpha = [1 - S(\theta,\tau)]\alpha_{bs} + S(\theta,\tau)\alpha_{ws} \tag{5-4}$$

式中：α_{ws} 和 α_{bs} 分别为白空反照率和黑空反照率；τ 为光学厚度；$S(\theta,\tau)$ 为太阳散射辐射占总的太阳辐射的比值，可通过 MODIS 反照率产品官方主页的查找表数据求得。

长波辐射 $R_L^\downarrow$ 和 $R_{LS}^\uparrow$ 根据 Stefan – Boltzmann 公式进行估算，公式中的大气发射率 ε_a 和地表发射率 ε_s 分别是由 Prata（1996）和 Liang（2003）提出的方法进行估算。

$$R_L^\downarrow = \sigma\varepsilon_a T_a^4 \tag{5-5}$$

$$R_L^\uparrow = \sigma\varepsilon_s T_s^4 \tag{5-6}$$

$$\varepsilon_a = 1 - (1+\xi)\exp(-\sqrt{1.2+3\xi}) \tag{5-7}$$

$$\xi = \frac{46.5}{T_a}e_0 \tag{5-8}$$

$$\varepsilon_s = 0.273 + 1.778\varepsilon_{31} - 1.807\varepsilon_{31}\varepsilon_{32} - 1.037\varepsilon_{32} + 1.774\varepsilon_{32}^2 \quad (5-9)$$

式（5-5）～式（5-9）中：σ 为 Stefan-Boltzmann 常数，取值为 5.67×10^{-8} W/(m²·K⁴)；ε_{31} 和 ε_{32} 分别为 MODIS 数据 31 波段（10.78～11.28μm）和 32 波段（11.70～12.27μm）的发射率；T_a 和 T_s 分别为空气温度和地表温度。其中 ε_{31}、ε_{32} 和 T_s 均可直接从 MOD11A1 产品获得。

根据式（5-2）、式（5-3）和式（5-5）可知，$R_S^{\downarrow}$ 和 $R_L^{\downarrow}$ 的估算需要输入空气温度和露点温度。Bisht 等（2010）的温度估算方法假定气温和露点温度的垂直递减率均恒等于 6.5K/km，而在实际应用中气温的垂直递减率有明显的时空变化特征，设定为常数会造成较大的误差，特别是在青海省这种地形复杂的高海拔地区，所以本章在晴天条件下选用 Zhu 等（2017）的方法对 T_a 和 T_d 进行估算。该方法通过 MOD07_L2 产品中最接近地表两层大气的气温差（或露点温度差）和大气压差来直接估算各点对应的气温（或露点温度）直减率，因而能够有效地克服 Bisht 等（2010）方法的局限性，计算公式可表示为

$$T^S = T^{L1} + \frac{T^{L2} - T^{L1}}{P^{L2} - P^{L1}}(P^S - P^{L1}) \quad (5-10)$$

式中：T^S 为近地表气温（或露点温度）；P^S 为近地表大气压强；T^{L1} 和 T^{L2} 分别为 MOD07_L2 大气廓线产品中最接近地表第一层和第二层的气温（或露点温度）；P^{L1} 和 P^{L2} 分别为产品中最接近地表第一层和第二层的大气压强。

由于 MOD07_L2 产品的不确定性和近地表气温参数化过程中存在的误差，进一步对估算的近地表气温与 MOD06_L2 的地表温度求平均值，计算得到晴天条件下的近地表气温。

5.1.2.2 有云条件下瞬时地表净辐射通量的遥感估算

利用 MOD06_L2 的地表温度和云层覆盖度等数据，进行有云条件下的瞬时地表净辐射通量的估算。在有云条件下（MOD11A1 无有效值），地表净辐射通量仍然依据长波辐射通量和短波辐射通量的矢量和计算，与晴天计算方法的不同之处主要在于下行短波辐射和下行长波辐射的求解。其中，下行短波辐射的计算采用了如下经验公式：

$$R_S^{\downarrow\text{cloudy}} = S_b + S_d = \tau^m S_0 \cos\theta + 0.3(1-\tau^m)S_0\cos\theta \quad (5-11)$$

式中：S_b 和 S_d 分别为太阳短波辐射的直接辐射和散射辐射；m 为光学空气质量，可根据大气压强和太阳天顶角计算得到；τ 为大气透明度，本章根据有云条件下 τ 的最大衰减度（61.5%）和大气透明度（0.7）的经验值，将青海省有云条件下的 τ 取值为 0.27。

有云条件下的下行长波辐射的估算方法是在晴天条件下的计算公式基础上叠加了云层对空气的辐射传输，即

$$R_L^{\downarrow\text{cloudy}} = \sigma\varepsilon_a T_a^4 + \sigma(1-\varepsilon_a)\varepsilon_c T_c^4 \quad (5-12)$$

式中：ε_c 和 T_c 分别为云层的发射率和云层的温度，均可以直接从 MOD06_L2 获取。

有云条件下 T_a 的估算同样仅依据 MODIS 产品，在晴天条件下建立估算的 T_a 和 T_s 之间的回归模型，进一步将回归模型应用于有云条件下的 T_s，可以计算得到有云条件下的 T_a（Zhu et al.，2017），进而根据式（5-7）和式（5-8）可以估算出有云条件下的 ε_a。由于 MOD06_L2 有全天的 T_s 数据，在建立和应用回归模型时均可使用 MOD06_L2 的 T_s 数据。

有云条件下对 $R_{LS}^\uparrow$ 采用的求解方法与晴天相同，均基于 Stefan – Boltzmann 公式计算，但由于有云条件下 MOD11A1 无 ε_s 和 T_s 的有效数据，本章选用其他年份中同一日序为晴天的 ε_s 替代有云条件下的 ε_s，并从 MOD06_L2 获取有云条件下的 T_s。

5.1.2.3 日间地表净辐射通量的估算

1. 日间地表净辐射通量的遥感估算

相比较瞬时地表净辐射通量而言，日间（白天）地表净辐射通量具有更为广泛的应用，是大气和水文模型中的重要参数，例如在能量平衡模型中通常需要输入日间地表净辐射通量的数据来估算日蒸散发，因此需要对遥感估算的瞬时地表净辐射通量进行时间尺度拓展。目前许多研究的地表净辐射通量估算模型，直接用瞬时地表净辐射通量代表日均地表净辐射通量。在平坦地区，地表净辐射通量的日变化较小，其日均值和瞬时值差异不大，但青海省地形复杂，地势起伏较大，对日平均地表净辐射通量的简化处理会导致结果出现较大误差。本章在晴天和有云条件下均依据地表温度日变化的正弦模型（Bisht et al.，2005），估算日平均地表净辐射通量 R_n^{avg}（W/m²），进而结合白天时长（可日照时数）实现日间地表净辐射通量 R_{day}（MJ/m²）的估算，公式可表示为

$$R_{day}=R_n^{avg}\times(t_{set}-t_{rise})=\frac{2R_n\times(N-2)}{\pi\sin\left(\pi\dfrac{t_{ovp}-t_{rise}}{N-2}\right)} \quad (5-13)$$

式中：t_{ovp} 为卫星的过境时刻，即估算瞬时 R_n 对应的地方时；N 为可日照时数，即昼长，h，可依据纬度计算；t_{rise} 和 t_{set} 分别为 R_n 变为正值和负值的临界时刻，即当地日出后 1h 和日落前 1h 对应的时刻，则 $t_{set}-t_{rise}=N-2$。

2. 基于 FAO56 公式的日间地表净辐射通量估算

由于青海省通量观测站点较少，为了实现更大空间范围的精度验证，本章基于常规气象数据估算各站点日尺度（全天）的地表净辐射通量，进而在通量站点上基于实测数据建立日尺度与日间尺度地表净辐射通量的线性回归关系，并将回归关系应用到其他气象站点，可以实现地表净辐射通量从日尺度到日间尺度的转换，得到所有气象站点的日间地表净辐射通量数据。采用 FAO56 公式在所有气

象站点上进行日间地表净辐射通量的估算，使得遥感估算结果可以在更大的空间范围进行验证，提高了检验的可信度。

本章计算站点日尺度的地表净辐射通量所用模型取自FAO56中参考作物蒸散量的计算方法。在FAO56推荐的估算方法中，日尺度地表净辐射通量R_n[MJ/(m²·d)]表示为入射短波净辐射通量R_{ns}和射出长波净辐射通量R_{nl}的差值，见式（5-18），其中R_{ns}利用反照率和下行短波辐射通量计算，见式（5-14）和式（5-15），R_{nl}基于经过湿度和云量因子修正后的Stefan-Boltzmann定律估算，具体如下：

$$R_s^{\downarrow} = \left(0.25 + 0.5\frac{n}{N}\right)R_a \qquad (5-14)$$

$$R_{ns} = (1-\alpha)R_s^{\downarrow} \qquad (5-15)$$

$$R_{so} = (0.75 + 2\times 10^{-5}z)R_a \qquad (5-16)$$

$$R_{nl} = \sigma\left(\frac{T_{max,K}^4 + T_{min,K}^4}{2}\right)(0.34 - 0.14\sqrt{e_a})\left(1.35\frac{R_s^{\downarrow}}{R_{so}} - 0.35\right) \qquad (5-17)$$

$$R_n = R_{ns} - R_{nl} \qquad (5-18)$$

式（5-14）~式（5-18）中：R_a为日地球外辐射，MJ/(m²·d)，可根据站点纬度和日序计算求得；R_{so}为晴空太阳辐射，即日照时数达到最大值时的太阳辐射，MJ/(m²·d)；n为实际日照时数，h；N为可日照时数，可根据站点纬度和日序计算求得，h；反照率α设为0.23；z为海拔，m；σ为Stefan-Boltzmann常数，取值为4.903×10^{-9} MJ/(K·m)；$T_{max,K}$和$T_{min,K}$分别为一天内最高和最低绝对温度，K；e_a为实际大气压，kPa。

5.1.3 地表净辐射通量的遥感估算方法精度检验

5.1.3.1 晴天条件下瞬时地表净辐射通量的估算精度

根据上述参数化方案分别估算了晴天条件下辐射通量的四个能量收支分量，进而得到青海省瞬时地表净辐射通量，并利用2017—2019年的通量观测数据在西宁和格尔木两个站点上进行精度验证。研究选用相关系数（R）、均方根误差（$RMSE$）、平均绝对误差（MAE）和偏差（$Bias$）4个指标来评价估算结果的精度。MODIS估算的瞬时辐射通量（总辐射值和净辐射值）与卫星过境时刻的地面观测值的散点图如图5-1所示，其中黑色对角线为1∶1等值线。

从图5-1中可以看出，总体来看，在西宁和格尔木两个站点太阳总辐射（R_s）的估算值与观测值有较好的一致性，估算精度均较高，$RMSE$分别为61.10W/m²和61.43W/m²，R^2分别达到0.91和0.89。R_s在西宁站点存在高估现象，而在格尔木站点存在低估现象。地表净辐射通量R_n的计算值在两个站点均偏大，其中在西宁站R_n的$Bias$为18.34W/m²，估算精度相对较高，$RMSE$

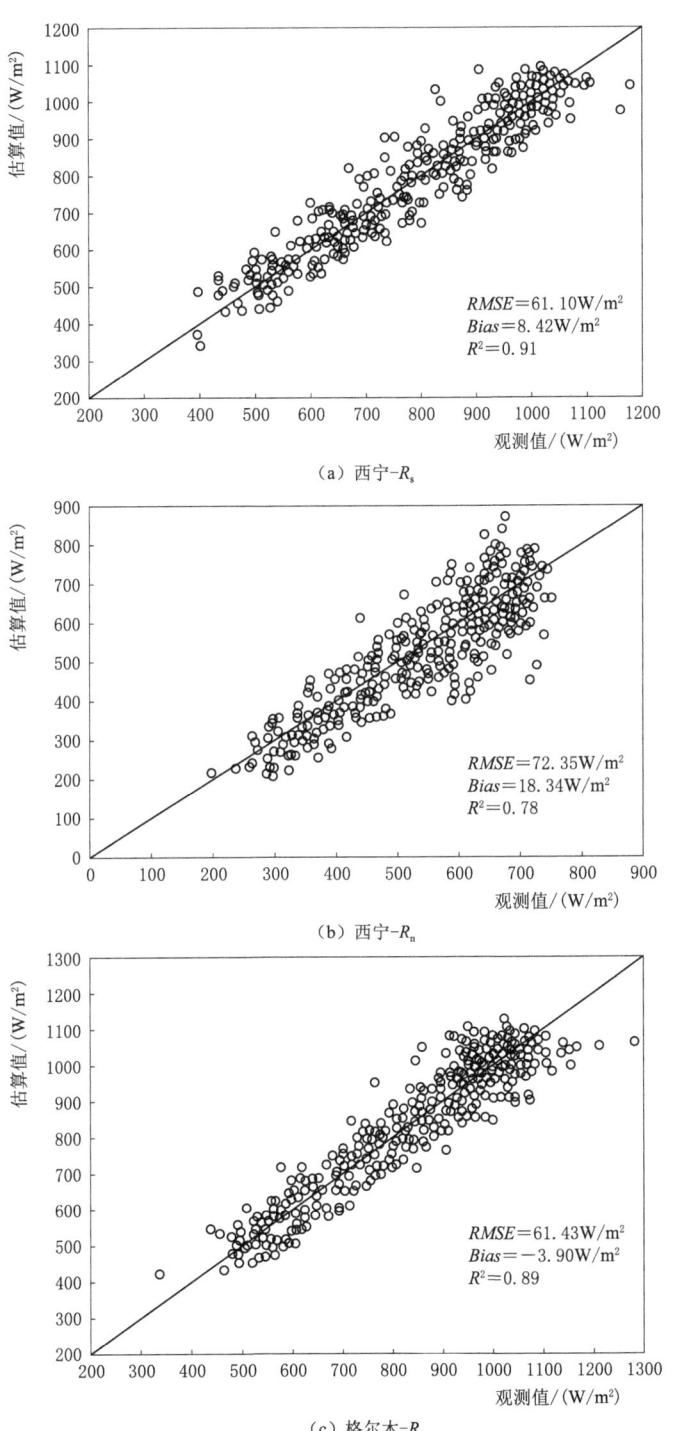

图 5-1（一） MODIS 估算的瞬时辐射通量与地面观测值对比

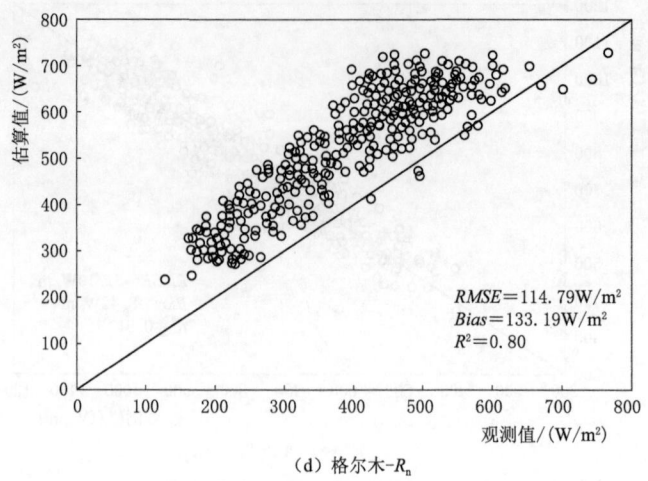

(d) 格尔木-R_n

图 5-1（二） MODIS 估算的瞬时辐射通量与地面观测值对比

和 R^2 分别达到 72.35W/m² 和 0.78。而在格尔木站散点图中大部分的点分布在 1∶1 等值线上方，表明 R_n 估算值与观测值相比存在明显的高估问题，$Bias$ 达到 133.19W/m²。此外，R_n 的观测值在两站差异较大，2017—2019 年西宁站平均 R_n 为 516.3W/m²，格尔木站年平均 R_n 为 393.5W/m²，明显低于西宁站，因此格尔木站的估算误差很可能是因为 R_n 通量观测值本身存在低估。

5.1.3.2　晴天条件下日间地表净辐射通量的估算精度

基于式（5-13）和估算的瞬时 R_n，进一步计算得到日间 R_n 数据，由于青海省通量观测站较少，本章分别从通量站点和全部气象站点两个方面对日间地表净辐射通量的估算结果进行验证。将通量站点中白天 R_n 的正值累加，得到日间地表净辐射通量的观测数据，用于验证遥感估算的日间尺度地表净辐射通量。日间 R_n 估算值与观测值的散点图如图 5-2 所示，对角线为 1∶1 等值线。验证结果表明，在日间尺度上西宁站的精度较高 [图 5-2（a）]，$RMSE$ 为 2.29MJ/m²，$Bias$ 为 0.81MJ/m²；而格尔木站的日间地表净辐射通量存在明显的高估现象，大部分的点散布在 1∶1 等值线上方 [图 5-2（b）]，误差较大，$RMSE$ 为 3.72MJ/m²，$Bias$ 为 3.25MJ/m²。

根据 FAO56 推荐公式和常规气象数据，本章估算得到了各气象站点 2011—2019 年的日尺度 R_n。由于遥感估算的是日间 R_n，而基于 FAO56 估算的为全天日尺度 R_n，两者代表的时间范围不同，不能直接进行对比分析。因此，为了在各气象站点上定量评价参数化结果的精度，需要将 FAO56 估算得到的日尺度 R_n 换算为当天的日间 R_n，以便进行比较。研究利用两个通量站数据，计算每天 R_n 的白天累计值和全天累计值，图 5-3 建立了白天 R_n 与全天 R_n 的线性回归关

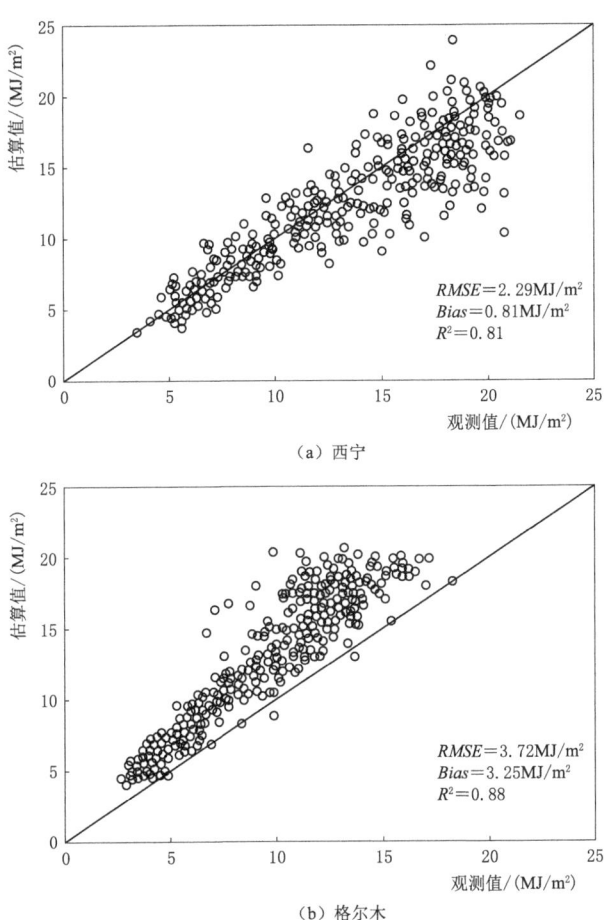

图 5-2 MODIS估算的日间尺度地表净辐射通量与地面观测值对比

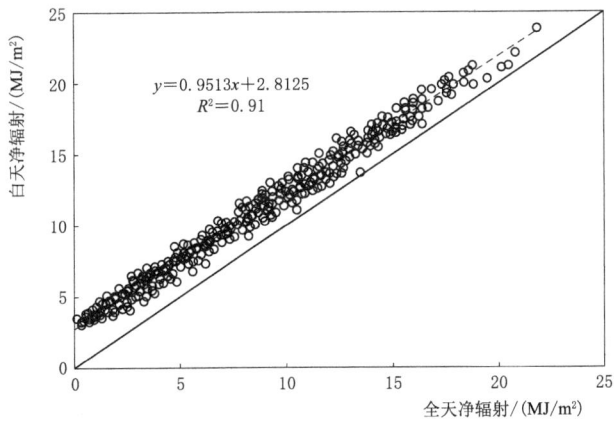

图 5-3 全天地表净辐射通量观测值与白天地表净辐射通量观测值的线性拟合关系

系，拟合得到的关系式为 $y=0.9513x+2.8125$。将拟合的回归关系式应用到各气象站点，实现 R_n 从日尺度到日间尺度的转换，从而得到各气象站点处的日间 R_n。根据通量实测数据对转换后的日间 R_n 进行了精度验证，如图 5-4 所示。与遥感估算的结果相比，气象数据估算的日间 R_n 在两个站点处精度均较高（图 5-2 和图 5-4），在西宁站 $RMSE$ 为 $1.84MJ/m^2$，$Bias$ 为 $-0.21MJ/m^2$，而在格尔木站 R_n 仍然存在高估现象，$Bias$ 为 $2.34MJ/m^2$，$RMSE$ 达到了 $2.58MJ/m^2$。由此可以看出，基于通量观测数据的验证，R_n 在格尔木站普遍存在高估现象。

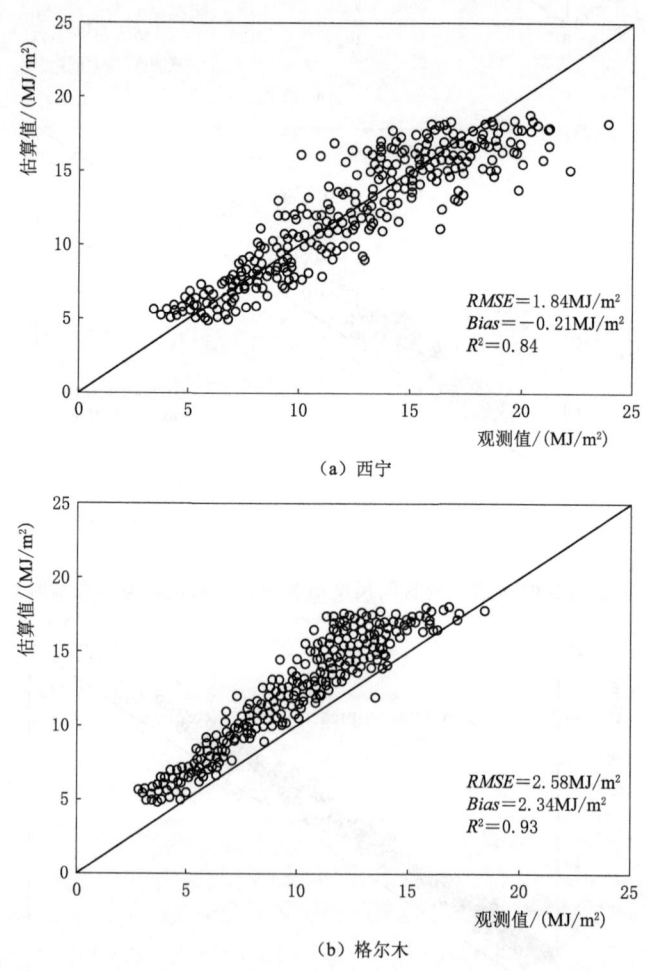

图 5-4 基于 FAO56 计算的日间地表净辐射通量与地面观测值对比

将气象数据估算的日间 R_n 作为真值，在 50 个气象站点处对遥感估算的日间 R_n 进行更大空间范围上的精度检验，结果表明遥感估算的 R_n 有较高的精度，

$RMSE$ 为 2.08MJ/m², $Bias$ 为 0.04MJ/m², R^2 达 0.88。

5.2 结　　果

5.2.1 地表净辐射通量的时空分布特征

基于日间地表净辐射通量的估算结果，求得 2011—2019 年青海省地表净辐射通量的月均值和年均值。从年内变化（图 5-5）来看，青海省地表净辐射通量的多年月均值呈现夏峰冬谷的单峰分布，夏季地表净辐射通量占全年总地表净辐射通量的 38.21%，而冬季地表净辐射通量仅占 11.6%。其中，6 月最大，为 559.23MJ/m，占全年总地表净辐射通量的 13.3%；12 月最小，为 134.68MJ/m²，占全年总地表净辐射通量的 0.03%。从年际变化（图 5-6）来看，青海省地表净辐射通量的年均值在 4180MJ/m² 左右浮动，变化幅度较小，约为 50MJ/m²。2011—2019 年青海省的年地表净辐射通量整体呈递减趋势，其中 2011—2012 年地表净辐射通量呈现上升趋势，从 2012 年开始地表净辐射通量有所降低，虽然 2016—2018 年地表净辐射通量存在上升的情况，但整体呈递减趋势。与其他年度相比，2012—2013 年地表净辐射通量下降幅度较大，约为 1.16%。地表净辐射通量的年际变化一方面可能是与气候变化有关，结合青海省内 50 个气象站点逐年平均气温和地表温度数据进行相关分析（图 5-6）发现，地表净辐射通量与气温（$R=-0.38$）、地表温度（$R=-0.84$）都呈负相关关系，如 2012—2016 年随着气温和地表温度的增大，地表净辐射通量呈现下降趋势；另一方面可能是与人类活动有关，这几年青海省的环青海湖-祁连山区存在草原面积退化、土壤流失等现象，2011—2015 年青海省植被覆盖度总体呈现下降的趋势，导致 2012—2016 年地表净辐射通量呈现下降趋势。

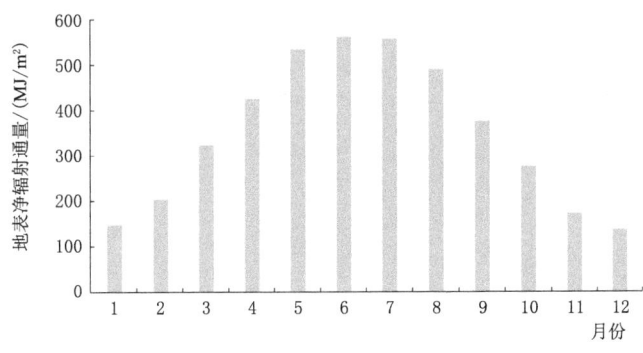

图 5-5　青海省地表净辐射通量的年内变化

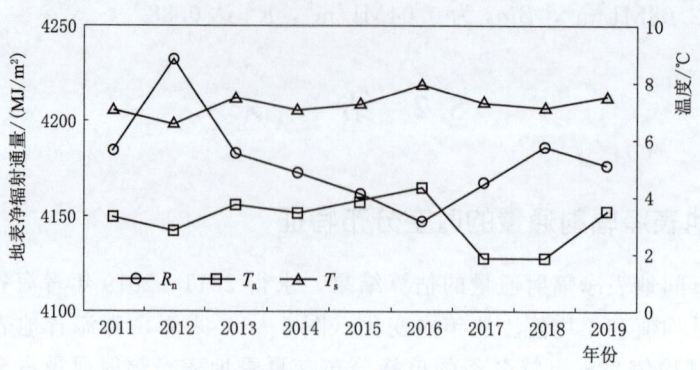

图 5-6　青海省地表净辐射通量的年际变化

基于日间地表净辐射通量的估算结果，在季节和年尺度上分析青海省地表净辐射通量的时空分布特征。图 5-7 和图 5-8 分别显示了 2011—2019 年青海省地表净辐射通量年均值和四季的空间分布。2011—2019 年青海省地表净辐射通量的年均值为 4176.62MJ/m²，其空间分布总体呈现东南高西北低的格局。其原因为：①与海拔密切相关，西北部的柴达木盆地是地表净辐射通量的低值区，海拔较高的西南和东北地区属于地表净辐射通量的高值区（图 5-7）；②地表净辐射通量与地表反照率也有一定的相关性，低反照率的地物（如湖泊）有较高的地表净辐射通量，如青海湖、鄂陵湖和龙羊峡水库等大面积水域都属于地表净辐射通量的高值区；③植被覆盖度也会影响地表净辐射通量的空间分布特征，东南部的高值区主要是植被覆盖较高的草地和灌丛。

本章按照气象划分法，以 3—5 月为春季，6—8 月为夏季，9—11 月为秋季，12 月至次年 2 月为冬季，得到季节变化分布图（图 5-8）。青海省地表净辐射通

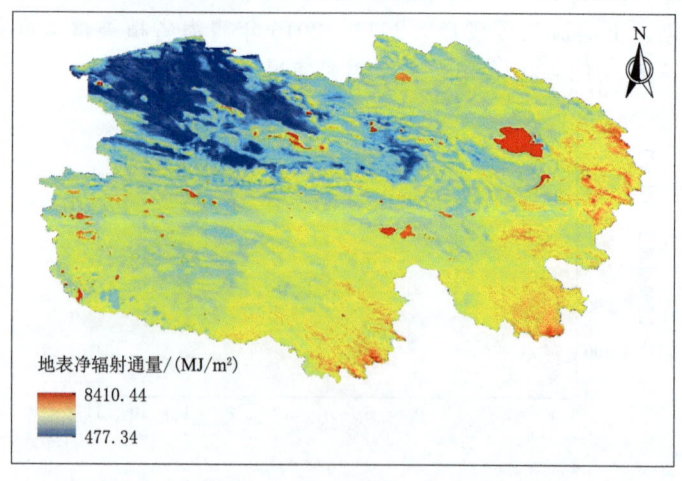

图 5-7　2011—2019 年青海省地表净辐射通量年均值的空间分布

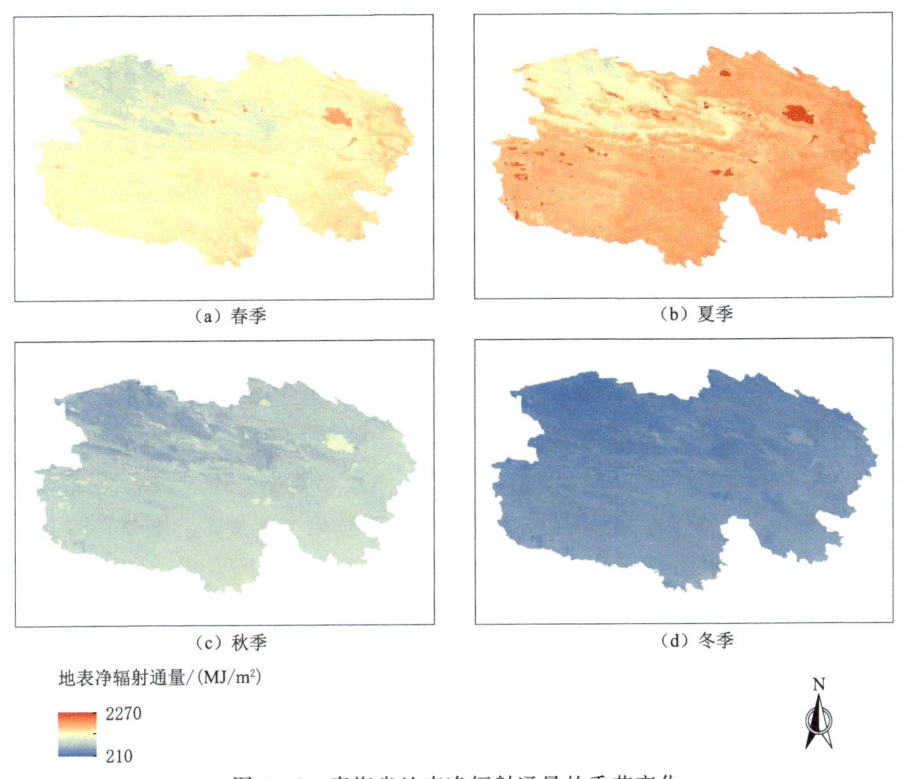

图 5-8 青海省地表净辐射通量的季节变化

量具有明显的季节变化特征,从春季到夏季逐渐增加,夏季到冬季逐渐减少,地表净辐射通量呈现夏季>春季>秋季>冬季,与青藏高原地表净辐射通量的季节特征一致。另外,从图 5-8 可以看出,春季和夏季地表净辐射通量的数值范围较大、标准差较大,空间差异较大,东南部地区地表净辐射通量明显高于西北部地区,而秋季和冬季的空间差异较小。地表净辐射通量的季节变化与植被覆盖变化、土壤干湿程度等因素密切相关。由于青海省主要土地覆盖类型是草地,秋冬季节时草地枯萎,植被覆盖度较低,另外冬季时地表会有积雪,地表净辐射通量较低;春夏季节时草地生长茂盛,植被覆盖度较高,地表净辐射通量较高。与图 5-7 相比可知,各季节的地表净辐射通量年均值的空间分布相似,高值区主要分布在青海湖、龙羊峡水库等大面积水域附近,低值区主要分布在西北部的塔里木盆地。

5.2.2 讨论

从西宁站的精度检验结果看,瞬时和日间 R_n 的参数化结果较实测值均偏大。造成误差的原因首先可能是在干旱和半干旱地区,使用 MODIS 的波段 31

和32反射率（ε_{31}和ε_{32}）估算地表发射率时存在高估现象（Bisht et al.，2005），导致R_n的估算值偏高。其次，在空间异质性较大的地区，MODIS反演的地表温度数据较实际值存在低估现象，也会造成R_n被高估。日间R_n的误差可能是由于在进行昼间净辐射日变化模拟时，近地表热环境突然发生变化，使得昼长估算偏大或者日最大R_n发生后延，从而影响日间R_n的估算精度。另外，利用地面通量观测数据对遥感估算结果进行精度验证时存在时空尺度的差异，特别是在空间异质性较大的地区。

在格尔木站R_n存在明显的高估现象，可能是因为通量站点的观测数据本身存在误差（低估）。R_s是地表能量的主要来源，其计算效果对R_n的估算精度有重要影响。首先，在西宁和格尔木两个站点R_s的估算精度均较高，但在格尔木站R_s存在低估现象，而R_n存在高估现象。其次，R_n的观测数据在两站差异较大，2017—2019年西宁站平均R_n为516.3W/m²，格尔木站年平均R_n为393.5W/m²，明显低于西宁站。另外，根据FAO56公式的估算结果与通量观测数据的对比也可以发现，在格尔木站日间尺度R_n仍存在高估现象。因此综合以上三个方面的分析，可以认为格尔木站的估算误差很可能是因为R_n通量观测数据本身存在低估。

上述分析均是在晴天条件下对地表净辐射通量的估算和验证，为了得到全天候的地表净辐射通量数据，本章对有云条件下的地表净辐射通量也进行了精度验证。可以估算有云条件下的下行短波辐射通量和下行长波辐射通量，进而根据MOD06_L2有云条件下的地表温度数据得到地表净辐射通量。由于格尔木站地表净辐射通量的估算值与观测值相比误差较大，本章仅在西宁站对有云条件下地表净辐射通量的精度进行检验，其估算值与观测值的散点图如图5-9所示。由图5-9可知，在有云条件下地表净辐射通量的估算精度较低，瞬时和日间地表净辐射通量的$RMSE$分别为220.93W/m²和4.37MJ/m²。虽然地表净辐射通量在日间尺度精度较低，但其月均值和年均值的精度较高，$RMSE$分别为42.59MJ/m²和266.35MJ/m²。

造成有云条件下估算精度低的原因主要有三方面：①遥感数据和估算模型的误差问题，由于未知的云热效应和云层下大气状态，有云条件下的遥感数据可能本身存在误差，地表净辐射通量估算模型在有云条件下的精度较低、适用性较差，通过融合多种遥感数据引入大气温度和湿度的垂直廓线信息可以提高精度；②时空不匹配问题，在依据通量观测数据对估算结果进行验证时，存在数据时空不匹配的问题，1km×1km空间分辨率的遥感数据与单点观测值存在尺度效应问题，不同数据获取的时间不同，因此两者时空尺度的差异使得精度验证较为困难；③地表净辐射通量的日内变化模拟存在误差，由于卫星过境时刻探测到的晴天并不能代表当日全天都为晴天，在对瞬时地表净辐射通量进行时间尺度拓展时，假设一天内大气条件稳定，即没有考虑大气条件（大气可降水量、气溶胶、

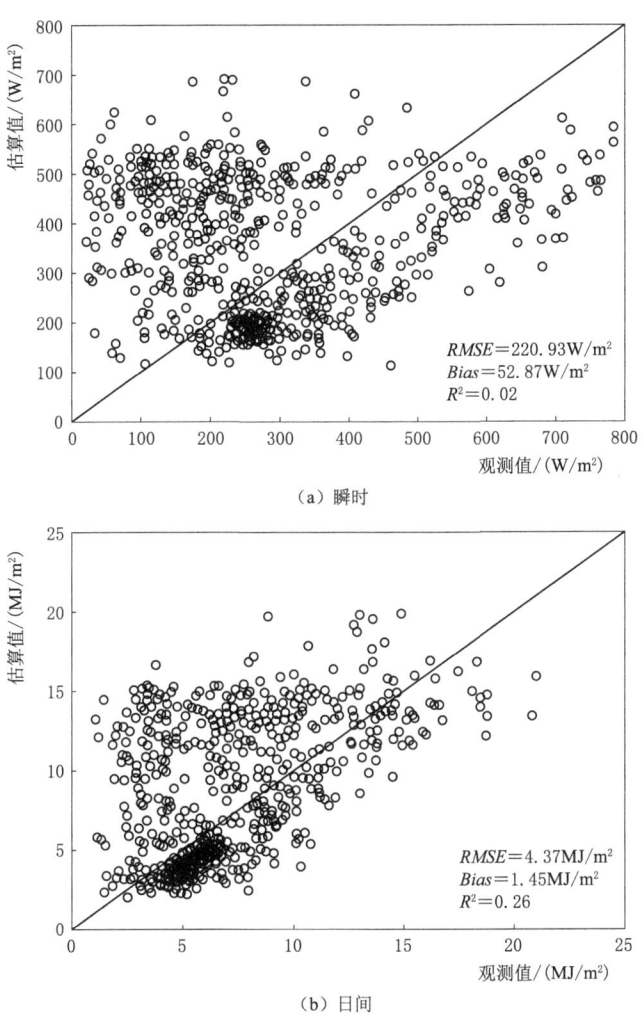

(a) 瞬时

(b) 日间

图 5-9 有云条件下地表净辐射通量的估算值与地面观测值的对比

云属性等）的日内变化，地表净辐射通量的日变化遵循标准的正弦曲线关系，而实际地表净辐射通量的最大值受气象条件影响，出现的时间上会前后移动，因此仅依据单一的 MODIS 卫星数据和正弦曲线估算地表净辐射通量的日变化会存在误差，特别是当一天中有云覆盖时简单的时间拓展会造成较大误差，通常需要多源遥感数据对地表净辐射通量的日变化进行估算。

5.3 结　　论

基于 MODIS 遥感产品，在晴天和有云条件下对青海省 2011—2019 年地表净辐射通量分别进行了参数化估算，并根据地表净辐射通量的日变化模型将地表净辐射通量的瞬时值拓展为日间值，实现了全天候日间地表净辐射通量的估算。本章根据地面通量观测数据和气象数据，对瞬时和日间地表净辐射通量的估算值均进行了精度检验，得出以下主要结论：

（1）在晴天条件下，太阳总辐射在两个通量站点处的精度均较高，$RMSE$ 约为 $61W/m^2$，而瞬时地表净辐射通量在西宁站精度较高，$RMSE$ 和 R^2 分别达到 $72.35W/m^2$ 和 0.78，在格尔木站误差较大，存在明显的高估现象，$Bias$ 达到 $133.19W/m^2$。

（2）在西宁站，基于气象数据计算的日间地表净辐射通量和遥感估算的日间地表净辐射通量与观测值相比均有较好的一致性，R^2 均在 0.8 以上，$RMSE$ 分别为 $2.29MJ/m^2$ 和 $1.84MJ/m^2$，$Bias$ 分别为 $0.81MJ/m^2$ 和 $-0.21MJ/m^2$。但在格尔木站日间地表净辐射通量同样存在高估现象，$Bias$ 分别达到 $3.25MJ/m^2$ 和 $2.34MJ/m^2$。与基于气象数据计算的日间地表净辐射通量相比，遥感估算的日间地表净辐射通量在 50 个气象站点的总体精度较高。

（3）青海省日间地表净辐射通量具有明显的季节变化特征，从春季到夏季逐渐增加，夏季到冬季逐渐减少。年内变化呈现单峰分布，在 6 月达最大值，占全年总地表净辐射通量的 13.3%。其空间分布总体呈现东南高西北低的格局，与海拔和地表反照率相关，高值区主要分布在海拔较高、反照率较低的地区。

（4）在晴天条件下，瞬时和日间地表净辐射通量的精度均较高，但在有云条件下地表净辐射通量的估算误差较大，主要原因可能是使用的数据和模型在有云条件下应用存在误差，遥感数据与地面观测数据存在时空不匹配问题，遥感数据识别的晴天并不能代表真实情况，在对瞬时地表净辐射通量进行时间尺度拓展时受云层影响。

本章估算的地表净辐射通量在有云条件下精度较低，还需要进一步改善有云条件的计算方案。对瞬时地表净辐射通量的时间尺度拓展方法，在有云条件下存在一定的误差，还需要同化多源遥感数据，更准确地模拟地表净辐射通量的日变化。另外，本章未考虑地形对地表辐射收支的影响，这些问题将在以后的工作中进一步研究。

第 6 章 土壤水分遥感监测

土壤水分作为重要的地表特征参数,在土地退化(夏龙等,2021)、干旱监测(邓忠等,2016)、作物生长(Rosenzweig et al.,2002)、水资源管理等生态研究方面有着不可替代的作用。同时土壤水分作为连接全球陆地水、能源和碳循环的关键参数,直接控制着地球生态环境、气候变化和水循环演变(McColl et al.,2017)。因此,获取准确的、高精度的、覆盖范围广的土壤湿度信息对青海省的生态保护具有十分重要的意义,迫切地需要土壤水分为水文学、气象学、气候学和水资源管理等提供优质的数据支持。

常规的土壤水分监测手段通常采用自动站或者人工采集的方式,其优势是时间连续性高且准确性有保障,但缺点亦非常明显:站点数据仅仅只能代表站点附近的土壤湿度,空间代表性差;同时站点的建造需要消耗大量的人力物力,导致其数目稀少,分布亦十分稀疏,不适合用于大规模的土壤湿度预测(鲁向东,2018)。而随着近年来遥感探测手段的进步,为获取大范围、长时间序列的土壤水分数据提供了可能性(李宁,2020)。常用来监测土壤湿度的遥感数据源包括光学遥感、红外遥感与微波遥感。相对于微波遥感,光学遥感与红外遥感穿透性差,易受到大气、云和植被的干扰,时间分辨率亦较低,难以保证土壤水分反演的精度。而近年来兴起的微波遥感凭借其强大的穿透能力、较好的数据采样能力以及对土壤水分更为敏感的特点,成为全球土壤水分数据最重要的来源。

土壤水分是地球科学中一个非常重要的状态变量,是研究水资源形成、转化和消耗及相互间转化过程的重要环节,是地下水-地面水-土壤水-大气水整个水循环系统的核心和纽带(杨树聪等,2011)。由于传统土壤水分点测量技术繁杂、维护成本较高,限制了其在大范围土壤水分监测中的应用,遥感技术兴起后,土壤水分点测量逐渐成为土壤水分遥感监测模型的主要检验手段,遥感技术成为土壤水分快速大面积实时动态监测的主要手段。其中,被动微波被公认为是监测土壤水分变化最具潜力的手段。一方面,不少学者利用土壤水分敏感的微波波段构建微波遥感指数,如土壤湿度指数 SWI、ISW,洪水指数 FI 等;另一方面,通过辐射传输物理模型构建土壤水分反演模型。并且,针对被动微波数据空间分辨率较粗而不利于应用的特点,不少学者开展降尺度技术研究。目前被动微波土壤水分产品降尺度的方法主要有多元统计回归方法、基于物理模型的方法(如 Merlin 法)、权重分解(如 ULCA 法)、数据同化和空间插值五大类。随着机器学习技术在土壤水分遥感监测中的广泛应用,机器学习技术也被用于降尺度研究(常江,2019)。赵伟等(2022)总结与分析了近20多年来国内外被动微波土壤水分遥感产品空间降尺度研究的进展,系统归纳了经验性、半经验性和基于物理机理的3大类降尺度方法,并就各方法的特征进行了详细说明,概述了各方法的优势和缺点;同时指出,目前可靠的高分辨率降尺度土壤水分产品仍较少,这与被动微波土壤水分遥感产品、降尺度关系模型方法以及降尺度辅助因子等有着直接的关联。

土壤水分是农业、生态、气候变化等研究的关键参数,其准确快速的获取在区域干旱与洪涝灾害监测预报预警中发挥着关键作用。本章采用传统的降尺度方法(混合像元线性分解法和空间权重分解法)对 FY-3B/MWRI 土壤水分产品进行降尺度研究,为选用降尺度方法及后续机器学习技术在降尺度方面的应用提供参考,从而推进国产气象卫星在青海省土壤水分监测方面应用服务能力的建设。

柴达木盆地地处青藏高原东北缘,位于青海省西北部,主要在海西蒙古族藏族自治州,被南部昆仑山、西部阿尔金山、东北部祁连山山脉环抱,属封闭性巨大山间断陷盆地。盆地位于东经 90°16′~99°16′、北纬 35°00′~39°20′,略呈三角形,东西长约 800km,南北宽约 300km,面积约 25 万 km^2,为中国三大内陆盆地之一。因其盛产铁矿、铜矿、锡矿、盐矿等多种矿物,故被称为"聚宝盆"。柴达木盆地青海省内部分的高程及河流分布如图 6-1 所示。

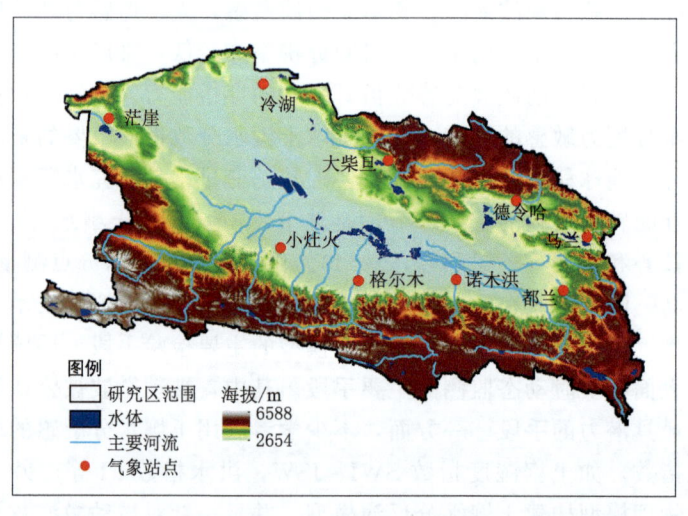

图 6-1 柴达木盆地青海省内部分的高程及河流分布图

随着气候变化,柴达木盆地已成为青海高原乃至全国范围内增温最显著的区域。在气温升高的同时,柴达木盆地降水量也在持续增多,增加趋势明显大于青海省其他地区。但由于现有气象站点、土壤水分站点基本建立在绿洲区域，缺乏其他地物类型表层土壤水分观测数据，为了较为全面地掌握柴达木盆地生态本底情况，尤其是不同地物类型的表层土壤水分状况，进而探索表层土壤水分状况与洪涝灾害风险关系，作者团队于2020年和2021年夏季共开展了2次柴达木盆地表层土壤水分野外调查工作，取得了较为宝贵的调查资料，有力支撑了柴达木盆地土壤水分监测模型的构建检验工作。

调查结果显示：无植被覆盖区0～10cm土壤质量含水率一般低于1%，在地下水位较高、湿地附近或者出现表层土壤返潮（冷湖西南）的地方，0～10cm土壤质量含水率较高；无植被覆盖区10～20cm土壤质量含水率稍高于0～10cm土壤质量含水率。总之，无植被覆盖区表层土壤很干燥，0～20cm土壤质量含水率极低。在植被覆盖地区，绿洲附近土壤质量含水率明显高于远离绿洲地区，且土层越深土壤质量含水率明显增大。总体来看，盆地表层土壤质量含水率很低，沿着从高到低地势，土壤质量含水率从极低向湿润呈环状分布特征，且盆地东南部土壤水分明显偏高于盆地西北部。干沙表层土壤质量含水率低于砂石混杂地表。

6.1 数　　据

6.1.1 数据介绍

6.1.1.1 风云卫星被动微波土壤水分产品

数据来源于国家卫星气象中心的FY-3B/MWRI土壤水分日产品，数据时段为2011年7月12日至2019年8月19日，空间分辨率为25km×25km。研究中对该数据基于GLT几何校正法对FY-3B/MWRI土壤水分日产品进行地理定位，并进行青海省范围裁剪、转成TIFF格式等处理。

FY-3C/MWRI土壤水分日产品，数据时段为2014年5月29日至2019年12月31日，空间分辨率为25km×25km。

FY-3D/MWRI数据来自国家卫星气象中心官网，该数据为等经纬度投影，空间分辨率为$0.1°×0.1°$，使用IDL语言编写程序批量进行辐射定标、地理定位、范围裁剪等处理，得到青海省范围的亮温数据。

FY-3D/MERSI数据主要来自青海省卫星地面接收站，该数据为等经纬度投影，空间分辨率为$0.01°×0.01°$，该数据经过接收站数据预处理系统进行解包、定位、辐射定标、地理定位、范围裁剪等处理后得到青海省范围的表观反射率和亮温数据。另外，在2021年8月27日至9月3日由于青海省卫星地面接收站数据缺失，故该时段FY-3D/MERSI数据采用国家卫星气象中心官网的FY-

3D/MERSI 一级数据。

6.1.1.2 NPP/VIIRS 遥感产品数据

数据来源于美国国家航空航天局的 2012—2020 年每 8 天合成的 500m 地表反射率产品 [VNP09A1（V01）产品]，以及 2012—2020 年每 8 天合成的 1000m 地表温度产品 [VNP21A2（V01）产品]。研究中对该类数据进行解包、转成 TIFF 格式、质量控制、数据拼接、转投影等处理后，计算温度植被干旱指数（temperature vegetation dryness index，TVDI），作为降尺度因子。

6.1.1.3 土壤水分数据

土壤水分数据来源有：①一部分数据来源于青海省气象局的青海省生态环境监测系统，该数据由气象业务人员按照《地面气象自动观测规范　总则》每旬逢八进行人工取土烘干取得，研究中选用了研究区内甘德、刚察、海晏、河南、祁连、曲麻莱、天峻、沱沱河、兴海、野牛沟、泽库共 11 个站点 2012—2018 年 5—9 月土壤质量含水率数据。②部分数据来源于青海省海东市气象局和黄南藏族自治州气象局，该数据为 2017 年 7 月 13 日测量的 19 个点 0~10cm 土壤水分数据。土壤水分数据使用前均进行了质量控制，剔除了异常值。③部分土壤水分数据采用青海省气象局 2018—2019 年建设的 64 个土壤水分自动站的 0~10cm 土壤体积含水率。这些数据使用 DZN2 型自动土壤水分观测仪基于频域反射原理（FDR）进行测量得到。使用标定后的 2021 年数据及部分站点 2022 年数据，并结合当地降水、灌溉情况与数据变化曲线，剔除不合理数据。

6.1.1.4 土壤容重数据

站点上的土壤容重数据来源于青海省气象局，该数据由气象业务人员按照《青海省气象局生态观测规范》每旬逢八进行人工取土烘干取得。选用研究区内沱沱河、曲麻莱、甘德、兴海、河南、泽库、海晏、天峻和刚察共 9 个站点 2003—2018 年的 5—9 月数据。数据使用前进行质量控制，剔除异常数据，并将站点观测的土壤质量含水率转成土壤体积含水率。栅格格式的土壤容重数据来源于北京师范大学的中国土壤数据集，被用于将面状的土壤质量含水率转成土壤体积含水率。

DEM 数据来源于美国地质调查局（USGS）SRTM1 DEM 数据，空间分辨率为 30m×30m。

土壤容重数据：站点数据来源于青海省气象局的青海省生态环境监测系统，栅格数据来源于北京师范大学的中国土壤数据集。

土壤属性数据来源于北京师范大学的中国土壤数据集，包括土壤容重（BD）、有机质含量（SOM）、砂粒含量（SA）、粉粒含量（SI）和黏粒含量（CL）共 5 个要素。

草地类型数据来源于青海省草原总站（2011 年数据），该数据将青海省草地类型划分为温性荒漠草原类、高寒草甸草原类、高寒草原类、温性荒漠类、高寒荒漠类、低地草甸类、山地草甸类和高寒草甸类等,以及耕地、林地、密灌、石山、冰川、裸地、戈壁、沙砾地、沙漠等非草地类。另外,采用 NDVI 数据作为草地类型数据的补充,该数据采用 2012—2020 年 VNP09A1 数据进行年平均。

6.1.2 数据预处理

6.1.2.1 FY-3/MWRI 土壤水分产品生态站点数据提取

使用 IDL 程序提取 2011—2018 年 FY-3/MWRI 土壤水分产品在牧业区各生态站上的值。将 FY-3/MWRI 土壤水分产品从土壤体积含水率转成土壤质量含水率。FY-3/MWRI 土壤水分产品为土壤体积含水率(cm^3/cm^3),放大 1000 倍。使用式(6-1)转成土壤质量含水率:

$$土壤质量含水率 = \frac{土壤体积含水率}{土壤容量} \tag{6-1}$$

土壤容重值采用各站上报的实测值。从图像过境幅宽和所有期次数据均大范围出现值 25 等方面考虑,研究中认为 FY-3/MWRI 土壤水分产品的值 25 为无效值。

6.1.2.2 FY-3D/MWRI 数据预处理

利用自编 IDL 程序对 FY-3D/MWRI 一级数据进行辐射定标、GLT 几何校正、范围裁剪及转格式等预处理,形成行列数固定为 160×120 的 TIFF 格式数据。

6.1.2.3 FY-3D/MERSI 数据预处理

对于官网数据,利用自编 IDL 程序对 FY-3D/MERSI 一级数据进行辐射定标、GLT 几何校正、范围裁剪及转格式等预处理,形成行列数固定为 1600×1200 的 TIFF 格式数据。

对于卫星接收站数据,由于该类型数据已经过前后端预处理软件进行解码、辐射定标、地理定位、投影和格式转换等处理,因此只需对该类型数据进行范围裁剪等处理。

6.1.2.4 VNP09A1 产品数据预处理

反射率波段有效值范围为 −100~16000(缩放因子 0.0001)。研究中只根据 QC 波段选择了质量最好 00、质量次好 01 的情况,没有考虑 State 波段。

6.1.2.5 VNP21A2 产品数据预处理

地表温度波段有效值范围为 7500~65535(缩放因子 0.02)。研究中只根据 QC 波段选择了质量最好 00 的情况。白天、晚上地表温度各自有对应的 QC 波段。

6.1.2.6 温度植被干旱指数的计算

由于 TVDI 物理意义明确,研究中选用其为降尺度因子。研究中使用 VNP09A1 计算 NDVI,结合 VNP21A2 的白天 LST,拟合得到 2012—2020 年各时期的干湿边系数,进而计算得到 TVDI 值。TVDI 计算公式为

$$T = 100 \times \frac{L-L_2}{L_1-L_2}$$
$$L_1 = a_1 + b_1 C$$
$$L_2 = a_2 + b_2 C$$
(6-2)

式中:T 为某时期的 TVDI;L 为某时期给定像元的地表温度,K;L_1 为给定 NDVI 对应的地表温度同期最大值或同期多年平均的最大值,K;L_2 为给定 NDVI 对应的地表温度同期最小值或同期多年平均的最小值,K;C 为同期或同期多年平均的 NDVI;a_1 为干边的截距;b_1 为干边的斜率;a_2 为湿边的截距;b_2 为湿边的斜率。

6.1.2.7 土壤属性数据预处理

研究中土壤属性数据来源于北京师范大学的中国土壤数据集,该数据集数据来源于第二次土壤普查的 1:100 万中国土壤图和 8595 个土壤剖面。根据国家信息中心对比结果,该数据集在某些方面较 HWSD 数据库(世界土壤数据库)更加符合认识规律,分辨率较高,空间分布更加可信。土壤粒度分布采用土壤砂粒 SA、粉粒 SI、黏粒 CL 三个数据表示。研究中对土壤砂粒 SA、粉粒 SI、黏粒 CL、土壤容重 BD、土壤有机质含量 SOM 共五个参数进行主成分分析,挑选主要因子。具体步骤如下:

(1) 0~10cm 的土壤参数计算公式如下:

$$B_a = B_1 \times 4.5 + B_2 \times (9.1-4.5) + B_3 \times (16.6-9.1) \quad (6-3)$$

式中:B_1、B_2 和 B_3 分别为各土壤参数在 0~4.5cm、4.5~9.1cm 和 9.1~16.6cm 土壤深层的值。

(2) 0~20cm 的土壤参数计算公式如下:

$$B_b = \frac{B_1 \times 4.5 + B_2 \times (9.1-4.5) + B_3 \times (16.6-9.1) + B_4 \times (28.9-16.6)}{28.9}$$

(6-4)

式中:B_1、B_2、B_3 和 B_4 分别为各土壤参数在 0~4.5cm、4.5~9.1cm、9.1~16.6cm 和 16.6~28.9cm 土壤深层的值。

6.1.2.8 土壤水分地面观测数据预处理

1. 自动站数据预处理

(1) 异常值自动检测剔除。2021 年土壤水分自动站数据常见的 3 种异常情况有:①空值,或≤0,或≥100;②变化曲线突然上升—突然下降(所谓的"升

上去")；③突然下降—突然上升（所谓的"掉下去"）。为了保持数据的原真性，不进行数据平滑，而直接剔除上述3种异常情况。

（2）异常值人工复检。经过异常值自动检测剔除后，大部分站点处理结果较好，但也存在有的站点剔除效果较好，有的站点剔除不到位（没有剔除或只剔除一部分异常值），有的站点过度剔除的情况。为了保障数据质量，研究中进行了人工复检，即对每个站点剔除后的土壤水分变化曲线进行目视判断，初步判定2021年土壤水分变化曲线有问题的站点有12个，分别为X1820、X1823、X2806、X2811、X2812、X2813、X3807、X3810、X3811、X4811、X6806、X7804，其中X2806、X2811、X2812、X2813、X3811、X6806、X7804共7个站点数据不可用。再加上仪器厂家确认不可用的3个站点X1816、X5807、X7802，一共有10个站点数据存在问题。研究中将直接剔除这10个站点的数据，对于其余站点数据经过异常值自动检测剔除及人工复检后，直接进入后续处理步骤。

2. 调查数据预处理

（1）室内操作得到土壤质量含水率。野外调查进行了现场称湿重，室内按照相关规范进行烘干称重后得到干重。对于牛皮纸袋装的土样，先将200个未使用的牛皮纸袋按照相关规范烘干（由于柴达木盆地空气干燥，而西宁空气较盆地湿润，加之室内操作期间西宁下雨，所以必须进行烘干使得牛皮纸袋质量尽量接近现场调查时的牛皮纸袋质量），再称总质量并除以数量（200），得到平均单个牛皮纸袋质量；对于铝盒装的土样，称完干重后，将土样倒出，用干毛巾拭擦铝盒后再进行称重，得到铝盒质量。最后根据式（6-5）计算得到土壤质量含水率：

$$土壤质量含水率 = \frac{干质量 - 铝盒质量或牛皮纸袋质量}{湿质量 - 铝盒质量或牛皮纸袋质量} \times 100\% \quad (6-5)$$

对每个采样点相同土层深度的重复取样进行平均，得到每个采样点不同土层深度的土壤质量含水率数据。

（2）土壤质量含水率转成土壤体积含水率。野外调查数据为土壤质量含水率（%），需要使用式（6-6）转成土壤体积含水率（cm^3/cm^3），放大100倍：

$$土壤体积含水率 = 土壤质量含水率 \times 土壤容量 \quad (6-6)$$

土壤容重采用北京师范大学提供的中国土壤数据集中0~10cm、0~20cm土壤容重。

6.1.3　FY-3/MWRI土壤水分产品在青海高寒草地的精度分析

6.1.3.1　精度评价指标

研究中对FY-3/MWRI土壤水分产品进行精度评价时，主要采用绝对误差（MAE）、相对误差（MRE）、均方根误差（$RMSE$）和相关系数（R）进行评价。

(1) 绝对误差（MAE）。绝对误差是测量值与真实值之差的绝对值，它反映测量值偏离真值的大小。

(2) 相对误差（MRE）。相对误差是绝对误差与真实值的比值，再乘以100%所得的数值，以百分数表示。一般来说，相对误差更能反映测量的可信程度。

(3) 均方根误差（RMSE）。均方根误差是观测值与真值偏差的平方和与观测次数比值的平方根。它被用来衡量观测值同真值之间的偏差。

(4) 相关系数（R）。相关系数是研究变量之间线性相关程度的量，一般用字母 R 表示。

6.1.3.2 FY-3B/MWRI 土壤水分产品精度分析

由于牧区生态站分布稀疏，在像元层次没有两个站点分布在同一个像元内。因而研究中只进行站点尺度的精度分析，不进行像元层次的精度分析。

1. 总体变化评价

FY-3B/MWRI 升轨（白天）土壤水分产品 MAE 为 10.2%～14.1%，MRE 为 40.1%～47.3%，$RMSE$ 为 12.4%～18.0%。不同土层深度三种误差大小顺序均为：0～10cm>0～20cm>10～20cm；R 为 0.3154～0.3517，且 0～20cm>0～10cm>10～20cm（表 6-1）。

表 6-1　　2011—2018 年 FY-3B/MWRI 升轨（白天）土壤水分产品在牧业区的分层精度

土壤分层/cm	MAE/%	MRE/%	RMSE/%	R	个数
0～10	14.1	47.3	18.0	0.3482	640
10～20	10.2	40.1	12.4	0.3154	636
0～20	12.0	43.9	14.7	0.3517	640

FY-3B/MWRI 降轨（夜间）土壤水分产品 MAE 为 11.0%～15.1%，MRE 为 42.8%～49.2%，$RMSE$ 为 12.8%～18.7%。不同土层深度三种误差大小顺序均为：0～10cm>0～20cm>10～20cm；R 为 0.0722～0.1775，且 10～20cm>0～20cm>0～10cm（表 6-2）。

表 6-2　　2011—2018 年 FY-3B/MWRI 降轨（夜间）土壤水分产品在牧业区的分层精度

土壤分层/cm	MAE/%	MRE/%	RMSE/%	R	个数
0～10	15.1	49.2	18.7	0.0722	174
10～20	11.0	42.8	12.8	0.1775	174
0～20	14.8	48.1	18.7	0.1165	134

总体来说，FY-3B/MWRI土壤水分产品精度：升轨（白天）>降轨（夜间），10~20cm土壤水分的遥感反演精度较高。

2. 时间维度评价

0~20cm地面观测数据与FY-3B/MWRI升轨（白天）土壤水分产品的MAE春季为11.7%、夏季为11.5%、秋季为13.0%，MRE春季为46.0%、夏季为41.9%、秋季为43.7%，$RMSE$春季为14.0%、夏季为14.2%、秋季为16.0%，R春季为0.3614、夏季为0.4234、秋季为0.2196。总体来说，FY-3B/MWRI升轨土壤水分产品在各季节精度：春季、夏季高于秋季，夏季相关性最高（表6-3和图6-2）。

表6-3 2011—2018年0~20cm地面观测数据与FY-3B/MWRI升轨（白天）土壤水分产品在牧业区的季节精度

季节	MAE/%	MRE/%	$RMSE$/%	R	个数
春季（3—5月）	11.7	46.0	14.0	0.3614	222
夏季（6—8月）	11.5	41.9	14.2	0.4234	228
秋季（9—11月）	13.0	43.7	16.0	0.2196	190

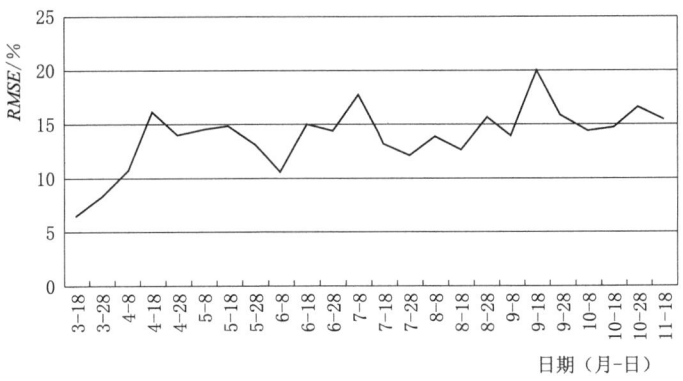

图6-2 FY-3B/MWRI升轨（白天）土壤水分产品$RMSE$随时间变化情况

3. 生态站土壤水分精度评价

与0~10cm地面观测数据相比，FY-3B/MWRI升轨土壤水分产品MAE为3.2%（沱沱河站）~29.9%（泽库站），总体MAE为14.0%；MRE为26.5%（兴海站）~68.9%（泽库站），总体MRE为47.7%；$RMSE$为4.0%（沱沱河站）~31.2%（泽库站），总体$RMSE$为15.7%；R为-0.1870（甘德站）~0.3620（沱沱河站），平均R为0.1855（表6-4）。

表 6-4　2011—2018 年生态站 FY-3B/MWRI 升轨（白天）土壤水分产品（0～10cm）精度

生态站	MAE/%	MRE/%	RMSE/%	R
甘德	15.3	51.7	17.3	-0.1870
刚察	6.9	43.9	8.2	0.3213
海晏	10.2	42.4	12.5	0.0352
河南	22.0	51.7	24.1	0.0046
祁连	23.3	62.8	24.7	0.0920
曲麻莱	11.9	50.9	13.8	0.2292
天峻	9.4	36.6	11.9	0.2374
托勒	—	—	—	—
沱沱河	3.2	38.4	4.0	0.3620
兴海	4.5	26.5	5.9	0.2992
野牛沟	17.3	50.9	19.5	0.3334
泽库	29.9	68.9	31.2	0.3134

与 10～20cm 地面观测数据相比，FY-3B/MWRI 升轨土壤水分产品 MAE 为 2.6%（沱沱河站）～19.3%（祁连站），总体 MAE 为 10.5%；MRE 为 25.0%（沱沱河站）～58.7%（祁连站），总体 MRE 为 41.7%；$RMSE$ 为 3.3%（沱沱河站）～20.4%（祁连站），总体 $RMSE$ 为 11.9%；R 为 -0.0640（海晏站）～0.3233（曲麻莱站），平均 R 为 0.1192（表 6-5）。

表 6-5　2011—2018 年生态站 FY-3B/MWRI 升轨（白天）土壤水分产品（10～20cm）精度

生态站	MAE/%	MRE/%	RMSE/%	R
甘德	10.6	43.9	12.0	-0.0157
刚察	6.1	29.6	7.6	0.2730
海晏	10.5	44.4	12.0	-0.0640
河南	14.3	43.6	16.4	0.0670
祁连	19.3	58.7	20.4	0.0343
曲麻莱	7.1	38.1	9.0	0.3233
天峻	7.5	33.8	9.1	0.0868
托勒	—	—	—	—
沱沱河	2.6	25.0	3.3	0.2733

续表

生态站	MAE/%	MRE/%	RMSE/%	R
兴海	10.3	45.4	11.1	0.0582
野牛沟	14.8	48.5	16.0	0.1755
泽库	12.4	47.4	13.8	0.0994

与 0~20cm 地面观测数据相比，FY-3B/MWRI 升轨土壤水分产品 MAE 为 2.7%（沱沱河站）~20.8%（祁连站），总体 MAE 为 12.0%；MRE 为 29.1%（沱沱河站）~59.4%（祁连站），总体 MRE 为 44.0%；RMSE 为 3.5%（沱沱河站）~22.1%（祁连站），总体 RMSE 为 13.5%；R 为 -0.1209（甘德站）~0.3468（沱沱河站），平均 R 为 0.1709（表 6-6）。

表 6-6　2011—2018 年生态站 FY-3B/MWRI 升轨（白天）土壤水分产品（0~20cm）精度

生态站	MAE/%	MRE/%	RMSE/%	R
甘德	14.1	53.0	15.6	-0.1209
刚察	6.2	32.1	7.7	0.3078
海晏	9.7	41.7	11.7	-0.0148
河南	18.7	49.2	20.8	0.0359
祁连	20.8	59.4	22.1	0.0694
曲麻莱	9.2	44.4	10.7	0.3008
天峻	8.2	34.1	10.3	0.1835
托勒	—	—	—	—
沱沱河	2.7	29.1	3.5	0.3468
兴海	6.8	35.9	7.8	0.2145
野牛沟	15.8	49.1	17.3	0.2931
泽库	20.0	56.3	20.6	0.2637

总体来说，FY-3B/MWRI 升轨土壤水分产品精度：10~20cm>0~20cm>0~10cm，且在植被覆盖度较低地区 RMSE<10%，在植被盖度较好的青南东南部和祁连山地区 RMSE>10%（图 6-3）。

6.1.3.3　FY-3C/MWRI 土壤水分产品精度分析

1. 总体变化评价

FY-3C/MWRI 升轨土壤水分产品 MAE 为 11.2%~15.8%，MRE 为 43.2%~49.7%，RMSE 为 13.3%~19.4%，R 为 0.1087~0.1288。FY-3C/

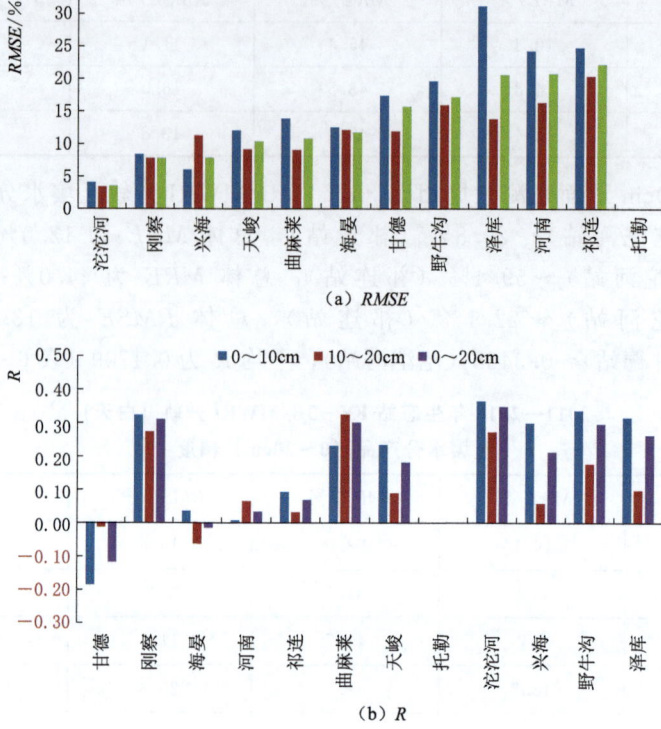

图 6-3 2011—2018 年 FY-3B/MWRI 升轨（白天）
土壤水分产品在牧业区各站的 RMSE 及 R

MWRI 降轨土壤水分产品 MAE 为 10.5%～13.8%，MRE 为 40.8%～45.7%，RMSE 为 12.9%～17.9%，R 为 0.2119～0.2582。FY-3C/MWRI 土壤水分产品精度：降轨＞升轨。

从分土层深度看，FY-3C/MWRI 升轨土壤水分产品的精度：10～20cm＞0～20cm＞0～10cm（表 6-7）；FY-3C/MWRI 降轨土壤水分产品的精度：10～20cm＞0～20cm＞0～10cm（表 6-8）。

表 6-7 2014—2018 年 FY-3C/MWRI 升轨（夜间）土壤水分产品在牧业区的分层精度

土壤分层/cm	MAE/%	MRE/%	RMSE/%	R	个数
0～10	15.8	49.7	19.4	0.1283	184
10～20	11.2	43.2	13.3	0.1087	184
0～20	13.3	46.6	15.9	0.1288	184

表6-8　　2014—2018年FY-3C/MWRI降轨（白天）土壤水分产品在牧业区的分层精度

土壤分层/cm	MAE/%	MRE/%	RMSE/%	R	个数
0～10	13.8	45.7	17.9	0.2119	335
10～20	10.5	40.8	12.9	0.2582	334
0～20	13.6	45.4	17.7	0.2377	335

2. 时间变化评价

FY-3C/MWRI降轨土壤水分产品与0～20cm地面观测数据的 MAE 春季为11.9%、夏季为10.4%、秋季为14.4%，MRE 春季为46.0%、夏季为40.1%、秋季为44.3%，$RMSE$ 春季为14.6%、夏季为13.3%、秋季为17.8%，R 春季为0.3363、夏季为0.2036、秋季为0.2178。

总体来说，FY-3C/MWRI降轨土壤水分产品在各季节精度差异不大，春季、夏季高于秋季，精度从春季到秋季总体呈降低趋势；R 春季最高（0.3363）（表6-9）。

表6-9　　2014—2018年0～20cm FY-3C/MWRI降轨（白天）土壤水分产品在牧业区的季节精度

季节	MAE/%	MRE/%	RMSE/%	R	个数
春季（3—5月）	11.9	46.0	14.6	0.3363	90
夏季（6—8月）	10.4	40.1	13.3	0.2036	151
秋季（9—11月）	14.4	44.3	17.8	0.2178	94

3. 生态站情况评价

与0～10cm地面观测数据相比，FY-3C/MWRI降轨土壤水分产品 MAE 为3.0%（沱沱河站）～28.3%（泽库站），总体 MAE 为14.1%；MRE 为25.6%（兴海站）～68.9%（泽库站），总体 MRE 为46.8%；$RMSE$ 为3.8%（沱沱河站）～30.0%（泽库站），总体 $RMSE$ 为16.0%；R 为−0.3283（祁连站）～0.5813（沱沱河站），平均 R 为0.0483（表6-10）。

表6-10　　2014—2018年0～10cm FY-3C/MWRI降轨（白天）土壤水分产品在牧业区的精度

生态站	MAE/%	MRE/%	RMSE/%	R
甘德	18.5	55.9	20.2	−0.1316
刚察	7.8	32.3	10.1	−0.1853
海晏	12.3	49.7	13.9	0.4659
河南	21.0	50.0	24.5	−0.2263

续表

生态站	MAE/%	MRE/%	RMSE/%	R
祁连	26.7	64.4	28.3	−0.3283
曲麻莱	9.7	46.8	11.0	−0.2616
天峻	9.2	38.9	11.8	0.0642
托勒	—	—	—	—
沱沱河	3.0	40.1	3.8	0.5813
兴海	4.2	25.6	5.1	0.2619
野牛沟	14.7	41.9	17.1	0.2259
泽库	28.3	68.9	30.0	0.0648

与 10～20cm 地面观测数据相比，FY-3C/MWRI 降轨土壤水分产品 MAE 为 2.3%（沱沱河站）～22.3%（祁连站），总体 MAE 为 10.7%；MRE 为 24.7%（沱沱河站）～61.7%（祁连站），总体 MRE 为 41.5%；$RMSE$ 为 3.1%（沱沱河站）～23.1%（祁连站），总体 $RMSE$ 为 12.1%；R 为 −0.2333（刚察站）～0.5140（沱沱河站），平均 R 为 0.0587（表 6-11）。

表 6-11 2014—2018 年 10～20cm FY-3C/MWRI 降轨（白天）土壤水分产品在牧业区的精度

生态站	MAE/%	MRE/%	RMSE/%	R
甘德	12.3	46.8	13.4	0.2590
刚察	7.5	30.1	9.6	−0.2333
海晏	11.0	47.7	12.3	0.4788
河南	14.5	45.3	17.6	−0.1917
祁连	22.3	61.7	23.1	−0.2247
曲麻莱	4.4	30.2	5.3	−0.1602
天峻	7.4	35.3	8.7	0.0392
托勒	—	—	—	—
沱沱河	2.3	24.7	3.1	0.5140
兴海	10.8	46.3	11.3	0.1090
野牛沟	11.0	35.9	12.6	0.1195
泽库	14.2	52.5	15.9	−0.0638

与 0～20cm 地面观测数据相比，FY-3C/MWRI 降轨土壤水分产品 MAE 为 2.6%（沱沱河站）～24.0%（祁连站），总体 MAE 为 12.1%；MRE 为

29.4%（刚察站）～61.8%（祁连站），总体 MRE 为 43.3%；$RMSE$ 为 3.5%（沱沱河站）～25.2%（祁连站），总体 $RMSE$ 为 13.7%；R 为 -0.2967（祁连站）～0.5719（沱沱河站），平均 R 为 0.0523（表6-12）。

表6-12　2014—2018年0～20cm FY-3C/MWRI 降轨（白天）土壤水分产品在牧业区的精度

生态站	$MAE/\%$	$MRE/\%$	$RMSE/\%$	R
甘德	16.8	57.1	17.8	0.0396
刚察	7.4	29.4	9.8	-0.2084
海晏	11.1	47.0	12.5	0.4654
河南	18.0	47.5	21.4	-0.2139
祁连	24.0	61.8	25.2	-0.2967
曲麻莱	6.5	36.8	7.5	-0.2734
天峻	8.2	36.8	10.0	0.0567
托勒	—	—	—	—
沱沱河	2.6	30.3	3.5	0.5719
兴海	6.8	34.3	7.6	0.2264
野牛沟	12.5	38.1	14.4	0.1948
泽库	19.7	57.4	21.2	0.0124

总体来说，FY-3C/MWRI 降轨土壤水分产品精度：10～20cm＞0～20cm＞0～10cm，且在植被覆盖度较低地区 $RMSE<10\%$，在植被盖度较好的青南东南部和祁连山地区 $RMSE>10\%$（图6-4）。

6.1.3.4　气象、植被等要素与 FY-3B/MWRI 土壤水分的相关性分析

本小节将以精度较高的 FY-3B/MWRI 土壤水分产品为例，分析气象、植被等要素与 FY-3B/MWRI 土壤水分的相关性。

由于可见光卫星遥感易受云影响，NDVI、植被覆盖度（fractional vegetation cover，FVC）日值比较难获取。我们以旬内植被 NDVI、FVC 值替代日值，分析植被状况、气象状况对被动微波遥感反演土壤水分精度的影响。

采用 FY-3B/MWRI 的植被校正算法来计算植被光学厚度，基于 VNP09A1 产品提取各生态站的旬 NDVI、FVC，从 CIMISS 下载当日的日平均气象要素值。在 SPSS 软件中对各要素与 FY-3B/MWRI 土壤水分、FY-3B/MWRI 土壤水分误差进行 Person 相关分析，分析结果显示：

（1）FY-3B/MWRI 土壤水分与旬 FVC、地面土壤水分、平均相对湿度的相关系数大于0.3。也就是说，FY-3B/MWRI 土壤水分受到地面植被、地面土壤水分及空气状况的影响。

（2）地面土壤水分含量与高程、平均气压、平均相对湿度、日降水量、日蒸

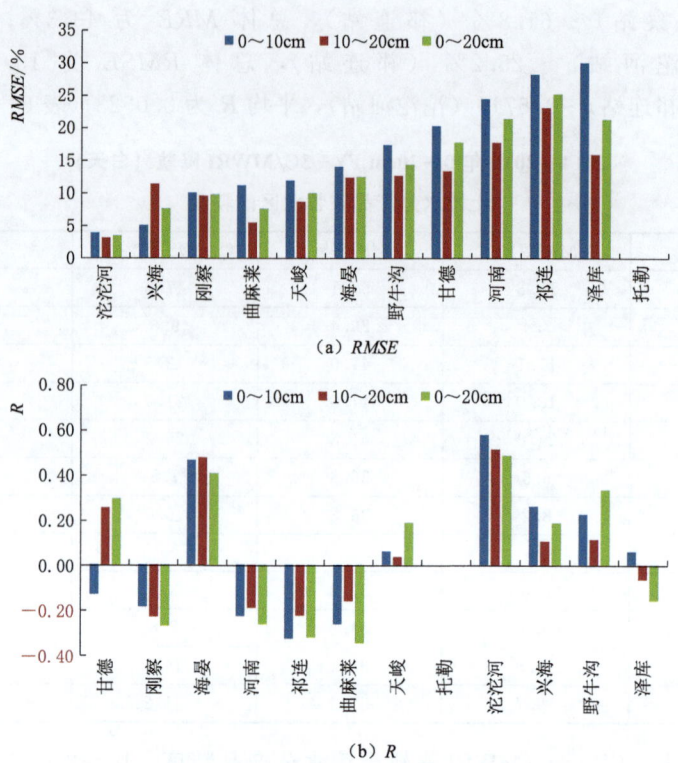

图 6-4　2014—2018 年 FY-3C/MWRI 降轨（白天）
土壤水分产品在牧业区各站的 RMSE 及 R

发量、植被覆盖度的相关系数高于其他要素（基本大于 0.3）。也就是说，地面土壤水分含量与影响地面水分收支平衡的各因素都有关系。

（3）FY-3B/MWRI 土壤水分产品与地面土壤水分含量的误差，与地面土壤水分含量的相关性最高。也就是说，高程、平均气压、平均相对湿度、日降水量、日蒸发量、风速、植被覆盖度等影响地面水分收支平衡的各因素都对 FY-3B/MWRI 土壤水分反演误差有影响。

综上所述，日尺度上 FY-3B/MWRI 土壤水分产品精度影响因素众多。

6.2　方　　法

6.2.1　降尺度方法

传统的降尺度方法为混合像元线性分解法和空间权重分解法。这两种方法的原理详细描述如下。

6.2.1.1 混合像元线性分解法

混合像元分解技术假设：在一个给定的地理场景里，地表由少数的几种地物（端元）组成，并且这些地物具有相对稳定的光谱特征；遥感图像的像元反射率可以表示为端元的光谱特征和像元面积比例（丰度）的函数。这个函数就是混合像元分解模型，主要有线性混合光谱模型、模糊监督分类模型、神经网络模型等。其中，比较常用的是线性混合光谱模型，其假设像元的光谱是由同一个像元区域内的各种地物波谱的线性组成，获得线性组成的组成比例就是混合像元分解。

混合像元线性分解过程主要分为类别定义、丰度提取、降尺度3个步骤（谢登峰等，2016）。

1. 类别定义

类别主要是通过传统方法聚类中分辨率遥感影像获取。研究中利用传统非监督分类方法 ISO – DATA 对中分辨率遥感影像聚类获得分类图像。

2. 丰度提取

丰度计算公式为

$$f_c(i,c) = \frac{Q}{S} \qquad (6-7)$$

式中：$f_c(i,c)$ 为 i 位置低分辨率像元内 c 类别地物的丰度；Q 为低分辨率像元内 c 类地物的像元数；S 为低分辨率像元内所有类别地物的像元数。

3. 降尺度

在一定大小窗口下，利用式（6-8）求得窗口内每个混合像元内各类别的丰度，组成丰度矩阵，利用最小二乘法 [式（6-9）] 求取窗口内各类别的光谱值，再把该值依照类别类型对应到窗口内相应像元的位置上，获得分解后的降尺度数据。

$$\left. \begin{array}{l} R(i,t) = \sum_{c=0}^{k} f_c(i,c) \times \overline{r(c,t)} + \xi(i,t) \\ \begin{bmatrix} R(1,t) \\ \vdots \\ R(i,t) \\ \vdots \\ R(n,t) \end{bmatrix} = \begin{bmatrix} f_c(1,1) \cdots f_c(1,c) \cdots f_c(1,k) \\ \vdots \quad \vdots \quad \vdots \\ f_c(i,1) \cdots f_c(i,c) \cdots f_c(i,k) \\ \vdots \quad \vdots \quad \vdots \\ f_c(n,1) \cdots f_c(n,c) \cdots f_c(n,k) \end{bmatrix} \begin{bmatrix} \overline{r(1,t)} \\ \vdots \\ \overline{r(c,t)} \\ \vdots \\ \overline{r(n,t)} \end{bmatrix} + \begin{bmatrix} \xi(1,t) \\ \vdots \\ \xi(c,t) \\ \vdots \\ \xi(n,t) \end{bmatrix} \\ \sum_{c=0}^{k} f_c(i,c) = 1, \ 0 < \overline{r(c,t)} < 1 \end{array} \right\} \quad (6-8)$$

式中：$R(i,t)$ 为 t 时期 i 位置低分辨率像元的反射率；$f_c(i,c)$ 为 i 位置低分辨率像元内 c 类别地物的丰度；$\overline{r(c,t)}$ 为 t 时期 c 类别地物的平均反射率；$\xi(i,t)$ 为残差；k 为窗口内类别数。

曹永攀等（2011）提出了利用温度植被干旱指数 TVDI 对 AMSR-E 土壤水分产品进行降尺度的方法。该方法的核心思想是将混合像元线性分解中最小二乘法拟合地物类别丰度的技术，应用于土壤水分与 TVDI 线性关系的系数拟合中。具体思路如下：

（1）计算粗空间分辨率（25km×25km）的 FY-3/MWRI 每个像元上对应的中空间分辨率（1km×1km）25×25 个格子 TVDI 均值 $\overline{TVDI}$，作为粗分辨率像元的 TVDI。

（2）在粗分辨率上，对邻近 2 个以上像元（一般使用移动窗口）构建方程组：

$$\begin{cases} SM_1 = \overline{TVDI}_1 a + b \\ SM_2 = \overline{TVDI}_2 a + b \\ \cdots \end{cases} \quad (6-9)$$

式（6-9）中系数 a、b 需要约束一下，根据经验，暂定 $\begin{cases} -100 < a < 50 \\ -100 < b < 50 \\ a + b \leqslant 1 \end{cases}$；

使用线性最小二乘法求解系数 a、b，作为这些粗分辨率像元的降尺度系数。

（3）在中分辨率尺度上，以 25×25 的窗口大小对分辨率为 1km×1km 的 TVDI 使用对应粗分辨率像元的降尺度系数 a、b，基于公式 $SM = TVDIa + b$ 来计算每个像元的土壤水分 SM，从而达到降尺度的目的。

注意：该方法粗分辨率像元的土壤水分值只用于构建方程组，降尺度时实际使用的是中分辨率像元的 TVDI 值。

6.2.1.2 空间权重分解法

该方法基于温度植被干旱指数 TVDI 与土壤水分的显著负相关关系，利用高分辨率的 TVDI 对低分辨率的土壤水分数据进行逐像元赋权重，然后利用权重对低分辨率土壤水分产品进行分解（孟祥金等，2019），公式为

$$SM_i = SM_j \frac{1 - TVDI_a}{1 - TVDI_b} \quad (6-10)$$

式中：SM_i 为分解成 1km×1km 的土壤水分数据；SM_j 为待分解的低分辨率土壤水分数据；$TVDI_a$ 为土壤水分 a 像元对应的高分辨率像元的 TVDI 值；$TVDI_b$ 为土壤水分 b 像元对应的高分辨率像元的 TVDI 平均值。

研究中主要利用混合像元线性分解法和空间权重分解法对 FY-3/MWRI 土壤水分产品进行降尺度。主要思路：首先梳理各算法原理，使用 IDL 代码实现算法批量处理，重点分析算法实现过程中关键参数设置对降尺度结果的影响，同时分别对比分析这两种方法降尺度前后土壤水分值的变化，最后对比分析典型干旱过程中上述两种方法的差异，以寻找适合业务应用的降尺度模型。

6.2.2 降尺度精度评价指标

研究中主要采用均方根误差（RMSE）、差值（D）和相关系数（R）评价降尺度效果。

(1) 均方根误差（RMSE）。均方根误差是观测值与真值偏差的平方和与观测次数 m 比值的平方根。它被用来衡量观测值同真值之间的偏差。

(2) 差值（D）。差值就是测量值与真实值相减所得到的值。

(3) 相关系数（R）。相关系数是研究变量之间线性相关程度的量。

6.3 结 果

本章采用混合像元线性分解法和空间权重分解法这两种传统降尺度方法对青海高原范围的 FY-3B/MWRI 土壤水分产品进行降尺度研究，评估像元移动步长、方程数、移动窗口大小及土壤水分订正次序对混合像元线性分解法降尺度效果的影响。结果显示，混合像元线性分解法中，像元移动步长为1、方程数不小于2、窗口尺度大小为 7×7，先尺度再订正处理的效果优于先订正再降尺度处理的效果；两种降尺度方法均会增加 FY-3B/MWRI 土壤水分产品均方根误差，并在青海高原不同区域表现差异较大。

6.3.1 混合像元线性分解法

6.3.1.1 关键参数设置对土壤水分降尺度效果的影响

1. 像元移动步长、方程数对降尺度效果的影响

研究中以 2017 年 6 月 28 日 FY-3B/MWRI 土壤水分产品为例，采用 3×3 窗口，设置像元移动步长为 1 和 3，方程数为 2（即采用窗口中心点及附近任意一点）和大于 2（即采用窗口内所有有效点），测试移动步长、方程数对 FY-3B/MWRI 土壤水分产品降尺度效果的影响（图 6-5）。结果表明：在像元移动步长上，逐像元移动效果好于隔像元移动。缺失值所处像元与原数据一致，逐 3 点移动则是改变缺失像元位置。逐 3 点移动结果图像的分界线明显在 75km 尺度上，逐点移动结果图像的分界线明显在 25km 尺度上，过渡线不太明显；逐像元移动时，3×3 窗口内两点拟合降尺度与多点拟合降尺度结果一样。

2. 移动窗口大小对降尺度土壤水分精度的影响

采用不同窗口尺寸（3×3～25×25）对 2017 年 FY-3B/MWRI 土壤水分产品进行降尺度，分析不同窗口尺寸的平均差值 D、均方根误差 $RMSE$ 随窗口尺寸变化情况。图 6-6 坐标轴纵轴为平均差值 D，坐标轴横轴为窗口尺寸，结果显示：

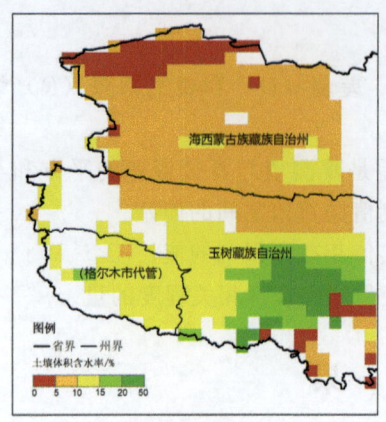
(a)原始图像

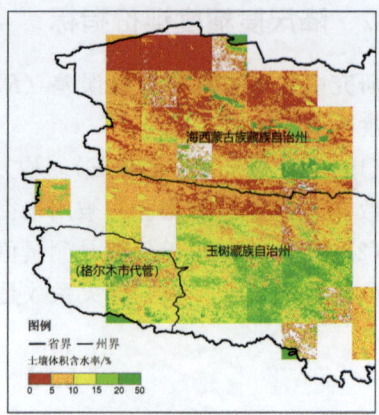
(b)两点拟合降尺度,隔3个像元移动

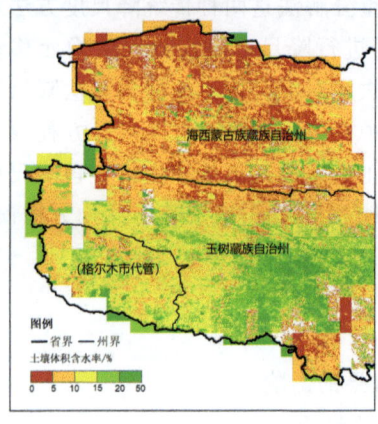
(c)两点拟合降尺度,逐像元移动

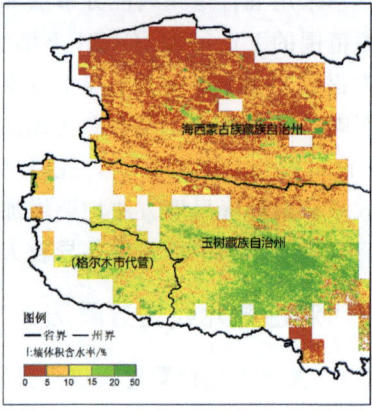
(d)多点拟合降尺度,隔3个像元移动

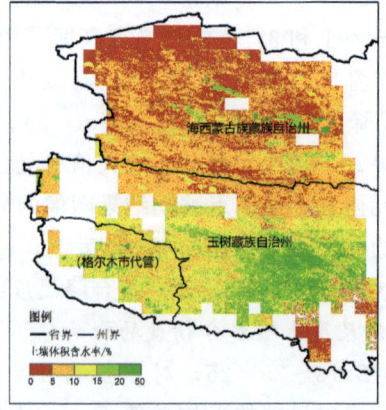
(e)多点拟合降尺度,逐像元移动

图6-5 不同测试条件下的混合像元线性分解效果(2017-06-28)

（1）2017年所有生态站的FY-3B/MWRI土壤水分产品与0～10cm土壤水分在各生态站上不同窗口尺寸的平均差值D，随着窗口尺寸增大而增大；当窗口尺寸大于11×11时，D达到稳定。其中，当窗口尺寸为11×11时，D最大（-28.9）；当窗口尺寸为3×3时，D最小（-28.8）。

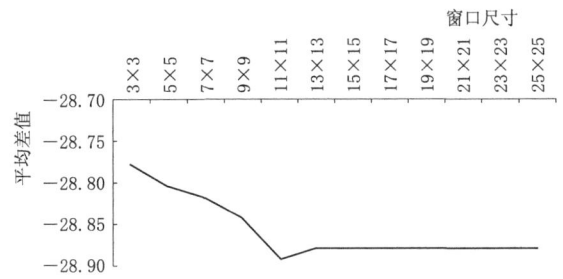

图6-6　2017年FY-3B/MWRI土壤水分产品与0～10cm实测土壤水分在不同窗口下的平均差值D

（2）2017年所有生态站的FY-3B/MWRI土壤水分产品与0～10cm土壤水分在各生态站上不同窗口尺寸的均方根误差$RMSE$，随着窗口尺寸增大总体呈先减后增的变化特征。图6-7坐标轴纵轴为均方根误差$RMSE$，坐标轴横轴为窗口尺寸，当窗口尺寸大于11×11时，$RMSE$达到稳定。其中，当窗口尺寸为7×7时，$RMSE$最小；当窗口尺寸为5×5时，$RMSE$最大。因此，研究中推荐混合像元线性分解法使用的窗口尺寸为7×7。

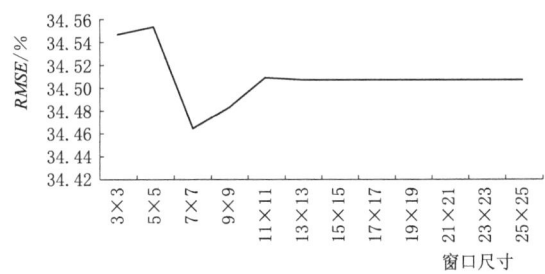

图6-7　2017年FY-3B/MWRI土壤水分产品与0～10cm实测土壤水分在不同窗口尺寸下的均方根误差$RMSE$

6.3.1.2　土壤水分订正次序对降尺度效果的影响

1. 土壤水分订正关系式

（1）降尺度前的土壤水分订正关系式。提取2012—2016年FY-3B/MWRI土壤水分产品在各生态站上的值，计算其与生态站观测值的差值，按干旱研究分区取差值均值作为该区域土壤水分订正系数，构建各分区土壤水分订正关系式（表6-13）。

表6-13　FY-3B/MWRI降尺度前的各分区土壤水分订正关系式（0～10cm）

分区号	地区	订正关系式
1	柴达木盆地区	—
2	共和盆地（兴海）	$Y'=Y+8.2$
3	可可西里地区（沱沱河）	$Y'=Y-1.2$
4	环青海湖地区（海晏、天峻）	$Y'=Y+14.9$
5	哈拉湖地区	$Y'=Y-1.2$
6	青南的中部地区（曲麻莱）	$Y'=Y+22.3$
7	东部农区	—
8	祁连山地区（祁连、野牛沟）	$Y'=Y+27.3$
9	青南的东南部地区（甘德）	$Y'=Y+27.4$
10	青南的东北部地区（河南、泽库）	$Y'=Y+36.1$

注　Y'为订正后的土壤体积含水率，Y为订正前的土壤体积含水率。

（2）降尺度后的土壤水分订正关系式。在FY-3B/MWRI土壤水分产品进行7×7窗口降尺度成1km×1km基础上，提取2012—2016年FY-3B/MWRI土壤水分值在各生态站上的值，并计算其与生态站观测值的差值，按干旱研究分区取差值均值作为该区域土壤水分订正系数，构建各分区土壤水分订正关系式（表6-14）。

表6-14　FY-3B/MWRI降尺度后的各分区土壤水分订正关系式（0～10cm）

分区号	地区	订正关系式
1	柴达木盆地区	—
2	共和盆地（兴海）	$Y'=Y+10.8$
3	可可西里地区（沱沱河）	$Y'=Y-3.8$
4	环青海湖地区（刚察、天峻）	$Y'=Y+12.8$
5	哈拉湖地区	$Y'=Y-3.8$
6	青南的中部地区（曲麻莱）	$Y'=Y+26.2$
7	东部农区	—
8	祁连山地区（祁连、野牛沟）	$Y'=Y+36.4$
9	青南的东南部地区（甘德）	$Y'=Y+28.9$
10	青南的东北部地区（河南、泽库）	$Y'=Y+46.5$

注　Y'为订正后的土壤体积含水率，Y为订正前的土壤体积含水率。

2. 土壤水分订正次序对降尺度精度的影响

对FY-3B/MWRI土壤水分产品进行先订正再降尺度处理（处理1）时，D为-50.4%～11.1%，总体D为-18.0%，总体$RMSE$为7.1%；其中泽库站负差值最大(-50.4%),祁连站次之(-36.5%),除了天峻站、刚察站和兴海站 D 绝对值小于10%外,其余站点 D 绝对值均大于10%;$RMSE$ 为3.1%~17.0%,沱沱河站最小(3.1%),泽库站最大(17.0%)、祁连站次之(12.0%),其余在3.4%~9.9%(表6-15)。

表6-15 不同土壤水分订正次序的降尺度结果与实测值的对比(0~10cm)　　%

生态站	D(处理1)	$RMSE$(处理1)	D(处理2)	$RMSE$(处理2)
甘德	-19.7	6.3	2.1	1.3
刚察	-1.8	3.5	-4.9	1.3
海晏	-14.9	5.5	—	—
河南	-27.9	9.9	2.7	2.2
祁连	-36.5	12.0	-15.0	3.1
曲麻莱	-20.2	6.6	1.4	1.1
天峻	-8.7	4.1	-8.8	2.2
沱沱河	11.1	3.1	0.3	0.8
兴海	-6.6	3.4	-2.3	1.2
野牛沟	-21.3	7.1	7.5	2.3
泽库	-50.4	17.0	-16.0	4.0
平均	-18.0	7.1	-3.3	1.9

注 处理1表示对FY-3B/MWRI土壤水分产品进行先订正再降尺度;处理2表示对FY-3B/MWRI土壤水分产品进行先降尺度再订正。

对FY-3B/MWRI土壤水分产品进行先降尺度再订正处理(处理2)时,D 为-16.0%~7.5%,总体 D 为-3.3%,总体 $RMSE$ 为1.9%;其中泽库站负差值最大(-16.0%),祁连站次之(-15.0%),沱沱河站 D 绝对值最小(0.3%),甘德站、刚察站、河南站、曲麻莱站、兴海站 D 绝对值小于5%;$RMSE$ 为0.8%~4.0%,沱沱河站最小(0.8%),泽库站最大(4.0%)、祁连站次之(3.1%),其余为1.1%~2.3%(表6-15)。

综上所述,对FY-3B/MWRI土壤水分产品进行先降尺度再订正处理的结果更接近地面实测,误差更小。

6.3.1.3 降尺度前后土壤水分变化

对未进行土壤水分订正的2012—2018年FY-3B/MWRI土壤水分产品进行混合像元线性分解法降尺度,与地面实测值进行对比分析,结果显示:

FY-3B/MWRI土壤水分产品降尺度前,与地面实测值的 D 为-48.9%~1.2%,总体 D 为-20.5%,除了沱沱河站为正差值(1.2%)外,其余站点均为负差值,其中甘德站、河南站、祁连站、曲麻莱站、野牛沟站和泽库站 D 不大于-20%，海晏站、天峻站 D 为-20%～-10%，刚察站和兴海站 D 为-10%～-5%。$RMSE$ 为1.3%～16.6%，总体 $RMSE$ 为7.4%，沱沱河站最小（1.3%），泽库站最大（16.6%）、祁连站次之（10.8%）。

混合像元分解法降尺度后的 FY-3B/MWRI 土壤水分产品与地面实测值的 D 为-58.4%～4.2%，总体 D 为-25.5%，除了沱沱河站为正差值（4.2%）外，其余站点均为负差值，其中泽库站负差值最大（-58.4%）、祁连站次之（-41.6%）。$RMSE$ 为2.0%～20.5%，总体 $RMSE$ 为9.2%，沱沱河站最小（2.0%），泽库站最大（20.5%）、祁连站次之（14.2%）。总之，混合像元分解法降尺度后，各站 $RMSE$ 均增大，其中泽库站增大最明显（表6-16）。

表6-16 混合像元分解法降尺度前后与地面实测值的对比（0～10cm） %

生态站	差值（降尺度前）	RMSE（降尺度前）	差值（降尺度后）	RMSE（降尺度后）
甘德	-26.0	8.0	-28.9	8.3
刚察	-7.9	4.1	-11.4	4.4
海晏	-16.2	5.9	—	—
河南	-28.3	9.4	-34.2	12.4
祁连	-33.4	10.8	-41.6	14.2
曲麻莱	-21.1	7.2	-26.4	9.1
天峻	-13.8	5.7	-15.3	5.9
沱沱河	1.2	1.3	4.2	2.0
兴海	-9.1	4.6	-10.7	5.0
野牛沟	-22.0	7.5	-32.5	10.3
泽库	-48.9	16.6	-58.4	20.5
平均	-20.5	7.4	-25.5	9.2

6.3.2 空间权重分解法

鉴于日 TVDI 数据受云影响严重，研究中以8天合成的 TVDI 为降尺度因子对2012—2018年 FY-3B/MWRI 日土壤水分产品进行降尺度，与地面实测值进行对比分析，结果显示：

空间权重降尺度后的 FY-3B/MWRI 土壤水分产品与地面实测值的 D 为-54.3%～4.3%，平均 D 为-23.1%，除了沱沱河站为正差值（4.3%）外，其余站点均为负差值，其中泽库站负差值最大（-54.3%）、祁连站次之（-40.7%）。$RMSE$ 为1.8%～19.0%，平均 $RMSE$ 为8.5%，沱沱河站最小（1.8%），泽库站最大（19.0%）、祁连站次之（13.4%）。总之，空间权重降尺度后，除甘德站 RMSE 降低外，其余各站 RMSE 均增大，其中泽库站增大最明显（表6-17）。

表6-17　空间权重降尺度前后与实测值的对比（0～10cm）　　　　　　　%

生态站	差值（降尺度前）	RMSE（降尺度前）	差值（降尺度后）	RMSE（降尺度后）
甘德	−26.0	8.0	−25.5	7.4
刚察	−7.9	4.1	−13.4	4.9
海晏	−16.2	5.9	—	—
河南	−28.3	9.4	−27.7	10.5
祁连	−33.4	10.8	−40.7	13.4
曲麻莱	−21.1	7.2	−23.9	8.7
天峻	−13.8	5.7	−14.9	6.2
沱沱河	1.2	1.3	4.3	1.8
兴海	−9.1	4.6	−8.8	4.8
野牛沟	−22.0	7.5	−25.8	8.7
泽库	−48.9	16.6	−54.3	19.0
平均	−20.5	7.4	−23.1	8.5

6.3.3　两种降尺度方法在典型干旱过程中的表现

研究中以2015—2016年曲麻莱干旱、2017年东部农业区夏旱为例，对比两种降尺度方法的表现。

6.3.3.1　2015—2016年曲麻莱干旱

1. 站点精度对比

在2015年曲麻莱夏旱中，FY-3B/MWRI 土壤水分产品与土壤水分地面实测值的变化趋势相反（图6-8），混合像元线性分解法的 R 为−0.52，空间权重分解法的 R 为−0.44；空间权重分解法 D（−18.8%）的绝对值小于混合像元线性分解法 D（−20.2%）的绝对值；空间权重分解法的 $RMSE$（23.2%）略小于混合像元线性分解法的 $RMSE$（24.1%）（表6-18）。

表6-18　2015年不同降尺度方法结果与实测值的对比（0～10cm）

方　　法	R	D/%	$RMSE$/%
混合像元线性分解法	−0.52	−20.2	24.1
空间权重分解法	−0.44	−18.8	23.2

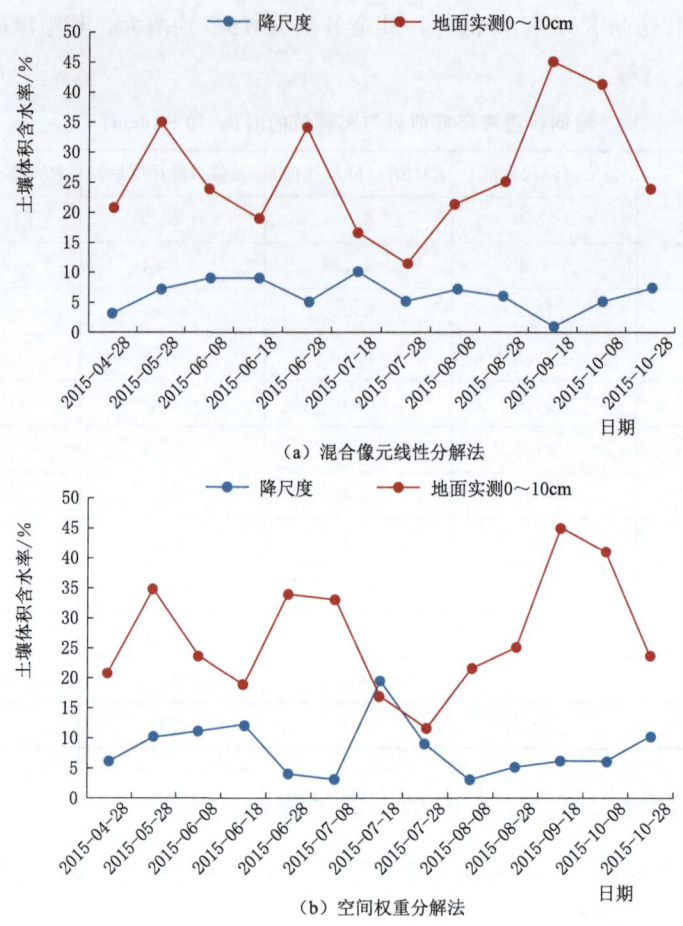

图 6-8 混合像元线性分解法和空间权重分解法
在 2015 年青海省曲麻莱夏旱中的表现

在 2016 年曲麻莱夏旱中,FY-3B/MWRI 土壤水分产品与 0~10cm 土壤水分地面实测值呈不相关关系(图 6-9),混合像元线性分解法的相关系数为 -0.04,空间权重分解法的相关系数为 0.06;空间权重分解法差值(-23.2%)的绝对值小于混合像元线性分解法差值(-26.8%)的绝对值;空间权重分解法的 $RMSE$(29.5%)小于混合像元线性分解法的 $RMSE$(32.3%)(表 6-19)。

表 6-19　2016 年不同降尺度方法结果与实测值的对比 (0~10cm)

方　　法	R	D/%	RMSE/%
混合像元线性分解法	-0.04	-26.8	32.3
空间权重分解法	0.06	-23.2	29.5

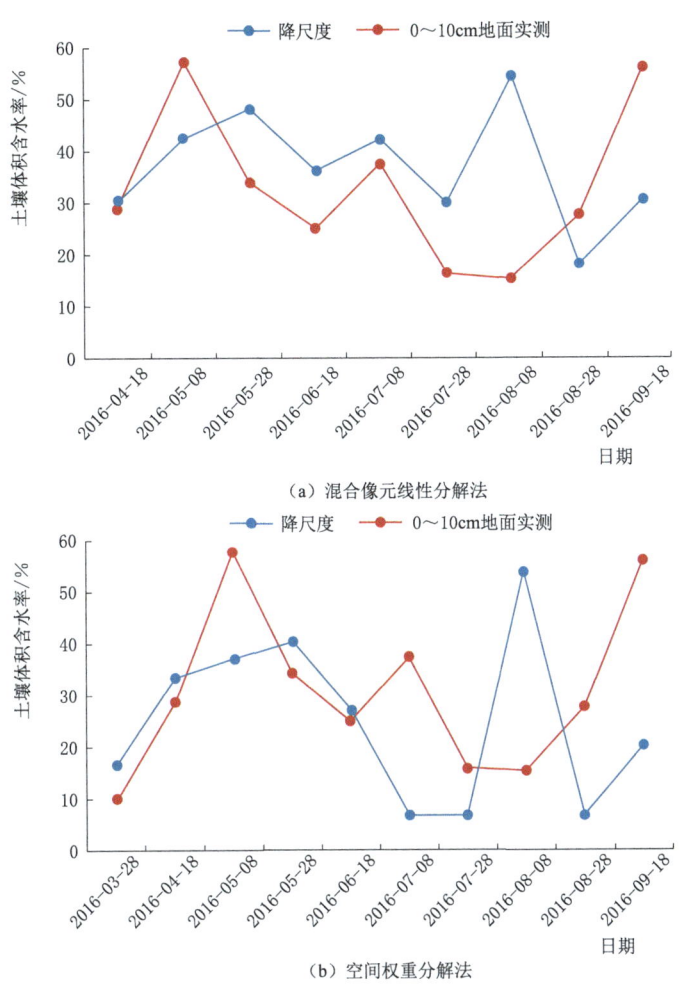

(a) 混合像元线性分解法

(b) 空间权重分解法

图 6-9 混合像元线性分解法和空间权重分解法在 2016 年青海省曲麻莱夏旱中的表现

2. 空间分布对比

混合像元线性分解法降尺度结果与地形分布较为一致，但降尺度后的土壤水分值可能偏低；以光学遥感结果为参考，混合像元线性分解法降尺度结果显示，曲麻莱土壤水分低值区范围从 7 月初开始由北部向中部逐步扩大，在 8 月上中旬范围最大，9 月范围局地缩小；显示的土壤水分变化过程与实际干旱过程基本一致，土壤水分绝对值可能偏小。空间权重分解法降尺度结果的土壤水分变化过程也呈现类似的特征，但土壤水分低值区范围较小，曲麻莱中南部土壤水分低值区范围变化没有捕捉上，呈明显的"格子效应"。详见图 6-10。

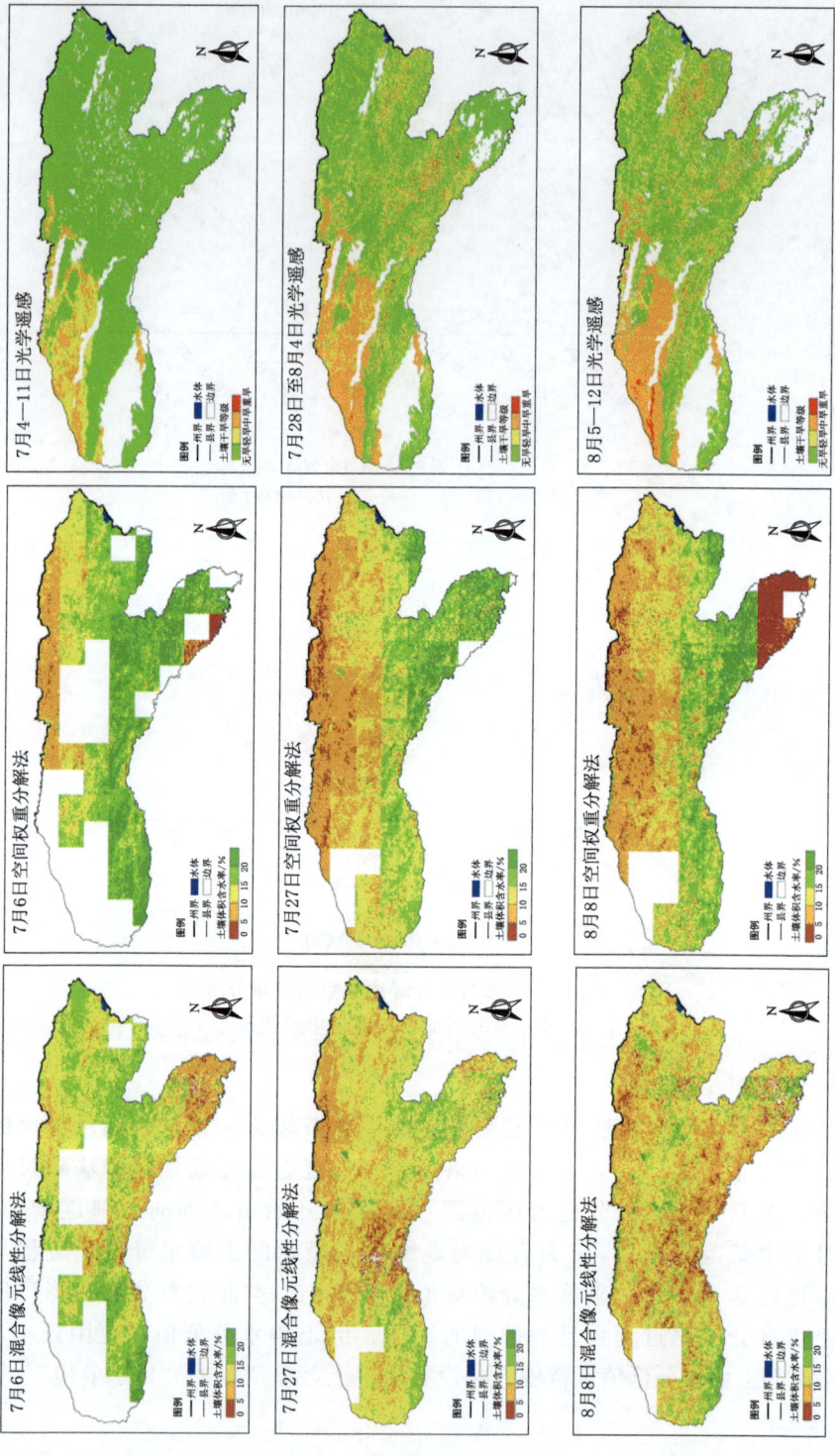

图6-10（一） 混合像元线性分解法、空间权重分解法和光学遥感在2015年青海省曲麻莱夏旱中的表现

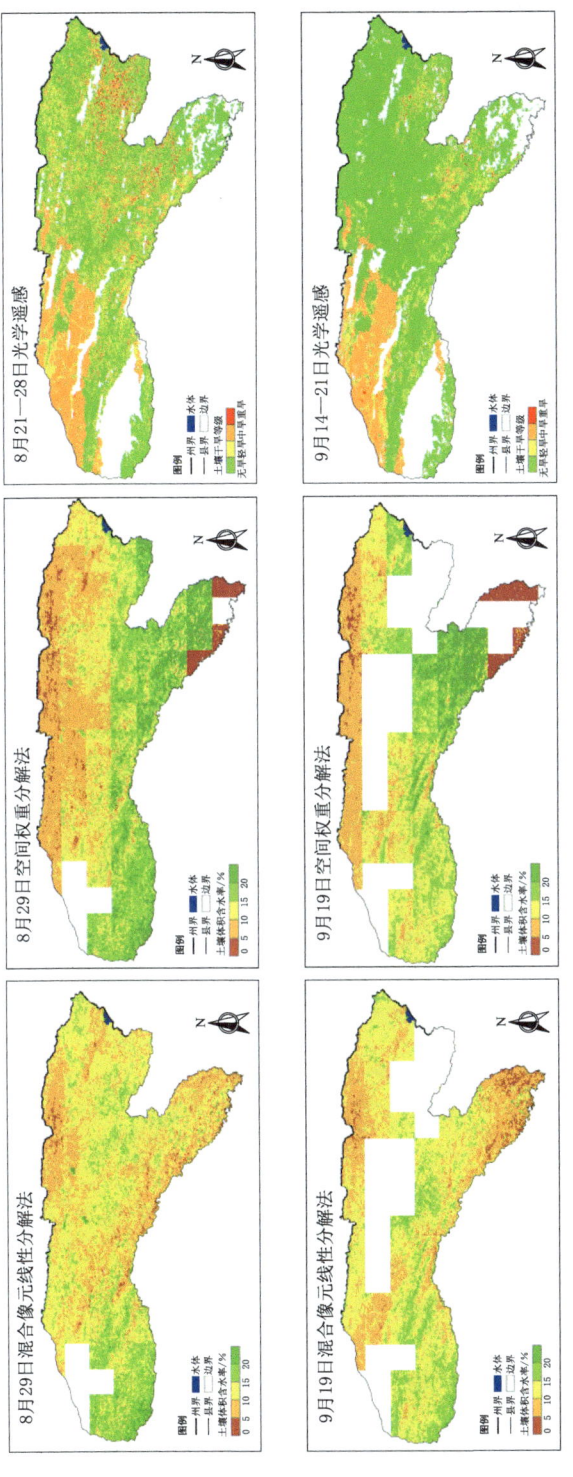

图 6-10（二） 混合像元线性分解法、空间权重分解法和光学遥感在 2015 年青海省曲麻莱夏旱中的表现

6.3.3.2 2017年东部农业区夏旱

使用2017年7月13日海东市气象局组织测量的14个点0～10cm土壤质量含水率对同期FY-3B/MWRI土壤水分产品不同降尺度方法结果进行检验，结果显示，混合像元线性分解法 R（0.23）稍低于空间权重分解法 R（0.37），但混合像元线性分解法 D 绝对值、$RMSE$ 均小于空间权重分解法（表6-20）。

表6-20　2017年7月13日不同降尺度方法的结果与实测值的对比（0～10cm）

方　　法	相关系数 R	差值 $D/\%$	$RMSE/\%$
混合像元线性分解法	0.23	−1.9	6.7
空间权重分解法	0.37	−10.8	14.7

从空间分布来看（图6-11），由于混合像元线性分解法考虑了周边像元的信息，其降尺度结果稍微平滑，与地形分布较为一致，但是降尺度后的土壤水分值可能偏低；空间权重分解法只考虑单个粗像元内土壤水分的重新分配问题，降尺度后的土壤水分值直接取决于降尺度前的FY-3B/MWRI土壤水分产品，且具有明显的"格子效应"。以光学遥感结果为参考，混合像元线性分解法降尺度结果显示，平安、互助、乐都、民和等地土壤水分低值区范围从6月底开始逐步扩大，在7月中下旬范围最大，8月初范围缩小；土壤水分变化过程与实际干旱过程基本一致，土壤水分绝对值可能偏小。空间权重分解法降尺度结果的土壤水分变化过程也呈现类似的特征，但土壤水分低值区范围较小。

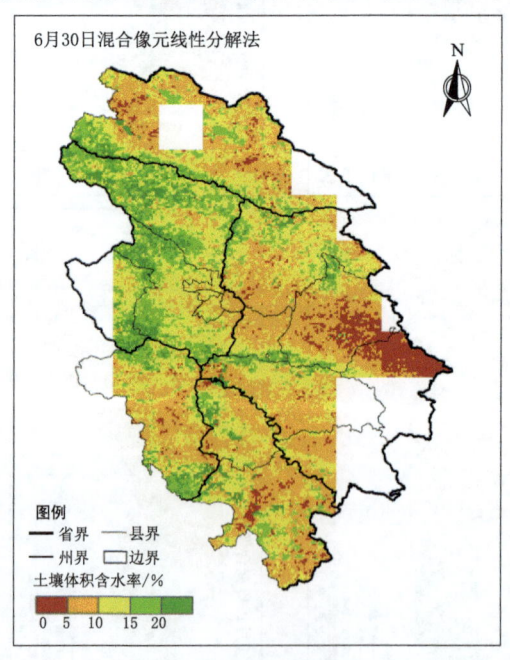

图6-11（一）　混合像元线性分解法、空间权重分解法和光学遥感在2017年青海省东部农业区夏旱中的表现

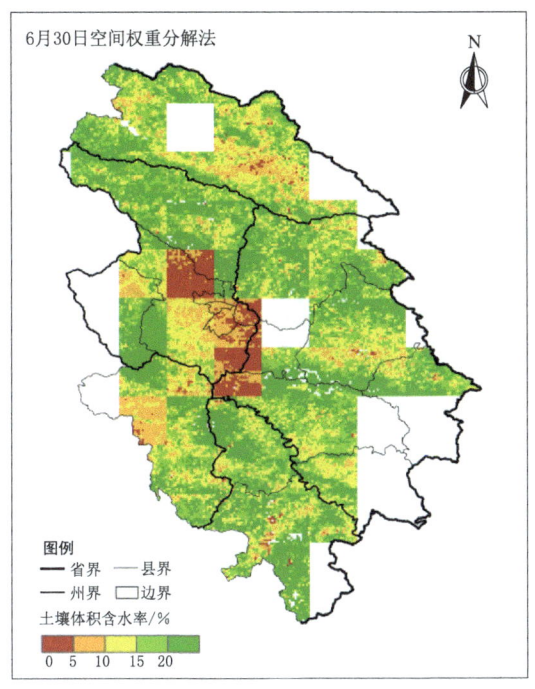

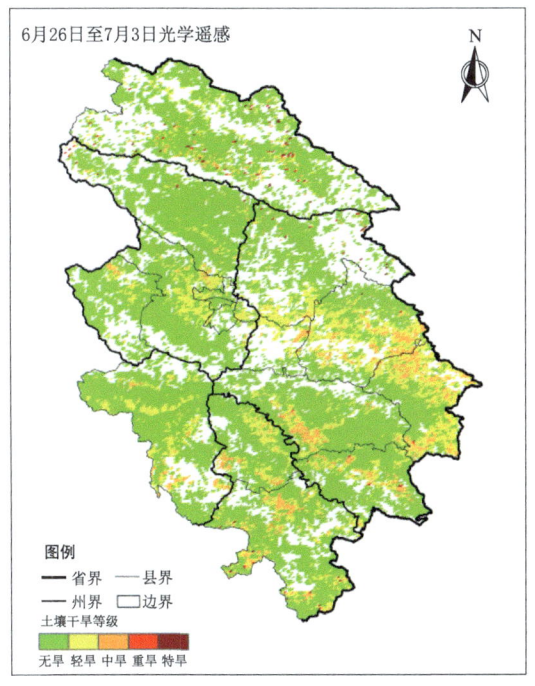

图 6-11（二） 混合像元线性分解法、空间权重分解法和光学遥感在 2017 年青海省东部农业区夏旱中的表现

第6章 土壤水分遥感监测

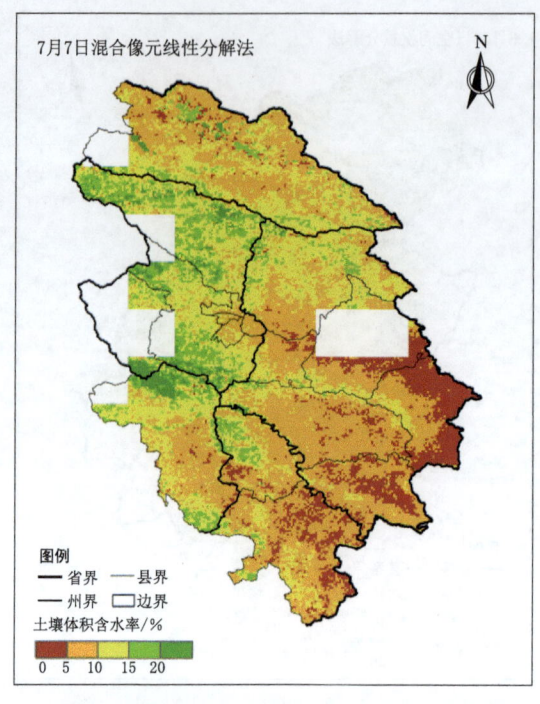

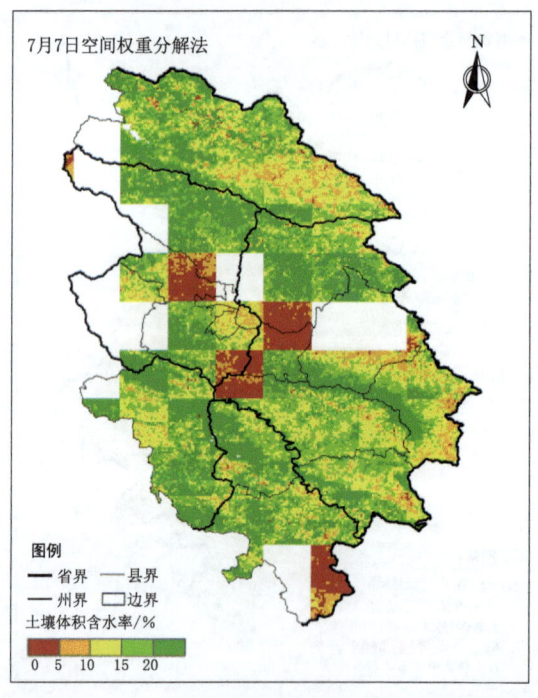

图6-11（三） 混合像元线性分解法、空间权重分解法和光学遥感在2017年青海省东部农业区夏旱中的表现

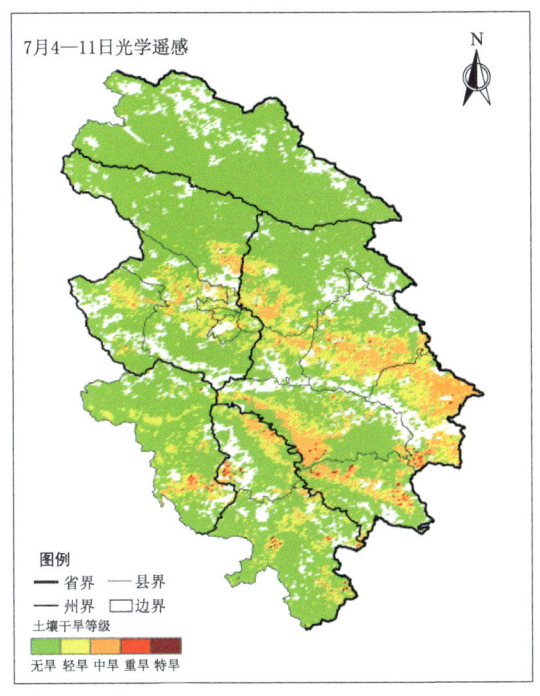

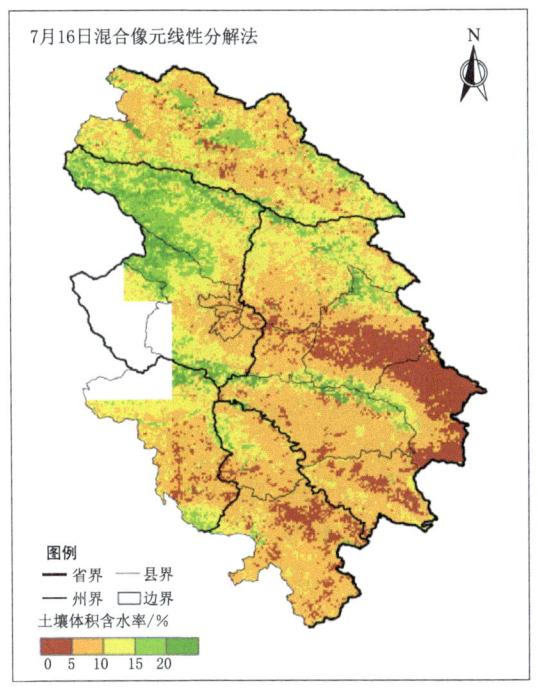

图 6-11（四） 混合像元线性分解法、空间权重分解法和光学遥感在 2017 年青海省东部农业区夏旱中的表现

第6章 土壤水分遥感监测

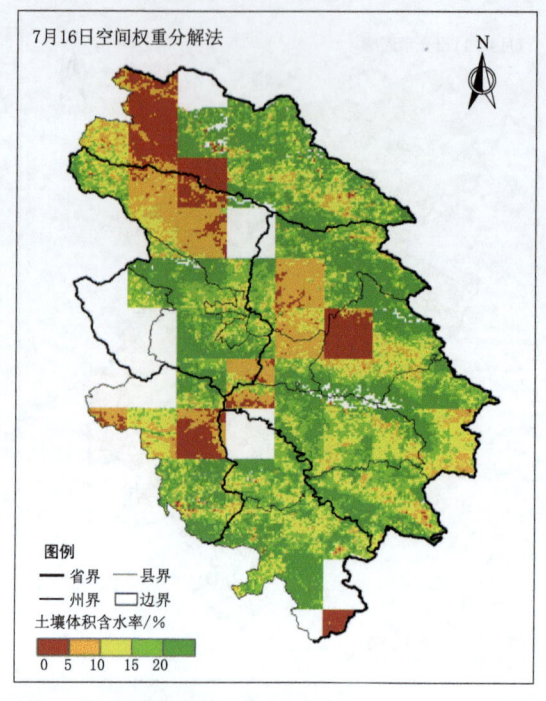

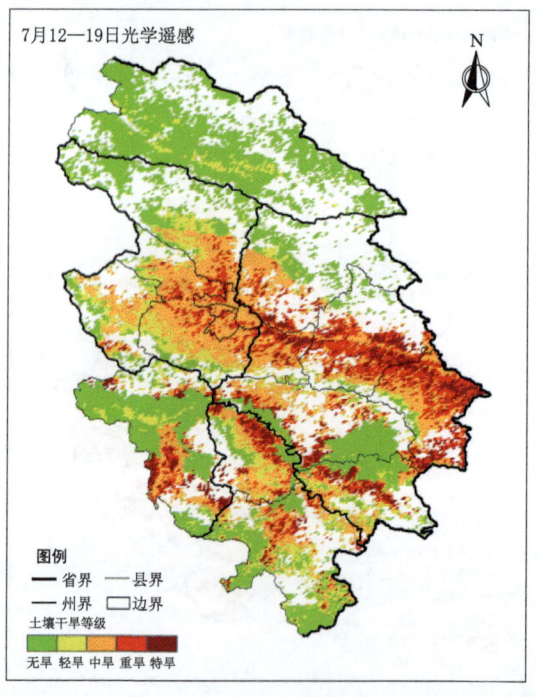

图 6-11（五） 混合像元线性分解法、空间权重分解法和光学遥感在 2017 年青海省东部农业区夏旱中的表现

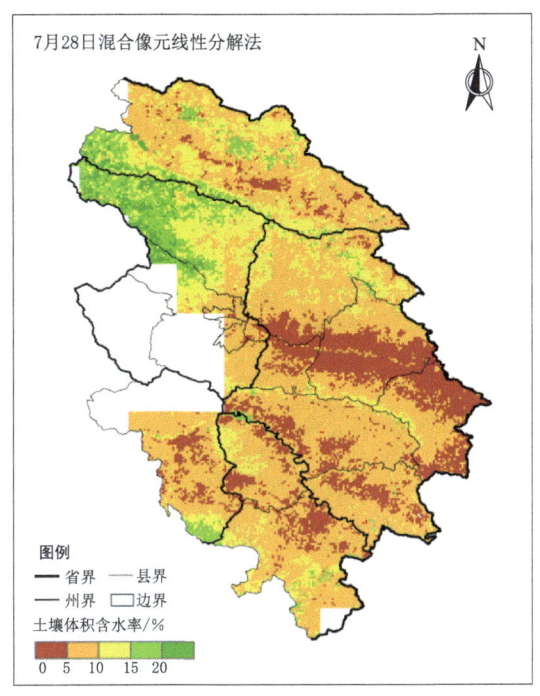

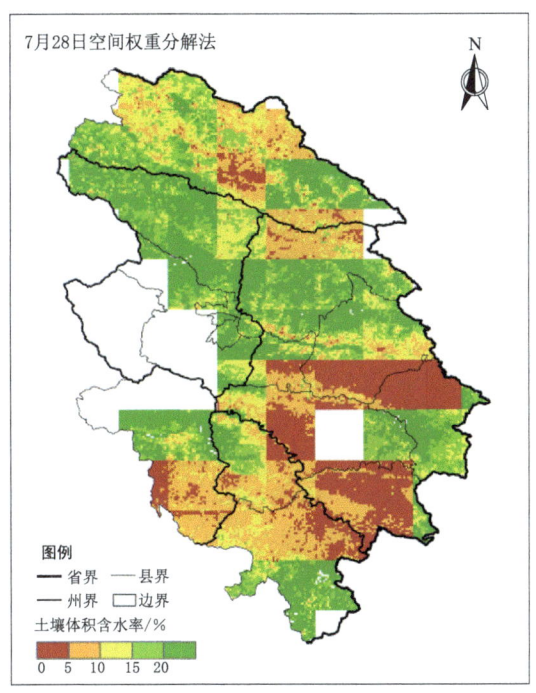

图 6-11（六） 混合像元线性分解法、空间权重分解法和光学遥感在 2017 年青海省东部农业区夏旱中的表现

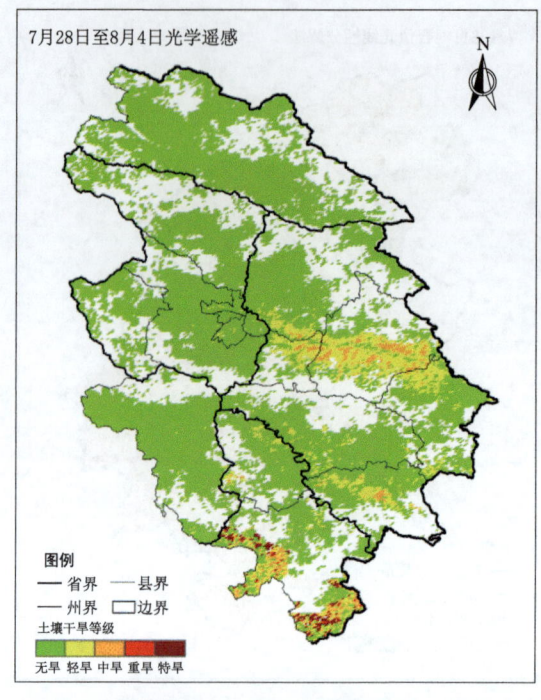

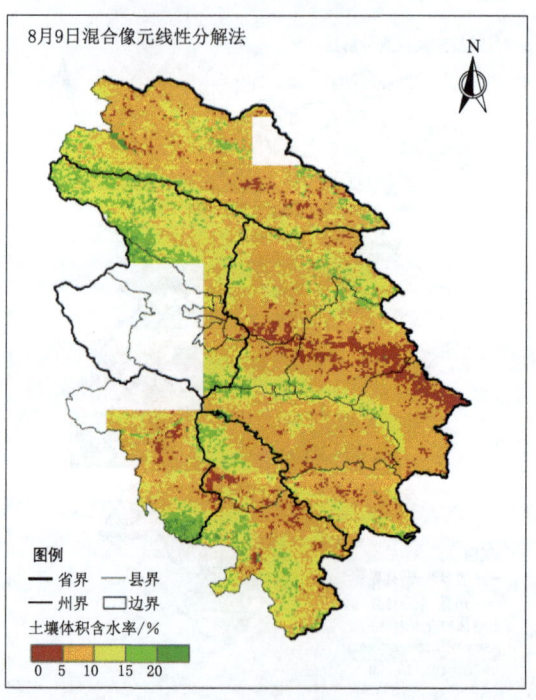

图 6-11（七） 混合像元线性分解法、空间权重分解法和光学遥感在 2017 年青海省东部农业区夏旱中的表现

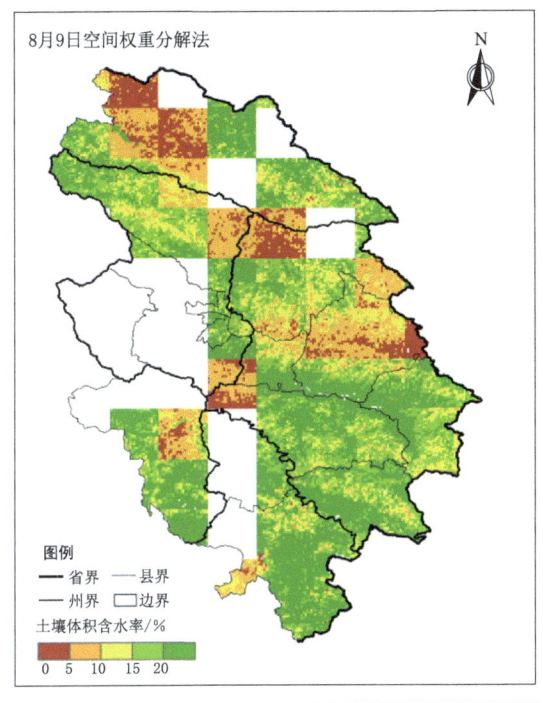

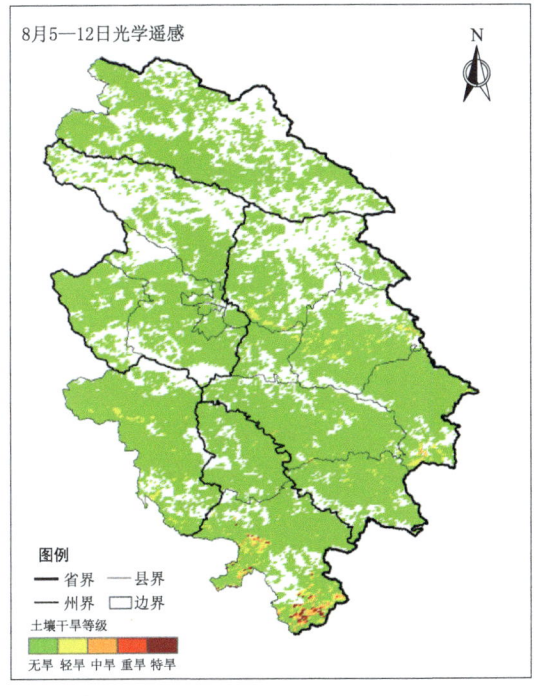

图 6-11(八) 混合像元线性分解法、空间权重分解法
和光学遥感在 2017 年青海省东部农业区夏旱中的表现

6.4 结　　论

研究中采用混合像元线性分解法和空间权重分解法这两种传统降尺度方法对 FY-3B/MWRI 土壤水分产品进行降尺度，评估像元移动步长、方程数、移动窗口大小及土壤水分订正次序对混合像元线性分解法降尺度效果的影响，给出推荐使用的像元移动步长为 1、方程数不小于 2、窗口尺寸大小为 7×7，先降尺度再订正处理的效果优于先订正再降尺度处理的效果；两种降尺度方法均会增加 FY-3B/MWRI 土壤水分产品的 $RMSE$；两种降尺度方法在不同区域表现差异较大，需要结合实际选用。

在被动微波土壤水分产品降尺度过程中，除了引入被动微波土壤水分产品本身存在的误差（即产品误差）外，还会引入降尺度方法造成的误差（即降尺度误差）。进行先订正再降尺度处理时，产品误差和降尺度误差会同时保留并分配到高分辨率的像元中；进行先降尺度再订正处理时，订正过程会同时降低产品误差和降尺度误差。因此，先降尺度再订正处理的土壤水分产品精度更高。但产品订正精度取决于所采用的订正方法，在没有较好的订正方法时，不建议进行土壤水分产品订正。

此外，本章只使用 TVDI 作为降尺度研究因子，没有考虑高程、植被、土壤属性等因子，可能会影响降尺度效果。后续，将使用机器学习降尺度方法，考虑高程、植被、土壤属性等更多相关因子，结合青海省黄南藏族自治州河南蒙古族自治县土壤水分遥感校验场不同嵌套网格的观测数据进行降尺度效果检验，构建适合于青藏高原的被动微波土壤水分产品降尺度模型。

第7章 陆面蒸散发遥感监测

从气候类型看，柴达木盆地属于高寒干燥大陆性气候，年降水量总体在300mm以下，属于典型的干旱半干旱地区。面对资源开发、社会经济发展与生态环境保护之间的矛盾，水资源成为制约该地区长远可持续发展的关键因素。因此，如何合理有效地配置柴达木盆地的水资源，成为当地水资源管理者亟待解决的重要问题。

传统的水资源配置方法侧重于研究区域内供水量、用水量、耗水量和排水量之间的平衡，仅以获得供水范畴内最高水资源利用效率（即供水使用效率）为目标，缺乏对水资源可消耗总量的控制，因而不利于真正节水和废污水排放量控制。面临严峻的水资源短缺和水环境恶化态势，世界银行水资源专家在2004年根据海河流域水资源管理的需求，提出了基于陆地蒸散发（ET）的水资源管理理念。该理念认为解决水资源短缺及由此引发的生态与水环境恶化问题的途径是进行真实节水。真实节水不是简单减少渗漏，也不是单纯减少用水定额，而是采取有效措施减少ET，实现水资源产出效率最大化。

基于ET水资源管理的理论一经提出，便成为水资源管理研究的前沿，对于推动像柴达木盆地这种资源性缺水地区的水资源可持续利用具有重要的意义。基于ET水资源管理的首要前提是弄清楚研究区内各种水循环要素，特别是蒸散发的时空分布规律。水文模型是人类研究模拟水循环过程，科学认识与合理利用水资源的重要工具和方法。然而，自然界中的水文过程极为复杂，受多种要素的影响和制约，流域水文过程的研究和模拟往往难以有效地开展。回顾已有的流域水文模拟研究，一个显著的共同点就是大部分着眼于有资料流域，即根据已有资料建立合适的经验关系或模型来进行水文过程的模拟和研究。但是，当今世界上存在着无数无资料流域或者是资料匮乏的流域。资料的限制使得已有的流域水文模型在应用到这些资料匮乏流域时存在着适应性、敏感性等一系列问题。如何有效地开展这些无资料流域和资料匮乏流域的水文模拟研究一直是水文学研究中的难题。以柴达木盆地为例，由于深居内陆，自然条件恶劣，柴达木盆地在其约25万km^2的土地上只有9个国家气象站，远远低于世界气象组织规定的站网密度，属于典型的资料匮乏地区。资料的匮乏严重影响了该地区水文水资源和生态研究的深度，这也是柴达木盆地的水分消耗规律研究迟迟得不到有效开展的重要原因。

基于此，国际水文科学协会于 2003 年在日本札幌召开了第 23 届国际地球物理和大地测量联合会，会上启动了一个称为"无测站流域水文预报"（Predictions in Ungauged Basins，PUB）的研究计划。各个国家以国家工作小组形式已经开展了大量工作。中国 PUB 工作组成立于 2004 年，迄今已召开多次不定期的工作会议和两届以中国 PUB 为主题的国际研讨会。

伴随着数字时代的到来，流域水文水资源研究实现了质的飞跃。特别是地理信息系统（GIS）和遥感技术的快速发展，为资料缺乏地区的水文模拟与研究带来了新的手段和方法。PUB 研究计划的一个重要方面就是在这两者的基础上发展新的数据获取方法、代用数据以及模型，以满足无资料流域水文模拟与研究的需要。本章以柴达木盆地这一典型的资料匮乏地区为例，综合利用地理信息系统、遥感技术和传统的水文以及气象观测资料，在遥感蒸散发模型的支持下，对其陆面蒸散发过程进行模拟估算，在此基础上，揭示柴达木盆地从山区到盆地底部不同生态景观和植被类型的水分消耗规律。因此本章具有重要的科学意义，一方面对资料匮乏地区的水文模拟研究进行积极的探索，是 PUB 研究计划的重要组分；另一方面弄清楚盆地内部的水分消耗规律，特别是蒸散发的时空分布规律，是基于 ET 进行流域水资源管理的重要内容。

我国西北干旱内陆区地处欧亚大陆腹地，是全球气候变化的生态脆弱区，也是丝绸之路经济带建设的核心区（刘启航等，2020）。面对经济社会发展与生态环境保护的用水矛盾，水资源短缺成为制约该地区长远可持续发展的关键因子。从水资源消耗的角度来看，干旱区 80% 的降水通过蒸散发形式耗散；对于人类社会而言，农业用水量占我国用水总量的 60% 左右，其绝大部分也是以农田灌溉的形式消耗于蒸散发。因此，准确估算干旱区的陆面蒸散发，掌握其时空变化特征，对于该地区的水资源合理利用与生态文明建设具有重要意义（王浩等，2009）。

ET 是土壤蒸发与植被蒸腾之和。考虑到 ET 在水文学、气象学、生态学和农学等诸多领域中的重要作用，国内学者在我国西北干旱区蒸散发研究方面已取得较多成果，概括为以下三个方面：①站点尺度典型生态系统蒸散发的观测与分析研究；②区域尺度遥感蒸散发模型的研发与应用研究；③基于蒸散发的水分利用效率评价与生态需水研究。前两者为后者提供数据与方法支撑。后者是前两者的拓展应用。具体来说，基于涡度相关法、波文比-能量平衡法和称重法的站点观测技术，虽然可以实现 ET 的准确测量，对于把握典型生态系统局地的 ET 特征具有明显优势，但无法有效反映大尺度异质下垫面 ET 的空间变异性（邓兴耀等，2017）。与之相反，遥感技术具有快速便捷、宏观性强等诸多优点，在获取区域尺度地表特征参数方面具有无可比拟的优势，因而成为当前大尺度陆面蒸散发模拟估算的主流方法（Chen et al.，2020）。当前关于遥感蒸散发模型的综述文章较多，分类也不尽相同（Chen et al.，2020）。根据模型内在的物理机制，基本可将其分为经验统计模型、能量平衡模型和特征空间模型三大类（丛振涛等，2013）。经验统计模型主要是基于蒸散发与遥感参量的统计关系进行模型研发，常用的遥感参量有植被指数、地表温度和反照率等；能量平衡模型通过净辐射、土壤热通量和显热通量的遥感估算，基于能量平衡方程余项计算求得潜热通量，代表性模型有 SEBAL 模型、SEBS 模型、TSEB 模型等；特征空间模型基于区域尺度地表温度、植被指数、反照率等遥感参量二维散点图的几何形态构建模型边界，进而通过插值算法获得像元尺度蒸散发。值得注意的是，上述模型虽然在过去几十年间获得了发展，但仍然面临着共同的挑战：①受云量对光学遥感的影响限制，上述模型一般只应用于无云条件下，陆面蒸散发的时空连续模拟方法仍待探索；②上述模型在实际应用中以单源架构为主，如何构建双源遥感蒸散发模型，实现土壤蒸发和植被蒸腾的有效分离，尚缺乏成熟可靠的技术体系；③针对我国西北干旱区这种实测资料稀缺的区域，如何摆脱实测资料匮乏的制约，发展完全基于遥感的蒸散发模型，仍面临较大困难。受制于上述挑战，当前我国西北干旱区基于蒸散发的水分利用效率评价仍以站点和灌区尺度为主，难以在区域尺度以时空连续的方式揭示蒸散发水分消耗的有效性，这严重制约了基于 ET 的水资源管理目标的实现（王浩等，2009）。

针对上述困难与挑战，本章选定柴达木盆地这一高寒干旱内陆区，利用 MODIS 遥感数据，构建了具有时空二维属性的地表温度-植被指数特征空间，在日尺度实现了陆面蒸散发的时空连续模拟，进而通过土壤蒸发与植被蒸腾的分离，从低效、中效和高效三个层次开展研究区水分消耗的有效性评价。

7.1 蒸散发遥感估算研究

7.1.1 数据来源

研究数据包括卫星遥感数据和气象实测数据两个方面。卫星遥感数据采用的是 MODIS 系列产品。MODIS 是搭载在 TERRA 和 AQUA 卫星上的光学传感器，涵盖了从可见光到热红外的 36 个光谱波段。星下点的地面分辨率为 250m×250m、500m×500m 和 1000m×1000m。目前共有 44 个 MODIS 数据产品，表 7-1 列出了本章使用的 MODIS 产品。本章采用的 MODIS 产品包括 MOD03、MOD06_L2、MOD07_L2、MOD11A1、MOD13A2 和 MCD43B3。其中，MCD43B3 用于地表反照率（α）的提取，MOD13A2 提供的归一化植被指数（NDVI）用于植被覆盖度（f_c）估算，MOD15A2 提取的叶面积指数（LAI）用于双源蒸散发模型的构建，而其他产品则主要用于地表净辐射的遥感反演。由于自然条件恶劣，柴达木盆地地广人稀，仅有9个国家气象站。本章采用的地面实测资料包括这9个气象站的空气温度、相对湿度、风速与蒸发数据。

表 7-1　　　　　　　　　　　MODIS 产品

MODIS产品	空间分辨率/(km×km)	所　用　参　数
MOD03	1×1	太阳天顶角
MOD06_L2	1×1	地表温度、云量和云的光学厚度、发射率、表面温度
MOD07_L2	5×5	空气温度和露点温度
MOD11A1	1×1	地表温度和地表发射率
MOD13A2	1×1	植被指数
MCD43B3	1×1	白空和黑空反照率

7.1.2 蒸散发遥感估算方法

7.1.2.1 瞬时蒸发比的遥感估算

本章瞬时 EF 的估算方法是 Jiang 等（2001）根据 Priestley - Taylor 方程提出的，具体公式如下：

$$EF = \phi \frac{\Delta(T_a)}{\Delta(T_a) + \gamma} \qquad (7-1)$$

式中：$\Delta(T_a)$ 为饱和水汽压随气温 T_a 变化的斜率；γ 为湿度计常数；ϕ 为一个无量纲变量，反映的是空气动力学和地表阻抗信息，是特征空间法 EF 求解的关键参数。

具体来说，各个像元对应的 ϕ 值主要由土壤湿度决定，从干边向湿边由 0 逐渐增大到 1.26。对于纯植被而言，由于冠层的热力学属性和显著的蒸腾降温作用两方面原因，其表面温度与空气温度处于平衡状态，两者基本接近，因此纯植被像元的 ϕ 值（ϕ_{canopy}）恒等于 1.26。而对于纯裸地的 ϕ 值（ϕ_{soil}），借助于反映地表土壤湿度的修订型温度植被干旱指数（MTVDI），求解公式如下：

$$\phi_{soil} = 1.26[1 - \exp(MTVDI - 1)] \qquad (7-2)$$

基于此，混合像元的 ϕ 值以植被覆盖度（f_c）为权重，通过线性插值的方法求得

$$\phi = \phi_{soil}(1 - f_c) + \phi_{canopy} f_c \qquad (7-3)$$

本章根据 Gillies 等（1997）提出的方法，利用 NDVI 来估算 f_c，公式如下：

$$f_c = \left(\frac{NDVI - NDVI_{min}}{NDVI_{max} - NDVI_{min}}\right)^2 \qquad (7-4)$$

式中：$NDVI_{min}$ 和 $NDVI_{max}$ 根据 Zhu 等（2013）的研究，分别设为 0.05 和 0.86。

7.1.2.2 MTVDI 的求解

Sandholt 等（2002）通过研究特征空间与土壤湿度之间的经验关系，提出了表征土壤湿度的温度植被干旱指数（TVDI）。然而 Sun 等（2005）研究表明这种经验性的 TVDI 存在着较大的主观性，因此提出了改进型温度植被干旱指数（ATVDI），其中 ATVDI 的求解需要分别构建纯裸地和纯植被的地表能量平衡方程。在此之后，Zhu 等（2017）研究发现纯植被地表能量平衡方程的构建涉及复杂的参数化方案，具有较大的不确定性，进而对 TVDI 进行改进，提出修订型温度植被干旱指数（MTVDI），公式如下：

$$MTVDI = \frac{T_{soil} - T_w}{T_{smax} - T_w} \quad (7-5)$$

式中：T_{smax} 和 T_w 分别为纯裸土在极端干旱和充足水分供给条件下所能达到的地表温度，两者构成了特征空间的干湿边界；T_{soil} 为任意像元通过温度分解求得的纯裸土地表温度。

T_{soil} 求解公式如下：

$$T_{soil} = \frac{T_s - f_c T_a}{1 - f_c} \quad (7-6)$$

式中：T_a 为近地表空气温度，根据 Zhu 等（2017）提出的方法由 MOD07_L2 和 MOD06_L2 产品求得。

T_{smax} 根据地表能量平衡原理，并参考 Sun 等（2005）的研究成果，求解公式如下：

$$T_{smax} = \frac{(1-\alpha_s)S_d + \varepsilon_{ss}\varepsilon_a \sigma T_{asd}^4 - \varepsilon_{ss}\sigma T_{asd}^4}{4\varepsilon_{ss}\sigma T_s^3 + \rho c_p/[r_{as}(1-c_s)]} + T_{asd} \quad (7-7)$$

式中：下标"s"和"d"分别为相关参数是纯裸土在极端干旱条件下求得的；σ、ε_{ss}、ρ、c_p 和 c_s 分别为 Stefan – Boltzmann 常数、纯裸土地表发射率、空气密度、空气定压比热容和纯裸土土壤热通量占地表净辐射的比例，均为常数；S_d 和 ε_a 分别为下行太阳辐射和空气发射率，其遥感反演方法参见 Bisht 等（2010）的研究成果；r_{as} 和 T_{asd} 分别为纯裸土的空气动力学阻抗及在极端干旱条件下的空气温度，r_{as} 是通过风速求得。

T_{asd} 参考 Szilagyi 等（2017）的研究成果，求解公式如下：

$$T_{asd} = \frac{e^*(T_{wb})(T_a - T_{wb})}{e^*(T_{wb}) - e^*(T_d)} + T_{wb} \quad (7-8)$$

$$T_{wb} \approx \frac{\gamma T_a + T_d \Delta(T_d)}{\gamma + \Delta(T_d)} \quad (7-9)$$

式中：T_d 和 T_{wb} 分别为露点温度和湿球温度；e^* 为对应温度的饱和水汽压；T_d 为参考 Bisht 等（2010）的研究方法由 MOD07_L2 产品求得。

传统特征空间法并未给出 T_w 的理论求解公式，一般选用水体、茂密植被等特征像元的地表温度值近似代替。这不但增强了该方法的经验性，而且在很大程度上限制了其在柴达木盆地这类植被覆盖稀疏地区的应用。基于此，本章参考 Szilagyi（2014）对于湿润环境表面温度的求解方法，将 T_w 用卫星过境时刻对应的湿球温度（T_{wb}）近似代替。

7.1.3　小结

7.1.3.1　蒸散发估算结果分析

虽然当前国外机构已发布了多种全球尺度的遥感蒸散发产品，譬如 MOD16A2 与 SSEBop，但这两个产品在柴达木盆地存在数据缺失。鉴于此，本章选用了两套由国家青藏高原科学数据中心发布的、相对较新并且具有较高空间分辨率的蒸散发产品作为参考。一套为 Zhang 等（2016）通过总初级生产力与蒸散发耦合模拟生成的全球 500m、8 天时间尺度蒸散发产品；另一套为 Ma 等（2019）基于蒸散发互补模型建立的我国 0.1°×0.1°分辨率、月尺度蒸散发产品，该产品的气象输入是由我国气象实测数据同化得到的。此外有研究表明，GLEAM 产品在我国蒸散发时空趋势的反映上表现较好，因此本章也将 GLEAM 产品作为参考比较的对象。另外，考虑到柴达木盆地作为封闭内陆盆地的实际情况，本章进一步利用 GRACE 水储量数据和降水数据，通过水量平衡方法求得盆地整体蒸散发并进行对比分析。

由于上述产品均为月尺度数据，因此仅从月和年两个时间尺度上进行对比分析。图 7-1（a）是本章蒸散发估算量与其他三个蒸散发产品年尺度对比分析的结果，可以发现 2001—2014 年 4 组数据较为接近，此后 Zhang 等（2016）估算结果在 2016—2018 年明显偏大，而本章蒸散发估算量与 Ma 等（2019）估算值以及 GLEAM 数据集均较为接近。为了进一步分析三者在月尺度上的差异，图 7-1（b）～图 7-1（d）分别展示了本章估算结果与 Ma 等（2019）估算结果、GLEAM 产品以及水量平衡计算结果之间的散点图。本章选取相关系数（R）、偏差（$Bias$）、平均绝对误差（MAE）和均方根误差（$RMSE$）对蒸散发精度进行评价。具体来说，本章蒸散发月估算量较 Ma 等（2019）估算结果略有偏低，两者间差异较小，且具有非常好的相关性，R 高达 0.96，MAE 和 $RMSE$ 分别为 3.87mm/月和 5.41mm/月；与 GLEAM 数据集相比，本章估算结果偏高，误差与其他蒸散发产品相比最小，MAE 与 $RMSE$ 仅为 3.26mm/月和 4.56mm/月，两组数据间密切相关；由于 GRACE 水储量数据空间分辨率较低，在区域尺度应用时存在一定误差，因此基于水量平衡方法蒸散发估计值在个别月

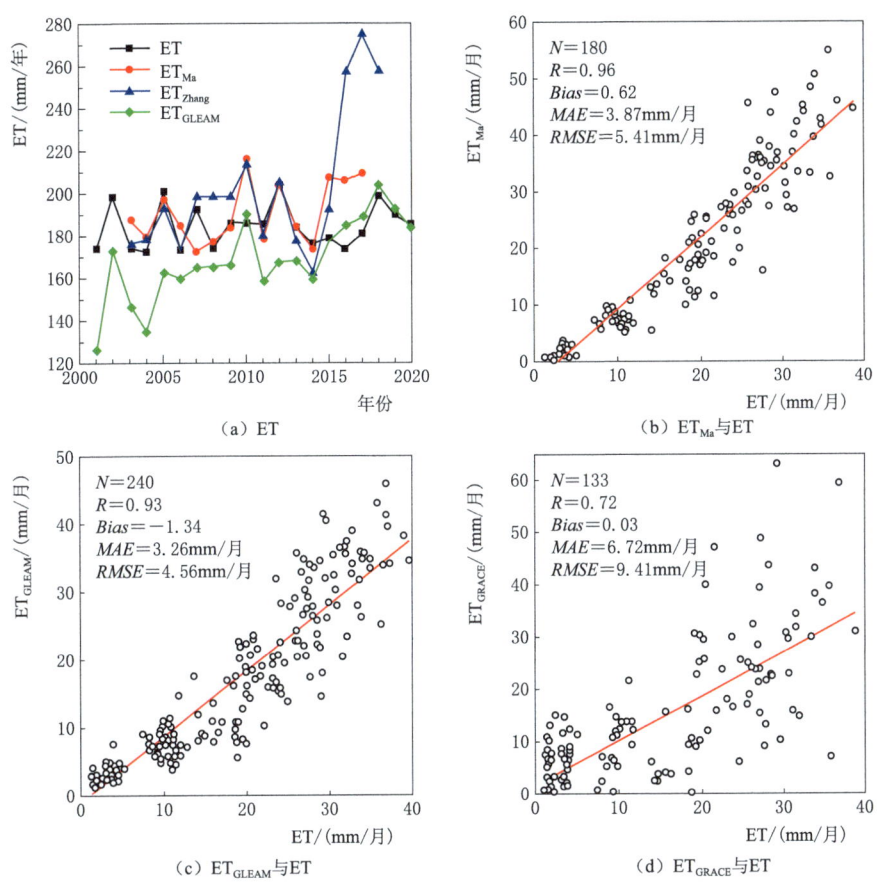

图 7-1 蒸散发估算结果与现有产品的对比分析

份存在负值，本章对这些负值进行了删除，本章估算结果与其相比有所偏高，MAE 和 $RMSE$ 分别为 6.72mm/月和 9.41mm/月，两者高度正相关，R 为 0.72。

柴达木盆地作为一个封闭型内陆盆地，其陆面蒸散发的年际变化本质上是由降水量决定的。为了从水量平衡的角度进一步分析不同陆面蒸散发产品的精度，图 7-2 给出了柴达木盆地蒸散发产品与降水量的变化曲线。值得注意的是，降水量在 2013—2014 年有一个明显的低谷，严重低于多年平均值，但所有蒸散发产品均没有准确地反映这一过程。从总量来看，2001—2018 年的多年平均年降水量为 181.82mm，相应时间段本章多年平均陆面蒸散发估算结果为 178.40mm，GLEAM 产品为 166.65mm，Ma 等估算结果为 190.73mm。综合上述分析，本章蒸散发估算结果与 Ma 等（2019）估算结果、GLEAM 产品及降水量计算结果均具有较高一致性，精度达到了一定的要求，可用于柴达木盆地蒸散发时空分布研究。

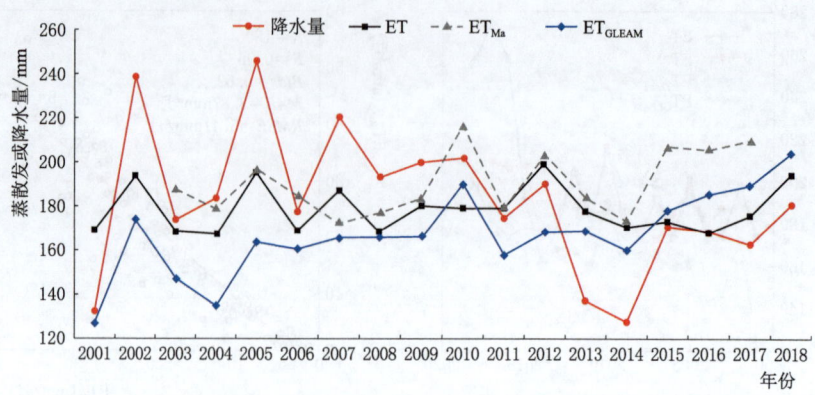

图 7-2　柴达木盆地不同陆面蒸散发产品与降水量的年际变化曲线

7.1.3.2　柴达木盆地蒸散发时空分布特征

本章基于 MODIS 遥感产品和地面气象观测数据，利用改进的地表温度-植被指数特征空间法，对柴达木盆地 2001—2020 年逐日陆面蒸散发进行遥感估算，进而通过统计累加得到月尺度和年尺度蒸散发的时空分布。柴达木盆地 2001—2020 年蒸散发变化趋势如图 7-3 所示。具体来说，盆地年蒸散发变化范围为 167.11～198.44mm/年，多年平均蒸散发为 179.20mm/年，最大值和最小值分别出现在 2012 年和 2004 年。从年际变化看，盆地近 20 年蒸散发变化趋势总体较为平稳，呈弱增长态势，标准差为 10.05mm/年，但在其中某些年份会出现较为明显的峰值，譬如 2002 年、2005 年、2012 年和 2018 年。图 7-4 是研究区蒸散发年内分布图。从季节变化来看，2001—2020 年变化情况较为接近，不同年份的蒸散发变化趋势基本一致，均呈单峰型。具体来说，1—5 月蒸散发持续增加，6 月或 7 月达到峰值，之后便持续下降。全年蒸散发主要集中在 4—9 月，这 6 个月蒸散发占全年总蒸散发的比重高达 80%。大多数年份蒸散发最小值出现在 12 月，少部分出现在 1 月；峰值出现的月份也稍有差异，基本出现在 6 月或 7 月。按照气象部门的季节划分法，以 3—5 月为春季，6—8 月为夏季，9—11 月为秋季，12 月至次年 2 月为冬季。按此划分方式，冬、春、夏、秋季的多年平均蒸散发量分别为 2.26mm/月、16.72mm/月、29.71mm/月和 11.05mm/月，夏季蒸散发最高，春季和秋季次之，而冬季蒸散发最低；每个季节蒸散发的标准差分别为 0.24mm/月、1.70mm/月、2.79mm/月和 0.63mm/月。因此，柴达木盆地冬季蒸散发年际变化最为稳定，秋季次之，春季和夏季波动较大。

图 7-5 是柴达木盆地近 20 年多年平均蒸散发空间分布图。从图 7-5 可以看出，盆地蒸散发地域分异特征显著，具有明显的从东南向西北减少的趋

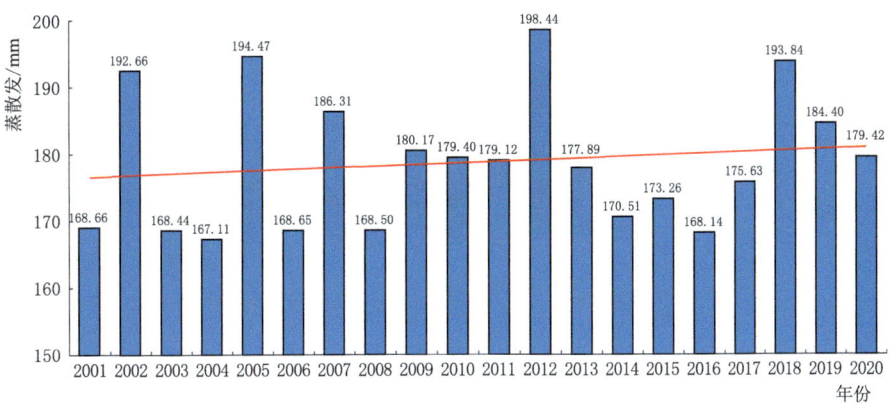

图7-3 柴达木盆地2001—2020年蒸散发变化趋势图

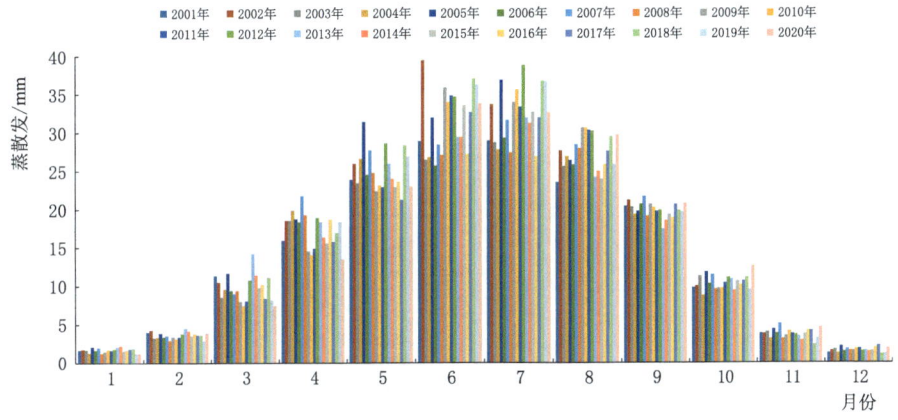

图7-4 柴达木盆地2001—2020年逐月蒸散发变化趋势图

势,盆地西北为低值区,盆地东部、祁连山地和昆仑山东部为高值区。这种差异主要是由盆地降水量的空间格局决定的。具体来说,盆地降水整体表现为东部大于西部,四周山区高于盆地内部,这与本章蒸散发的空间分布特征非常吻合。为了进一步定量分析降水量与蒸散发的关系,图7-6展示了多年平均尺度上两者逐像元的散点图,可以看出二者之间总体呈正相关关系,R 为 0.56,这说明降水增加有利于柴达木盆地蒸散发的发生。对于盆地内部而言,蒸散发受局部水文条件影响,高值多出现于盆地中部的地下水出流带以及河流湖泊等水体附近(如达布逊湖、托素湖、托索湖、柴达木河等),呈亮斑及条带状分布。

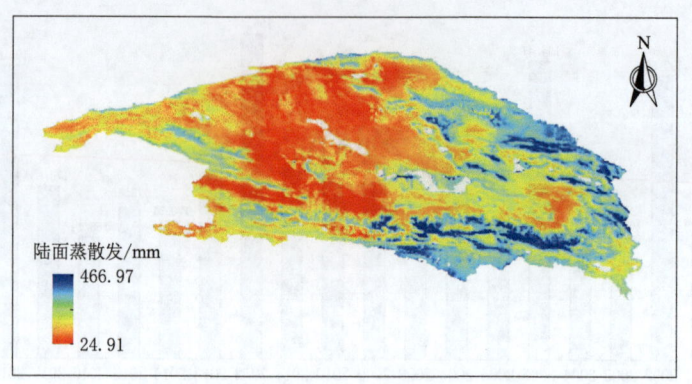

图 7-5　柴达木盆地近 20 年多年平均陆面蒸散发空间分布图

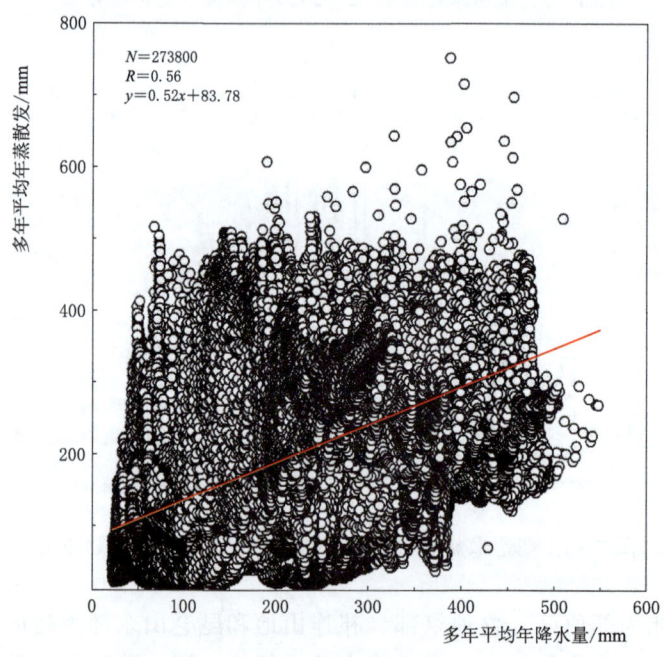

图 7-6　柴达木盆地多年平均年蒸散发与多年平均年降水量散点图

7.2　土壤蒸发与植被蒸腾

本节选定柴达木盆地这一高寒干旱内陆区，利用 MODIS 遥感数据，通过土壤蒸发与植被蒸腾分离技术研发，实现了柴达木盆地水分消耗的分项评价，对于该地区的水资源合理利用与生态文明建设具有重要意义。

以柴达木盆地典型生态系统耗水过程研究为基础，结合项目研发的遥感蒸散发模型，定量分析土壤蒸发以及植被蒸腾与常规气象观测要素之间的关系，准确率定双源遥感蒸散发模型的关键参数，实现单位面积土壤蒸发与植被蒸腾的遥感估算；开展典型植被覆盖度的遥感试验研究，以归一化植被指数和叶面积指数遥感观测数据为主要输入，构建研究区不同生态系统植被覆盖度的遥感估算模型，实现植被覆盖度的时空连续反演；耦合双源遥感蒸散发模型与植被覆盖度遥感估算模型，基于MODIS系列产品，实现柴达木盆地高时空分辨率纯植被耗水量的遥感估算，并分析其时空变化格局。

7.2.1 数据来源

研究数据包括卫星遥感数据和气象实测数据两个方面。卫星遥感数据采用的是MODIS系列产品。MODIS是搭载在TERRA和AQUA卫星上的光学传感器，涵盖了从可见光到热红外的36个光谱波段。本章采用的MODIS产品除了MOD03、MOD06_L2、MOD07_L2、MOD11A1、MOD13A2和MCD43B3外，还使用到了MOD15A2。其中，MCD43B3用于地表反照率（α）的提取，MOD13A2提供的归一化植被指数（NDVI）用于植被覆盖度（f_c）估算，MOD15A2提取的叶面积指数（LAI）用于双源蒸散发模型的构建，而其他产品则主要用于地表净辐射的遥感反演。气象实测数据方面，由于自然条件恶劣，柴达木盆地地广人稀，仅有9个国家气象站（图7-7）。本节采用的地面实测资料包括这9个气象站的空气温度、相对湿度、风速等数据。

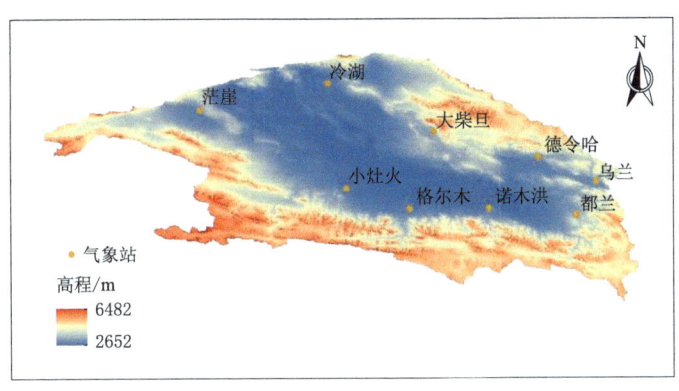

图7-7 柴达木盆地国家气象站的分布

7.2.2 研究方法

虽然Bisht等（2010）提供的参数化方案可以实现全天气条件下R_n的遥感估算，但是特征空间法对EF的求解需要T_s和VI两个关键参数，这决定了该方法只能求得晴天条件下非水体像元的 EF 值。有云条件下 EF 的估算一直是遥感蒸散发模型面临的一大难题，关于云量对 EF 稳定性的影响也存在一定的争议。Santos 等（2010）的研究表明 EF 在 5~10 天具有一定的稳定性。基于此，本章通过线性插值的方法获得相邻有云天的 EF 数据，最终实现陆面蒸散发的时空连续估算。在 ET 已知的前提下，计算土壤蒸发与植被蒸腾的任一组分，通过差值的方法即可实现另一组分的求解。柴达木盆地地处干旱区，总体的植被覆盖度极低，因此重点对土壤蒸发进行估算。具体分为以下三步：

第一步是土壤净辐射（$R_{n,soil}$）的计算，估算公式如下：

$$R_{n,soil} = R_n e^{-k_{R_n} LAI} \tag{7-10}$$

式中：经验参数 k_{R_n} 为 0.6。

第二步是土壤蒸发比的计算，可参考式（7-1）和式（7-2）。

第三步是日尺度土壤蒸发的计算。

7.2.3 土壤蒸发与植被蒸腾分项评价

陆面蒸散发主要包括土壤蒸发与植被蒸腾两部分。为了消除水体蒸发对陆面蒸散发分析结果的影响，该部分利用湖泊水体作为掩膜，对水面蒸发进行了剔除。图 7-8（a）和图 7-8（b）分别是柴达木盆地 2001—2020 年平均土壤蒸发量和植被蒸腾量的空间分布图，图 7-9 是逐年土壤蒸发量空间分布图，图 7-10 是逐年植被蒸腾量空间分布图。

对比植被蒸腾量与土壤蒸发量，两者都是由西北往东南增加。从土壤蒸发总量来看，盆地西北部地区蒸发量较低，南部格尔木区、东部德令哈区以及北部大柴旦区蒸发量较高。从土壤蒸发量空间分布可知，每年蒸发量较低的地方集中在干旱地区，而蒸发量大的地区都分布在河流附近。从植被蒸腾量结果来看，盆

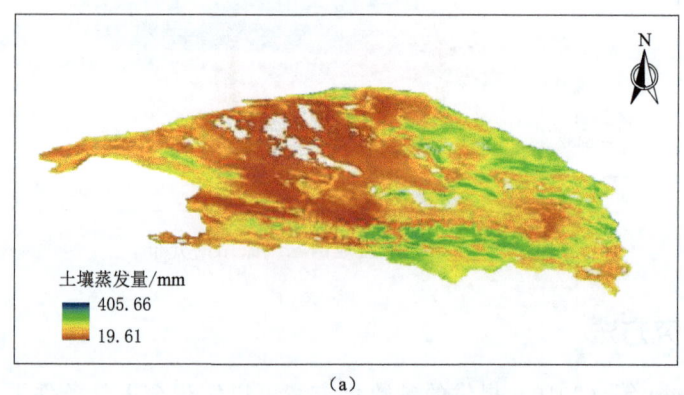

(a)

图 7-8（一） 柴达木盆地土壤蒸发量与植被蒸腾量空间分布及占比

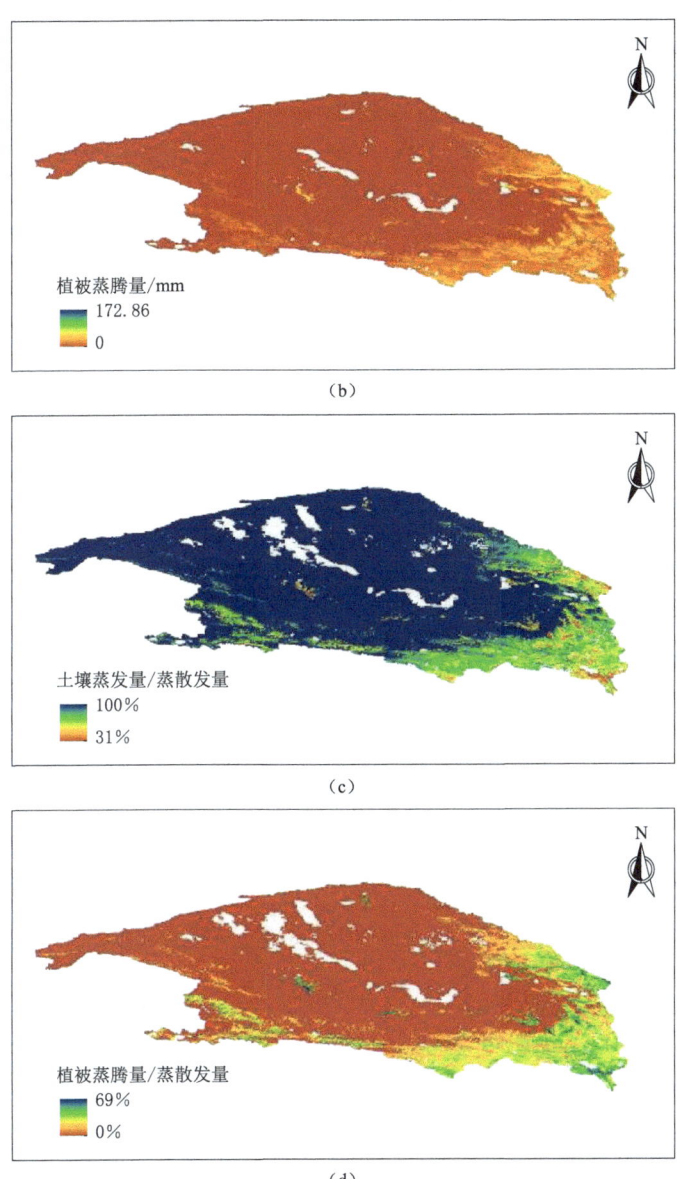

图 7-8(二)　柴达木盆地土壤蒸发量与植被蒸腾量空间分布及占比

地东部及南部存在着少量植被蒸腾，西北部及中部植被蒸腾量接近于 0mm。从植被蒸腾量空间分布来看，对于南部昆仑山区和东北部的祁连山区而言，植被蒸腾量要高于盆地内部及西北部。图 7-8(c) 和图 7-8(d) 分别为土壤蒸发量与植被蒸腾量占蒸散发量的比例分布图。可以看出，两者的空间分布具有显著的互补效应，土壤蒸发量占比范围为 31%～100%，高值区广泛分布于盆地内部及

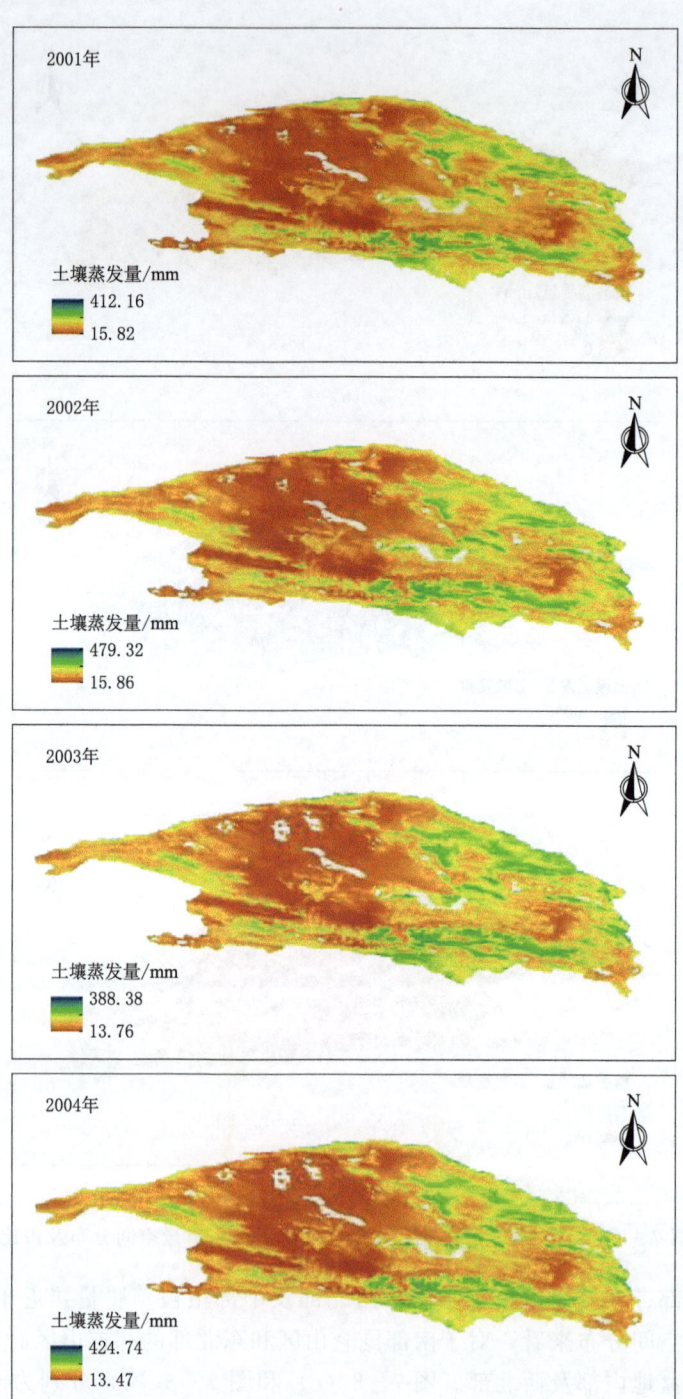

图 7-9（一） 柴达木盆地逐年土壤蒸发量空间分布

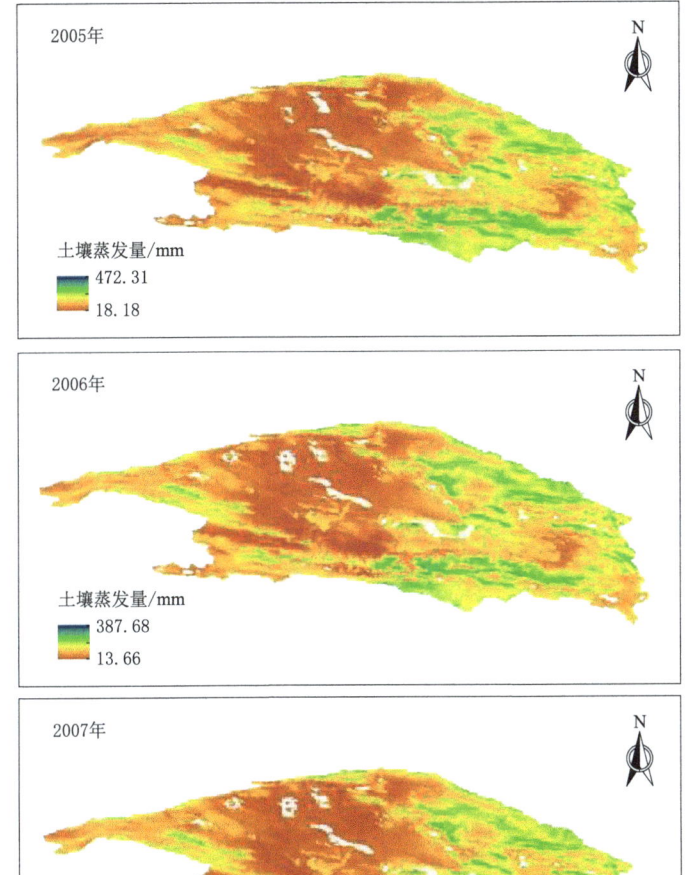

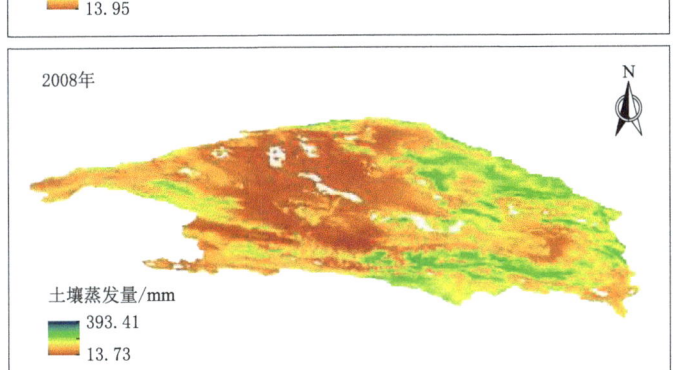

图 7-9（二） 柴达木盆地逐年土壤蒸发量空间分布

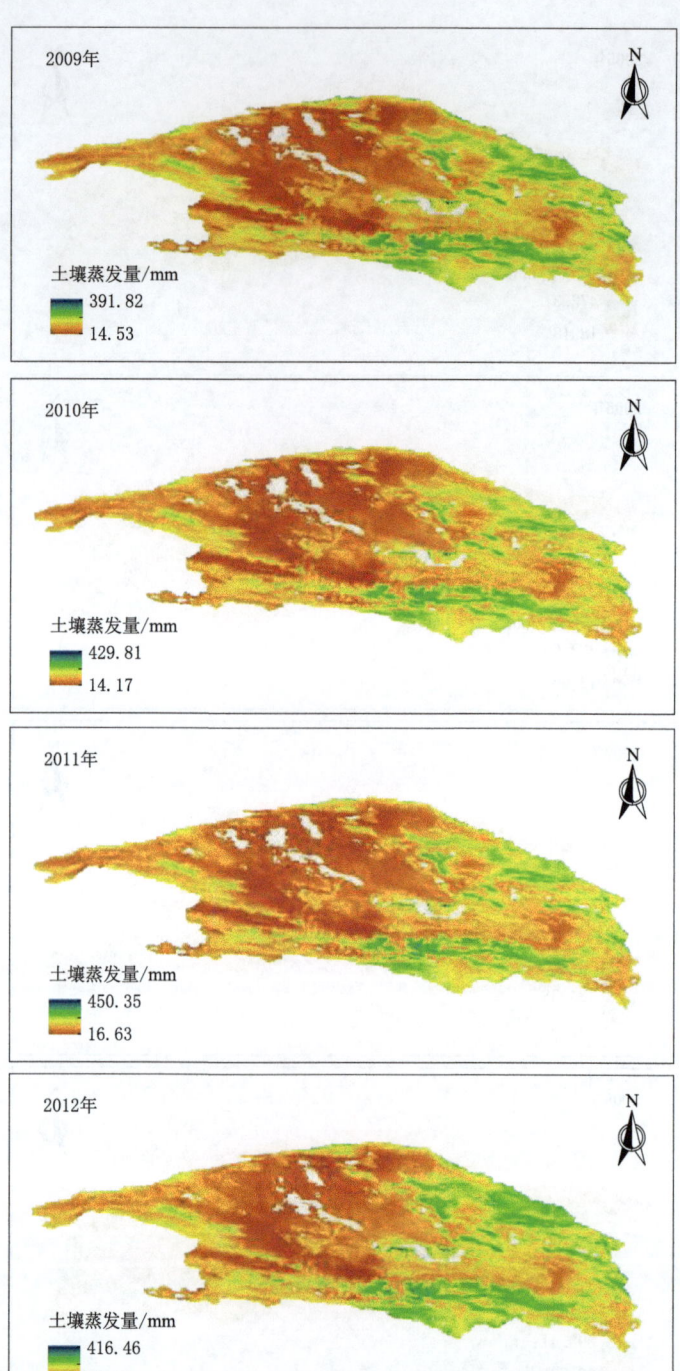

图 7-9（三） 柴达木盆地逐年土壤蒸发量空间分布

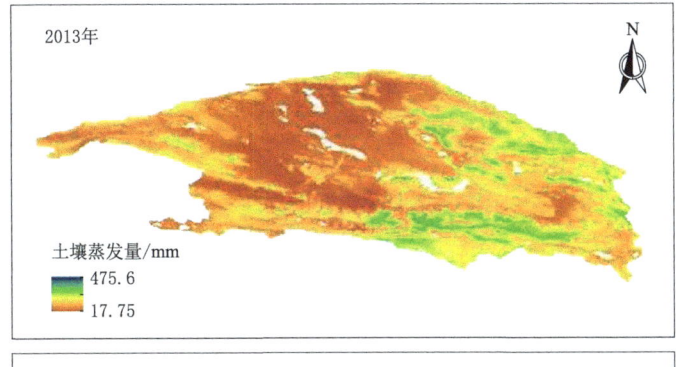

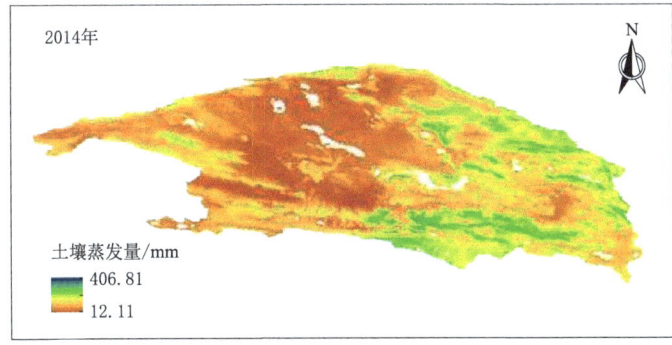

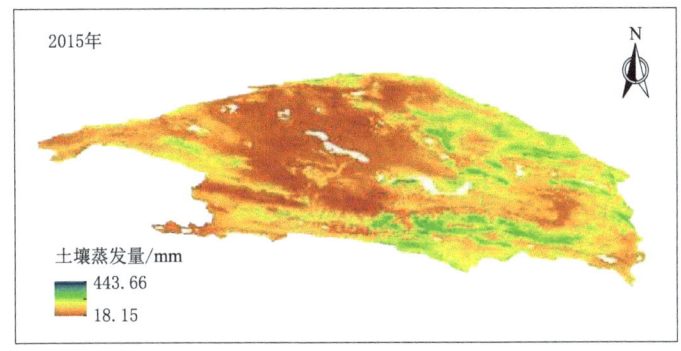

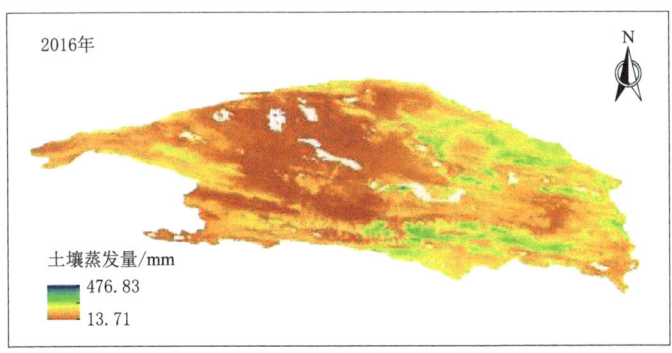

图 7-9（四） 柴达木盆地逐年土壤蒸发量空间分布

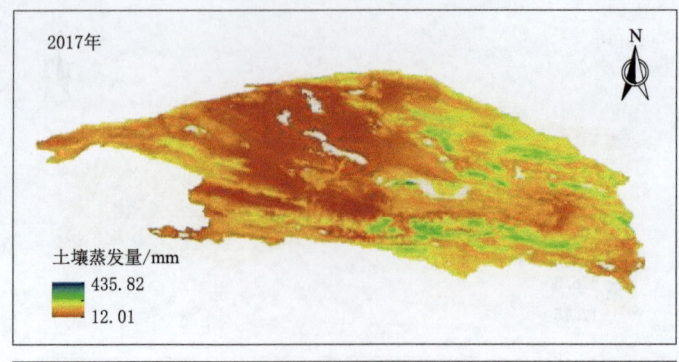
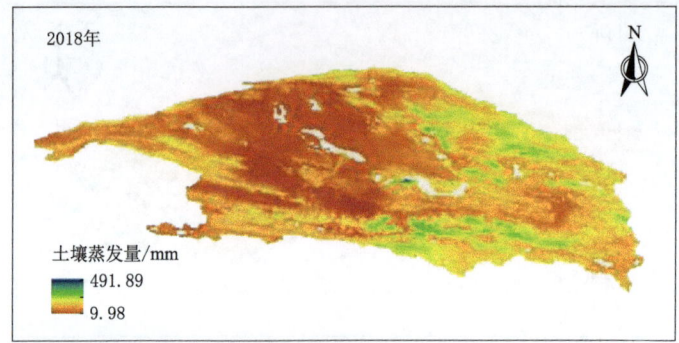
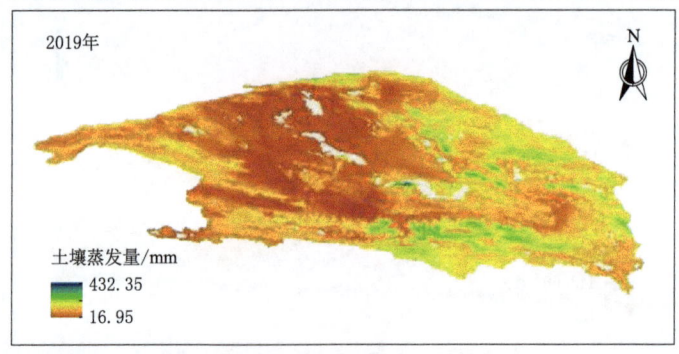
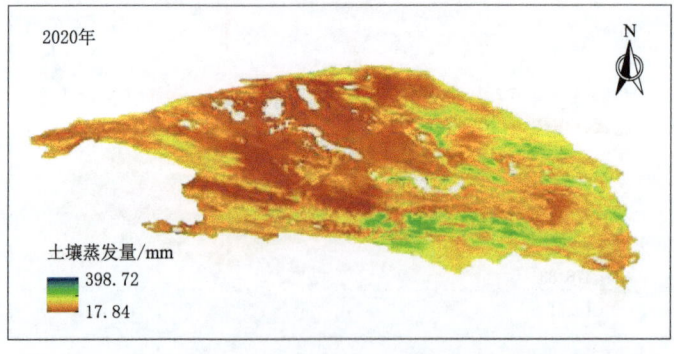

图 7-9（五） 柴达木盆地逐年土壤蒸发量空间分布

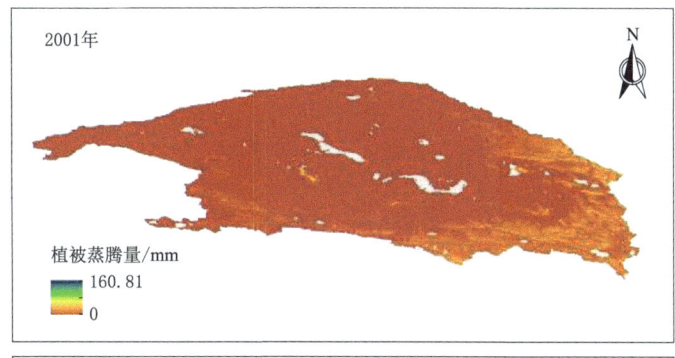

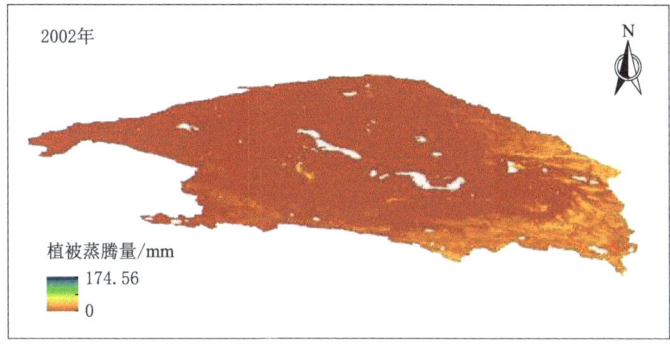

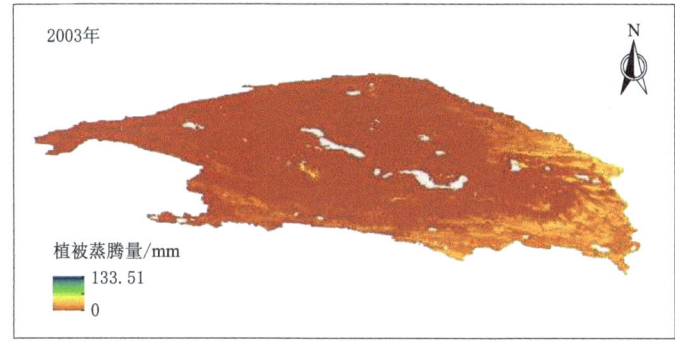

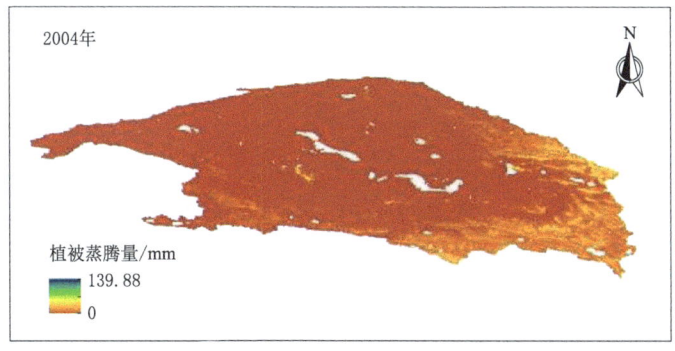

图7-10（一） 柴达木盆地逐年植被蒸腾量空间分布

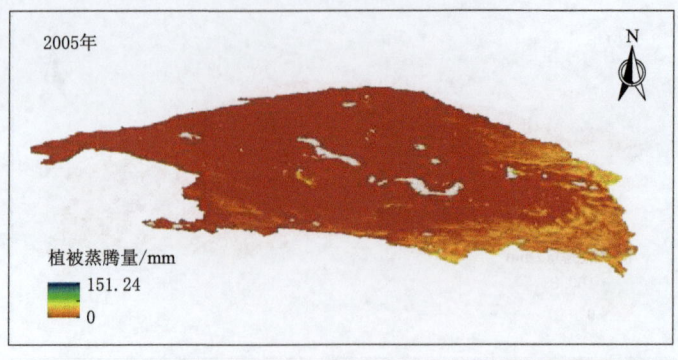
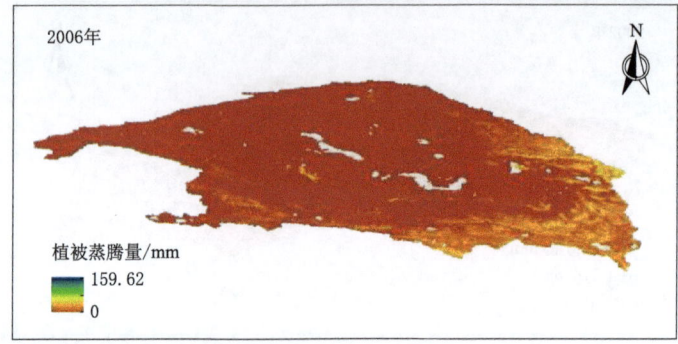
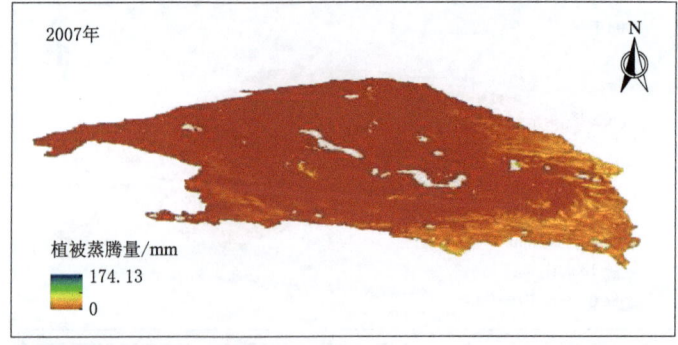
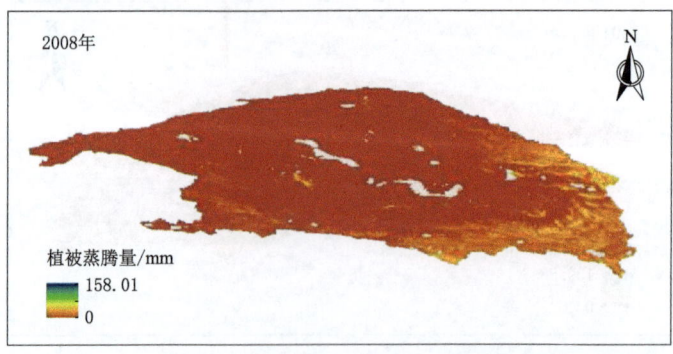

图 7-10（二） 柴达木盆地逐年植被蒸腾量空间分布

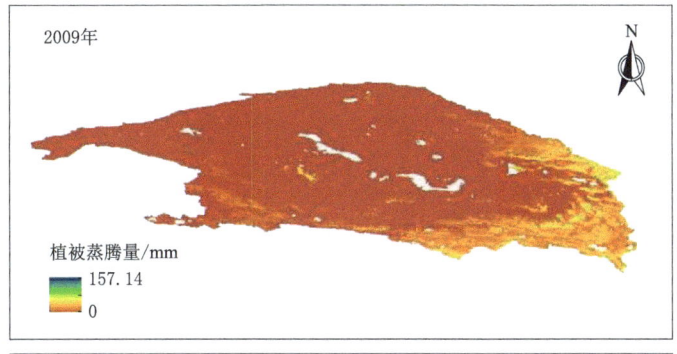

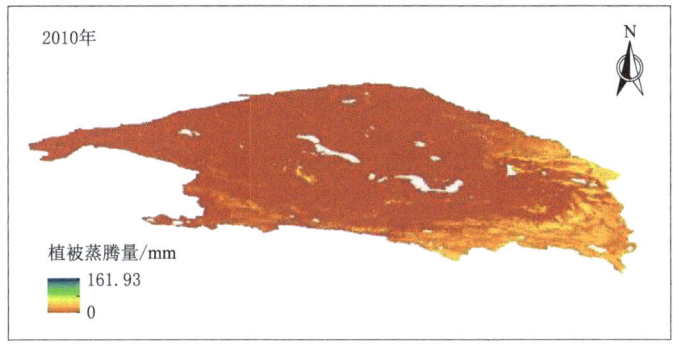

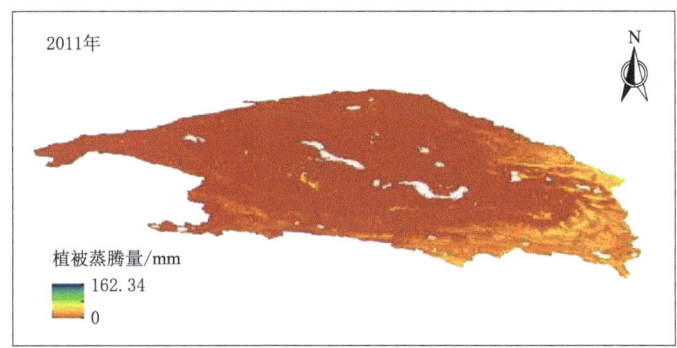

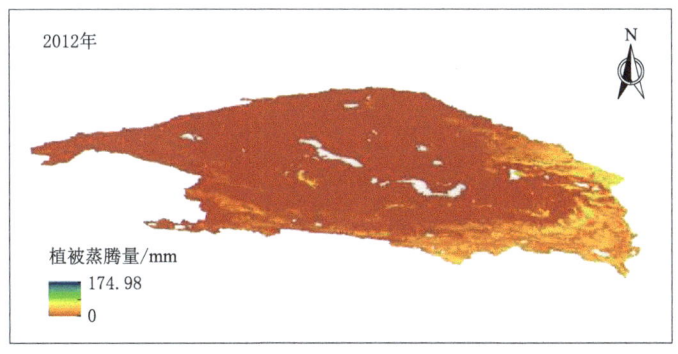

图 7-10（三） 柴达木盆地逐年植被蒸腾量空间分布

第 7 章 陆面蒸散发遥感监测

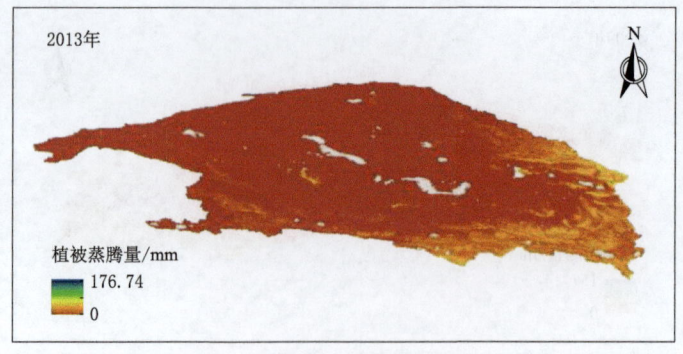

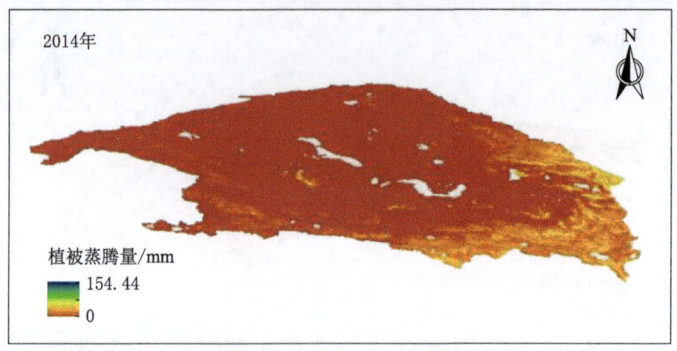

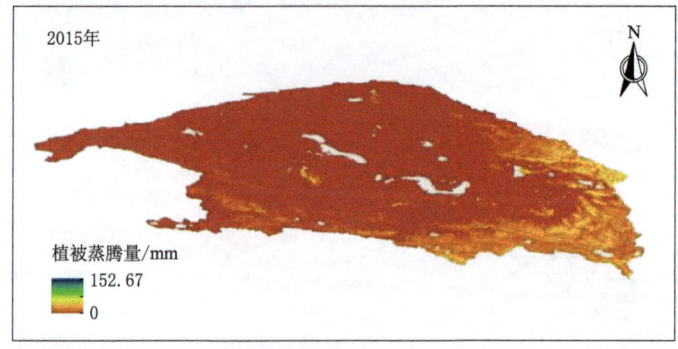

图 7-10（四） 柴达木盆地逐年植被蒸腾量空间分布

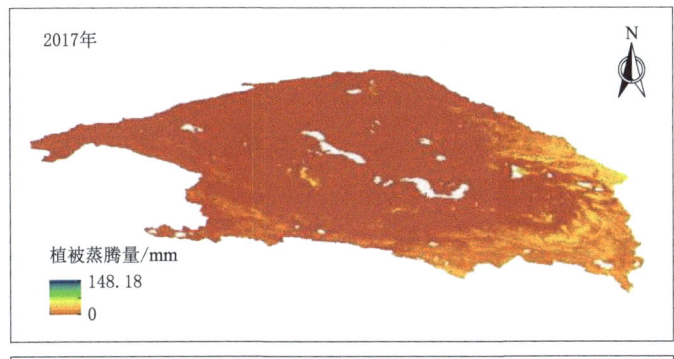
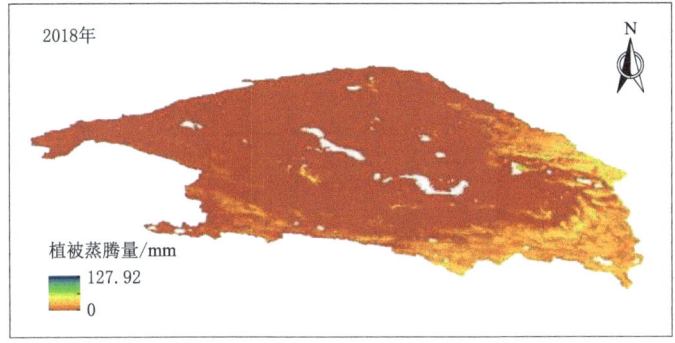
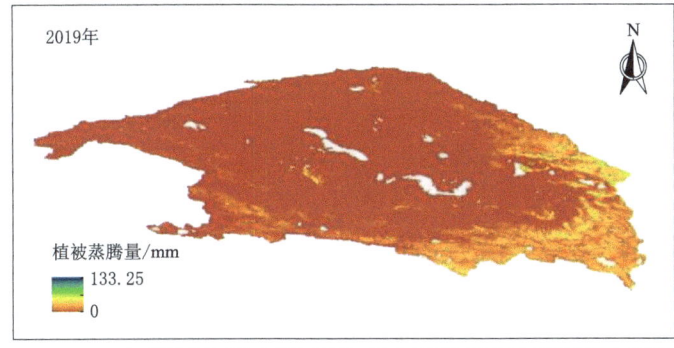
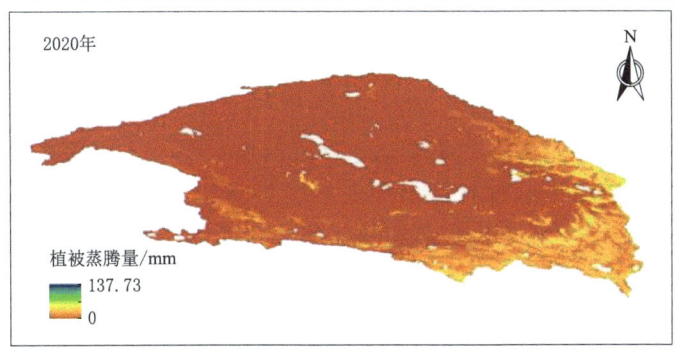

图 7-10（五） 柴达木盆地逐年植被蒸腾量空间分布

第 7 章　陆面蒸散发遥感监测

西北部的无植被地带；植被蒸腾量占比在 0%～69%。根据柴达木盆地土壤蒸发量与植被蒸腾量 2001—2020 年的逐年占比（图 7-11），发现两者占总蒸散发量的比重保持相对稳定，土壤蒸发量占比约为 94%，而植被蒸腾量约占 6%。出现这一情况也与盆地的自然景观相一致，盆地多为沙漠土壤，植被覆盖度比较低，从而植被蒸腾量的占比相较于土壤蒸发量的占比较小。

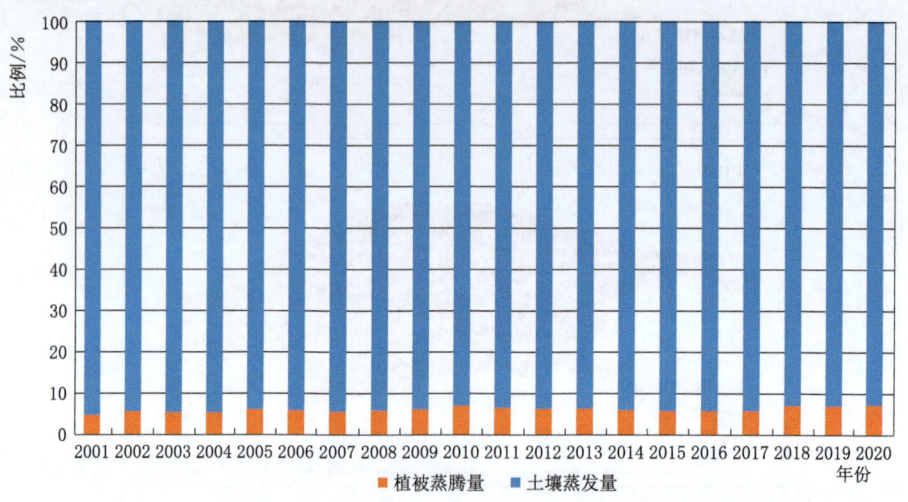

图 7-11　柴达木盆地 2001—2020 年土壤蒸发量与植被蒸腾量占比

图 7-12 是 2001—2020 年柴达木盆地土壤蒸发量和植被蒸腾量的变化趋势。由于柴达木盆地的自然景观多为干旱沙漠，植被覆盖度较低，仅有 4%，2001—2020 年，土壤蒸发量的年均值为 168.77mm，植被蒸腾量的年均值为 10.43mm。从图 7-12 中得出，近 20 年土壤年蒸发总量上下波动较大，最小值出现在 2004 年（157.94mm），最大值出现在 2012 年（186.79mm），没有显著的增长和下降趋势，标准差为 9.19mm/年。相比于土壤蒸发量，植被蒸腾量上下波动范围也较大，最小值出现在 2001 年（7.96mm），与年均总量偏差 2.47mm，最大值出现在 2018 年（12.57mm），与年均总量偏差 2.14mm，整体呈现一个显著的增长趋势，植被蒸腾量近 20 年的标准差为 1.28mm/年，发生这一现象可能是因为近些年柴达木盆地的植被覆盖面积逐渐增大。总体来说，土壤蒸发量与植被蒸腾量的年际变化趋势保持一致，但在 2009—2011 年以及 2019—2020 年两者变化趋势相反，相对于土壤蒸发量而言，两者有一个共同的谷值，出现在 2016 年。对比植被蒸腾与土壤蒸发逐年总量，土壤蒸发量远远高于植被蒸腾量，为植被蒸腾量的 13～20 倍。正常来说，植被蒸腾量会高于纯裸土蒸发量，但现在明显相反，原因主要是整个柴达木盆地属高原大陆性气候，以干旱为主要特点，纯裸土所占面积远远超过植被覆盖面积，导致

土壤蒸发量远高于植被蒸腾量。

图 7-12　2001—2020 年柴达木盆地土壤蒸发量和植被蒸腾量变化趋势

表 7-2 和表 7-3 分别是 2001—2020 年柴达木盆地逐月土壤蒸发量和逐月植被蒸腾量，图 7-13 是根据表 7-2 和表 7-3 所绘的土壤蒸发量与植被蒸腾量 20 年逐月变化趋势图，土壤蒸发量与植被蒸腾量全年变化趋势明显相一致，均呈单峰型变化，土壤蒸发 1—6 月上升而后逐月下降，而植被蒸腾量为 1—7 月上升，之后逐月下降。两者年内变化趋势一致，均呈单峰型，但植被蒸腾量达到峰值的时间总体比土壤蒸发量晚一个月，滞后效应显著。

表 7-2　　　　柴达木盆地 2001—2020 年逐月土壤蒸发量　　　　单位：mm

时间	1月	2月	3月	4月	5月	6月	7月	8月	9月	10月	11月	12月
2001 年	1.64	3.74	10.54	14.86	22.13	26.99	26.54	21.53	19.15	9.17	3.66	1.22
2002 年	1.71	3.93	9.79	17.27	24.11	36.87	30.47	24.70	19.64	9.18	3.53	1.48
2003 年	1.70	3.02	7.89	17.38	21.76	24.40	25.92	23.31	18.75	10.55	3.76	1.66
2004 年	1.25	3.12	8.77	18.56	22.07	24.67	24.49	24.49	17.95	8.46	2.92	1.19
2005 年	1.99	3.52	10.96	17.39	29.48	29.35	33.10	23.32	17.99	10.92	4.05	2.00
2006 年	1.57	3.11	8.70	17.18	22.71	23.60	26.00	23.27	19.06	9.53	3.52	1.34
2007 年	1.90	3.18	8.32	20.32	25.70	26.30	28.34	25.74	19.91	10.66	4.72	1.69
2008 年	1.24	2.75	8.72	18.03	23.11	24.87	25.31	25.31	17.71	8.96	2.94	1.51
2009 年	1.40	3.07	7.28	13.35	20.83	33.13	30.41	27.63	19.04	9.01	3.28	1.63
2010 年	1.62	2.90	6.75	12.83	21.29	31.61	31.35	27.04	18.37	8.86	3.79	1.75
2011 年	1.58	3.02	7.32	13.54	20.99	31.96	29.64	27.24	18.13	9.59	3.45	1.79
2012 年	1.72	3.52	10.11	17.49	26.74	32.35	35.16	26.74	17.96	10.19	3.39	1.42

续表

时间	1月	2月	3月	4月	5月	6月	7月	8月	9月	10月	11月	12月
2013年	2.00	4.10	13.22	16.94	24.06	26.70	28.33	21.30	16.01	10.09	3.21	1.55
2014年	2.13	3.90	10.50	15.02	22.08	27.39	28.03	22.35	17.04	8.67	2.68	1.40
2015年	1.49	3.25	9.08	14.42	21.17	31.19	29.02	21.40	17.94	9.80	3.53	1.52
2016年	1.60	3.56	9.40	17.48	21.89	24.73	24.04	23.56	17.52	9.39	3.91	1.79
2017年	1.72	3.23	7.85	14.52	19.56	30.34	28.74	25.01	18.94	9.90	3.95	2.14
2018年	1.76	3.28	10.23	15.60	26.35	34.49	32.44	26.25	18.05	10.23	2.19	1.08
2019年	1.20	2.66	7.48	17.02	24.95	33.65	32.48	22.79	17.84	8.72	2.97	1.11
2020年	1.23	3.56	6.79	12.28	21.15	31.06	28.66	26.12	18.76	11.67	4.21	1.71
平均值	1.62	3.32	8.98	16.07	23.11	29.28	28.93	24.46	18.29	9.68	3.48	1.55

表7-3　　柴达木盆地2001—2020年逐月植被蒸腾量　　单位：mm

时间	1月	2月	3月	4月	5月	6月	7月	8月	9月	10月	11月	12月
2001年	0.08	0.18	0.41	0.53	0.99	1.23	1.74	1.34	0.90	0.35	0.14	0.06
2002年	0.07	0.17	0.35	0.68	1.00	1.89	2.46	2.13	1.10	0.40	0.11	0.07
2003年	0.08	0.10	0.33	0.61	0.96	1.32	2.01	1.73	1.07	0.43	0.15	0.07
2004年	0.06	0.11	0.38	0.67	0.81	1.39	1.89	1.88	1.02	0.31	0.10	0.06
2005年	0.07	0.10	0.29	0.59	1.07	1.75	3.04	2.27	1.27	0.47	0.19	0.09
2006年	0.09	0.11	0.36	0.60	1.00	1.40	2.40	1.91	1.14	0.43	0.11	0.06
2007年	0.07	0.12	0.30	0.80	1.10	1.34	2.29	2.04	1.25	0.46	0.19	0.09
2008年	0.06	0.11	0.33	0.67	0.92	1.48	2.03	1.98	0.97	0.34	0.08	0.05
2009年	0.06	0.15	0.31	0.56	0.75	2.05	2.80	2.34	1.12	0.30	0.10	0.08
2010年	0.08	0.14	0.27	0.57	0.92	1.64	3.41	2.84	1.29	0.40	0.14	0.08
2011年	0.08	0.15	0.30	0.57	1.02	2.13	2.92	2.38	1.12	0.49	0.12	0.09
2012年	0.08	0.12	0.34	0.74	1.09	1.67	3.05	2.84	1.27	0.45	0.15	0.08
2013年	0.09	0.22	0.55	0.69	1.11	1.93	2.76	2.08	0.95	0.42	0.12	0.07
2014年	0.10	0.16	0.49	0.70	1.05	1.35	2.35	2.06	1.05	0.36	0.09	0.07
2015年	0.06	0.13	0.32	0.61	0.98	1.65	2.80	1.77	0.97	0.41	0.16	0.07
2016年	0.08	0.12	0.42	0.69	0.97	1.62	2.08	1.73	1.01	0.41	0.16	0.10
2017年	0.08	0.13	0.22	0.66	0.95	1.66	2.50	1.96	1.27	0.46	0.15	0.10
2018年	0.09	0.13	0.42	0.72	1.19	2.01	3.56	2.60	1.27	0.47	0.08	0.04
2019年	0.04	0.08	0.26	0.73	1.23	2.01	3.46	2.26	1.34	0.42	0.12	0.04
2020年	0.04	0.12	0.28	0.55	0.99	2.02	3.10	2.92	1.44	0.59	0.22	0.10
平均值	0.07	0.13	0.35	0.65	1.00	1.68	2.63	2.15	1.14	0.42	0.13	0.07

7.2 土壤蒸发与植被蒸腾

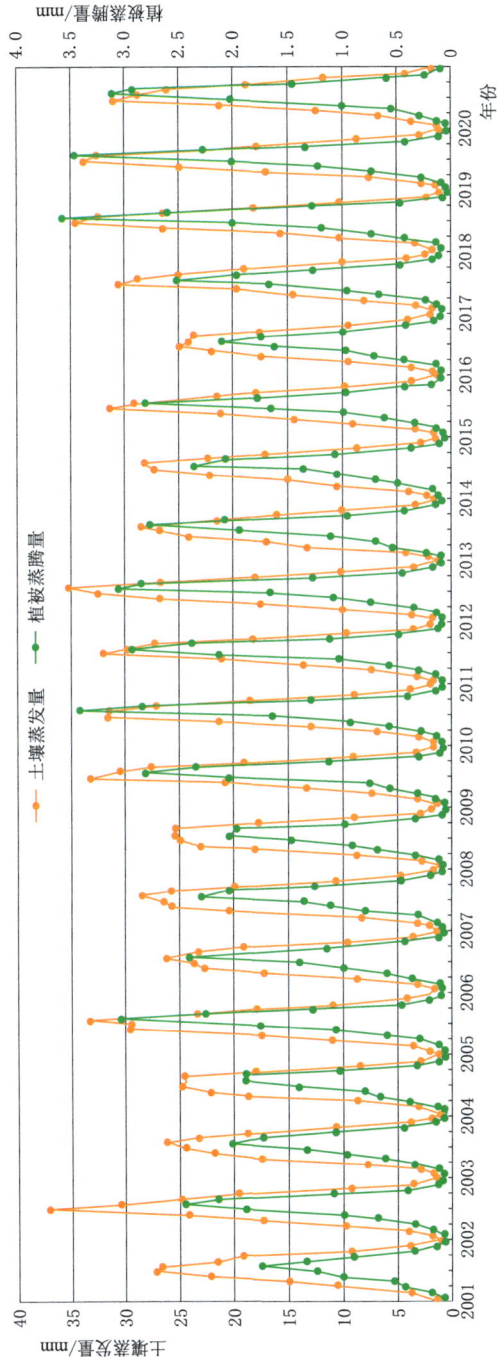

图 7-13 柴达木盆地 2001—2020 年土壤蒸发量与植被蒸腾量逐月变化趋势

图 7-14 为土壤蒸发量和植被蒸腾量季节性空间分布图。图 7-15 和图 7-16 分别是土壤蒸发量逐月空间分布图和植被蒸腾量逐月空间分布图。从图 7-14 可以看出，土壤蒸发量存在较明显的季节差异和空间分布差异，夏季蒸发量明显较高，冬季则较低。四季变化最明显的地区还是集中在东部、南部以及西南边界地区；植被蒸腾量季节差异和空间分布差异较小，东部地区变化较为明显。由图 7-15 和图 7-16 可知，逐月土壤蒸发量、植被蒸腾量变化均是由西北向东南地区增大。

而南部昆仑山区和东北部祁连山区的植被蒸腾量高于盆地内部及西北部地区，在这些区域的四周山区，植被蒸腾量月变化较大，且植被蒸腾主要集中在南部及东部地区。植被蒸腾量的季节变化与土壤蒸发量相一致，冬季（12 月至次年 2 月），气候条件不利于植被蒸腾，因此植被蒸腾量最低。春季（3—5 月），植被逐渐增多，植被蒸腾量也逐渐加大。夏季（6—8 月），气温达到最高值，在此期间供水充足，日照充足，植被生长逐渐饱和，达到最大蒸腾量。秋季（9—11 月），万物凋零，植被分布面积也逐渐缩减，从而植被蒸腾量也降低。

7.2.4 小结

本节针对干旱内陆区实测资料匮乏的现状，利用特征空间法实现了柴达木盆地逐日陆面蒸散发的遥感估算，进而通过土壤蒸发与植被蒸腾分离技术研发和土壤水资源消耗效应评价指标体系构建，以时空连续的方式揭示了土壤蒸发与植被蒸腾的时空变化特征，主要研究结果如下：

（1）从土壤蒸发和植被蒸腾的分离结果来看，两者均存在明显的空间分布差异性。每年植被蒸发量较低的地方集中在干旱地区，而蒸发量高的地区都分布在河流湖泊附近。盆地西北部地区土壤蒸发量较低，南部格尔木区、东部德令哈区以及北部大柴旦区土壤蒸发量较高。而南部昆仑山区和东北部祁连山区植被蒸腾量要高于盆地内部及西北部，盆地靠近西北部的阿尔金山地区，虽然存在一定的植被蒸腾，但远远不及昆仑山区、祁连山区。

（2）从土壤蒸发和植被蒸腾总量以及占比来看，土壤蒸发量的年均值为 168.77mm，植被蒸腾量的年均值为 10.43mm。两者年际变化基本一致，但土壤蒸发量远远高于植被蒸腾量，为植被蒸腾量的 13~20 倍，可以发现两者占总蒸散发量的比重保持相对稳定，土壤蒸发量占比约为 94%，而植被蒸腾量约占 6%。出现这一情况也与盆地的自然景观相一致，盆地多为沙漠土壤，植被覆盖度比较低，因而植被蒸腾量的占比相较于土壤蒸发量就会小很多。

（3）从年内变化来看，土壤蒸发量与植被蒸腾量年内变化趋势相一致，均呈单峰型变化，土壤蒸发量 1—6 月上升而后逐月下降，而植被蒸腾量为 1—7 月上升，之后逐月下降，土壤蒸发量和植被蒸腾量最小值出现在 1 月或 12 月，

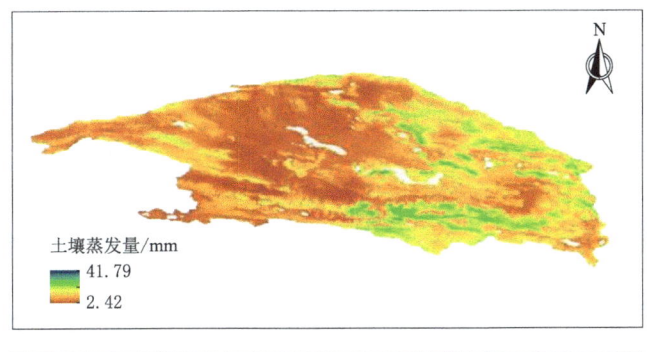

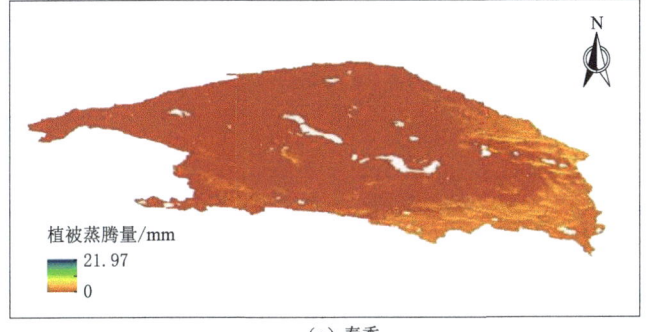

(a) 春季

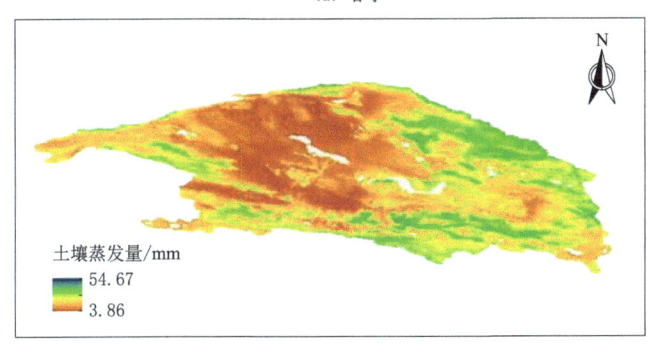

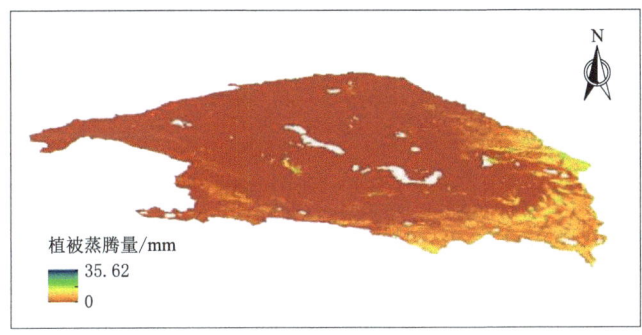

(b) 夏季

图 7-14（一） 柴达木盆地土壤蒸发量和植被蒸腾量季节性空间分布

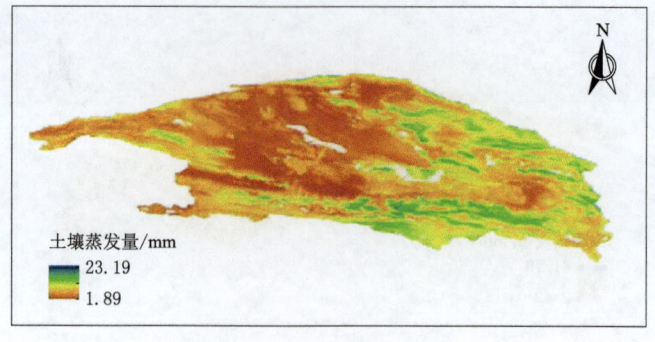

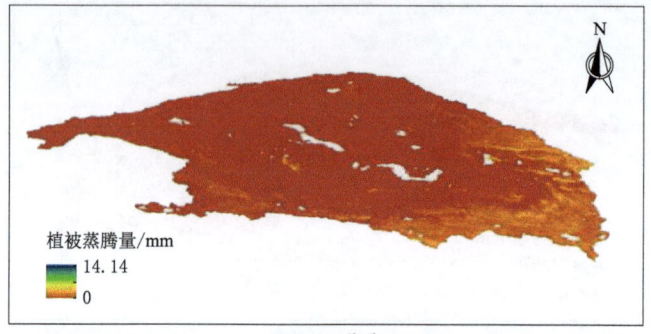

(c)秋季

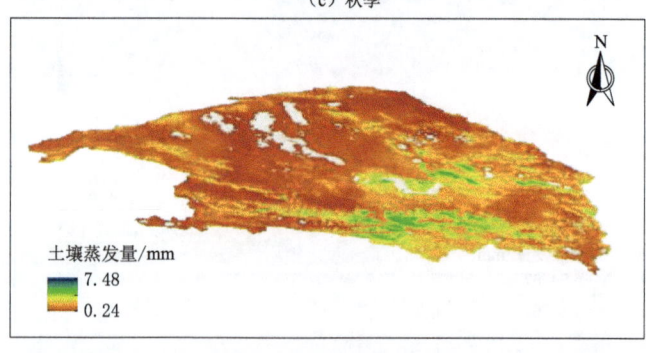

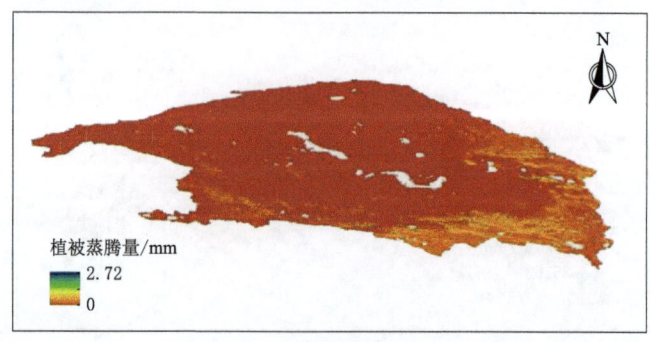

(d)冬季

图 7-14(二) 柴达木盆地土壤蒸发量和植被蒸腾量季节性空间分布

7.2 土壤蒸发与植被蒸腾

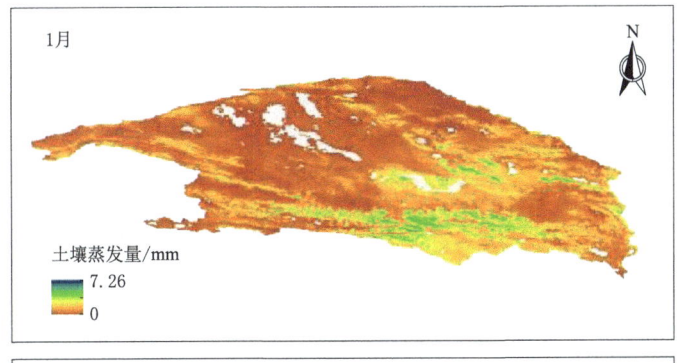

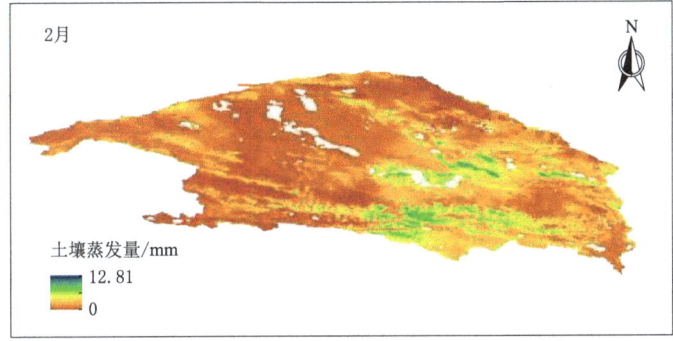

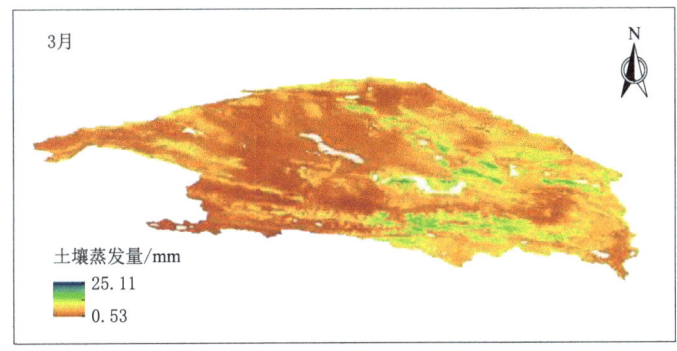

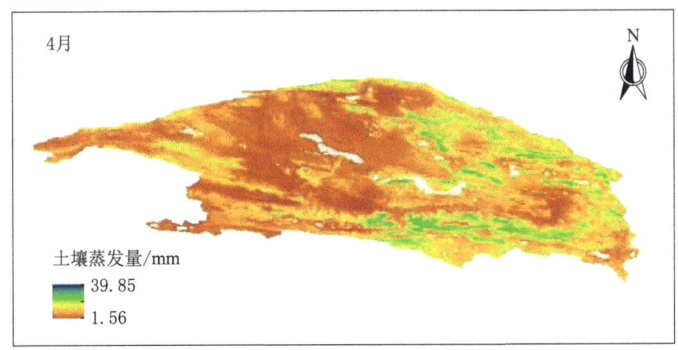

图 7-15（一） 柴达木盆地土壤蒸发量逐月空间分布

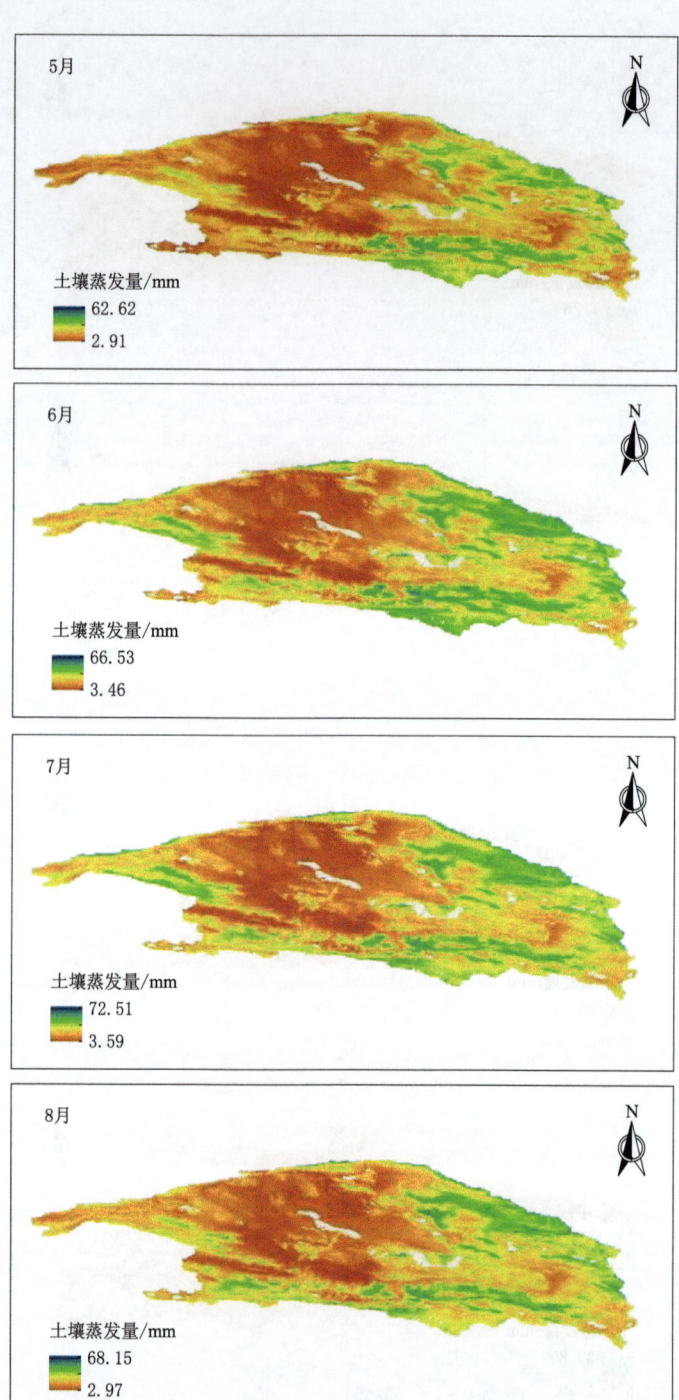

图 7-15（二） 柴达木盆地土壤蒸发量逐月空间分布

7.2 土壤蒸发与植被蒸腾

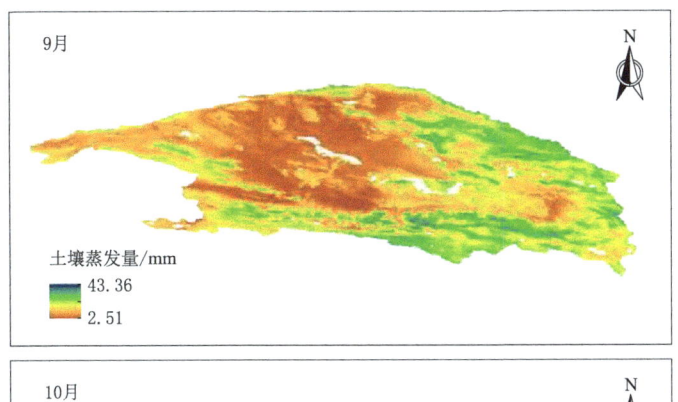

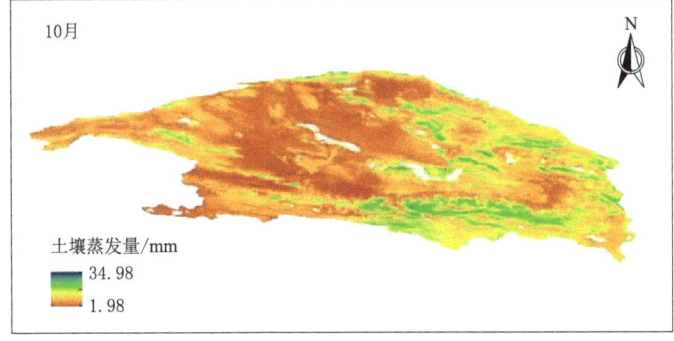

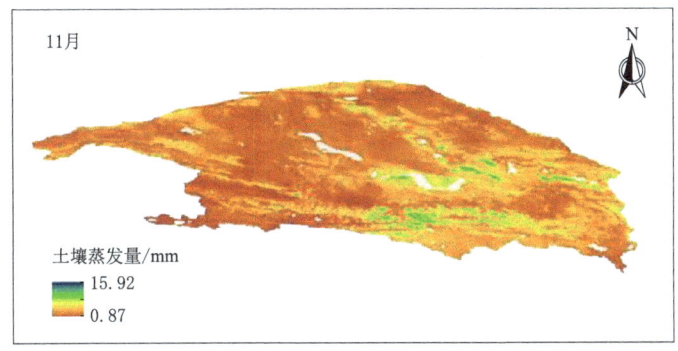

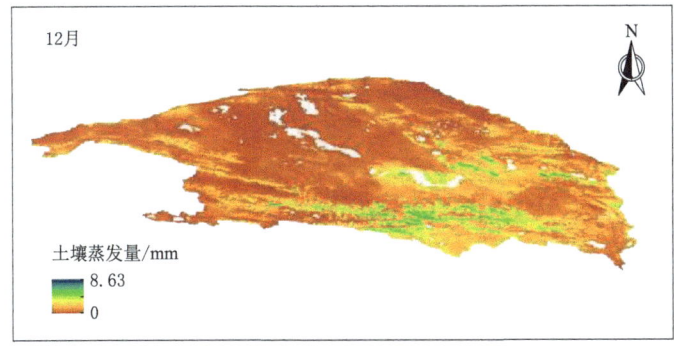

图 7-15（三） 柴达木盆地土壤蒸发量逐月空间分布

175

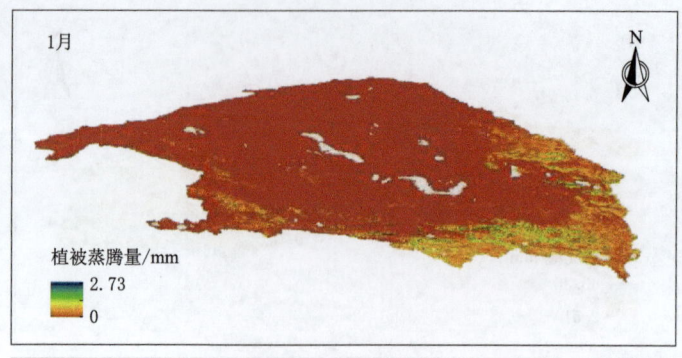
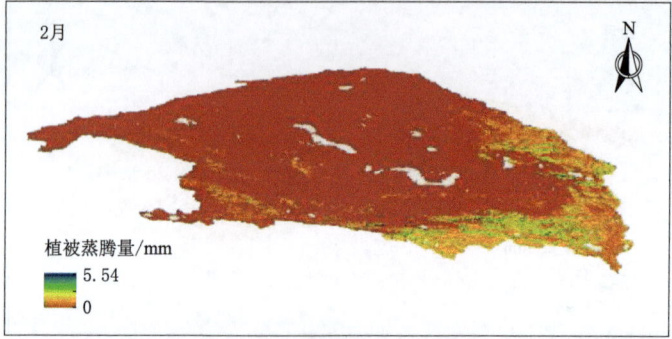
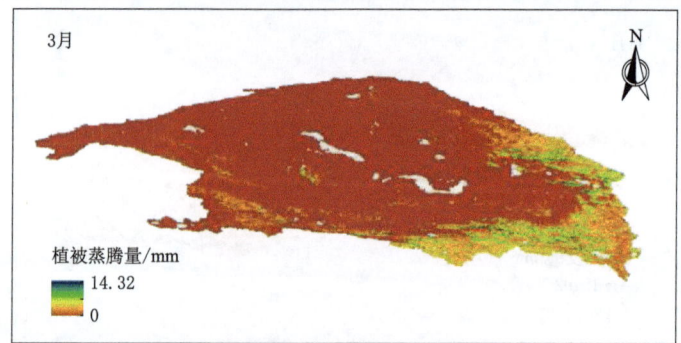
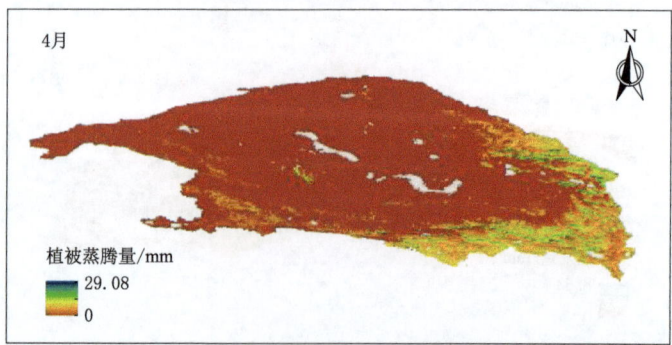

图 7-16（一） 柴达木盆地植被蒸腾量逐月空间分布

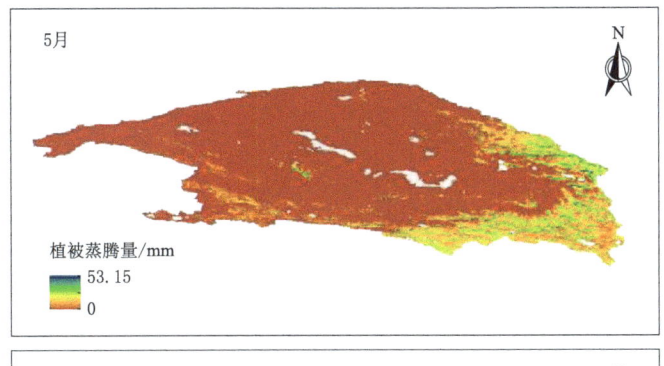
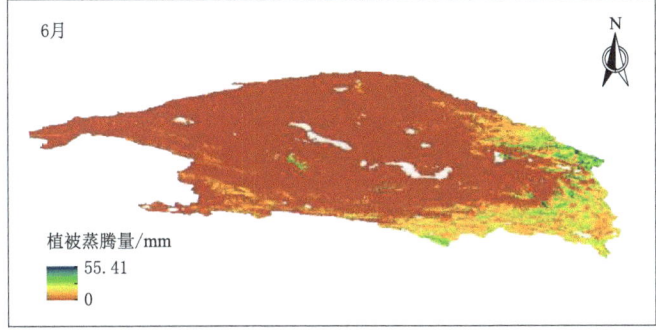
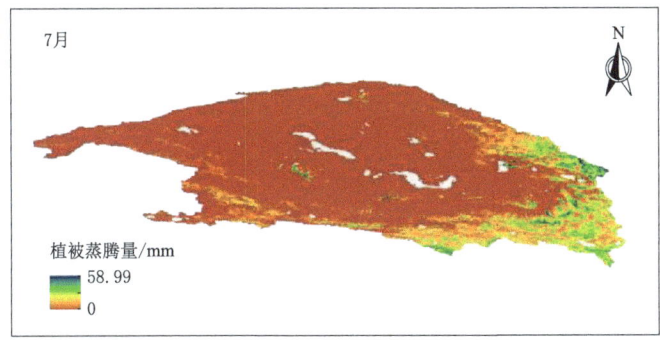
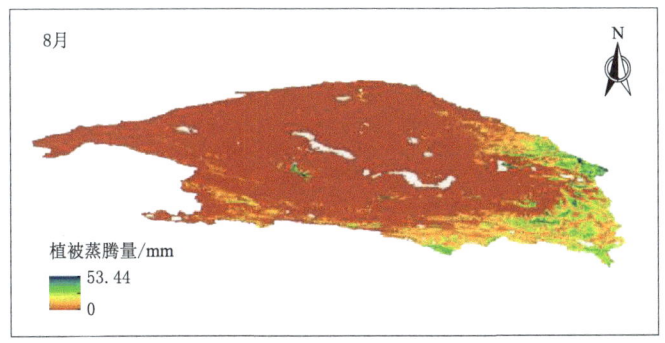

图 7-16（二） 柴达木盆地植被蒸腾量逐月空间分布

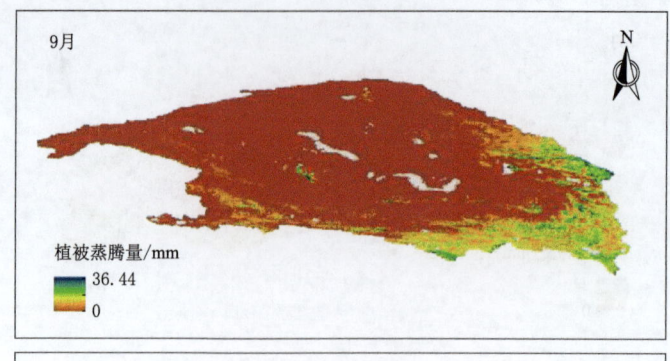

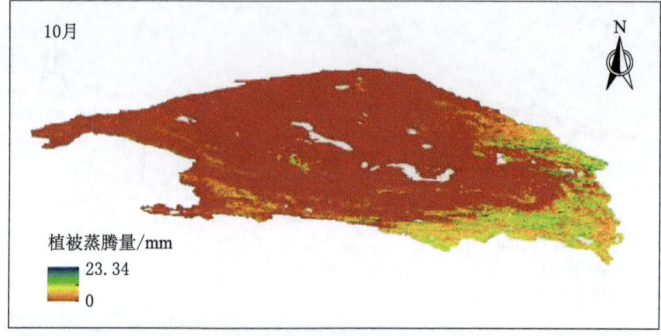

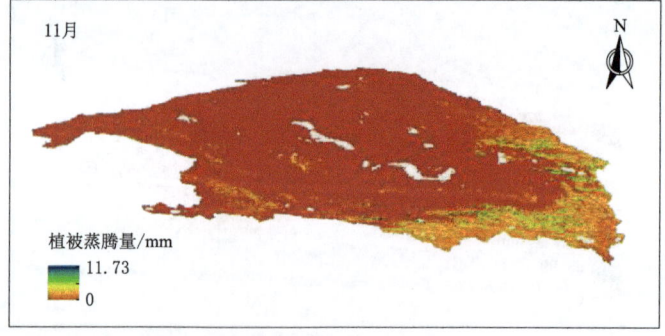

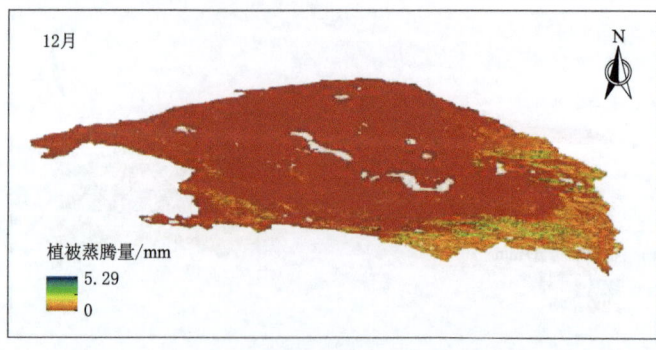

图 7-16（三） 柴达木盆地植被蒸腾量逐月空间分布

最大值出现在 6 月或 7 月。两者同时也存在显著的季节差异性，在冬季，充满着不利于蒸腾和蒸发的条件，植被蒸腾量和土壤蒸发量最低，在夏季，气温达到最高值，在此期间供水充足，日照充足，植被生长逐渐饱和，达到最大植被蒸腾量，土壤蒸发量也达到最高。

7.3 耗水有效性评价

本节首先利用单源遥感蒸散发模型进行蒸散发的总体遥感估算，进而基于双源蒸散发模型的理论框架，实现土壤蒸发与植被蒸腾的分离，最后通过土壤蒸发的进一步分离，开展蒸散发水分消耗的有效性评价。

在土壤蒸发与植被蒸腾分离的基础上，本章采用王浩等（2007）提出的土壤水资源消耗效应评价指标体系进行柴达木盆地青海省境内部分耗水有效性评价。具体来说，蒸散发的水分消耗效应被分解为三个部分：①植被蒸腾直接参与干物质形成，被认为是高效耗水；②植被间的土壤蒸发虽然并未直接参与干物质生成，但是具有调节植被生长小气候的作用，可认为是中效耗水；③而在研究区广泛存在的盐壳、戈壁和沙漠等，常年属于无植被区，这些地区的土壤蒸发被认为是低效耗水。由此可见，为了实现低效耗水与中效耗水的分项评价，还需进一步将土壤蒸发进行分离。本节以求得的多年平均植被覆盖度为依据，将 f_c 接近于 0 的土壤蒸发定义为低效耗水，将 f_c 高于 0 的土壤蒸发定义为中效耗水。

7.3.1 蒸散发精度评价与时空分布特征

7.3.1.1 蒸散发估算精度评价

由于缺乏蒸散发实测数据，本节主要通过与现有蒸散发产品的对比分析来进行精度评价。虽然当前国外机构已发布了多种全球尺度的遥感蒸散发产品，譬如 MOD16A2、GLEAM 与 SSEBop 等，但这些产品或者空间分辨率较低，或者在研究区存在数据缺失。鉴于此，本章基于国内外蒸散发模拟研究的发展前沿，选用了两套由国家青藏高原科学数据中心发布的、相对较新并且具有较高空间分辨率的蒸散发产品作为参考。一套为 Zhang 等（2019）通过总初级生产力与蒸散发耦合模拟生成的全球 500m、8 天时间尺度蒸散发产品，另一套为 Ma 等（2019）基于蒸散发互补模型建立的我国 0.1°×0.1°分辨率、月尺度蒸散发产品，该蒸散发产品的气象输入是由我国气象实测数据同化得到的。可以看出，这两套产品无论是在空间分辨率还是输入数据的准确性方面都有明显优势。与本章相比，两者均未提供日尺度数据，因此仅从年尺度和月尺度两个方面来进行精度评价。图 7-17（a）是年尺度对比分析结果，可以看出前 4 年 3 组数据具有较好的一致性，此后 2016—2018 年，Zhang 等（2019）估算结果总体偏大，而马宁

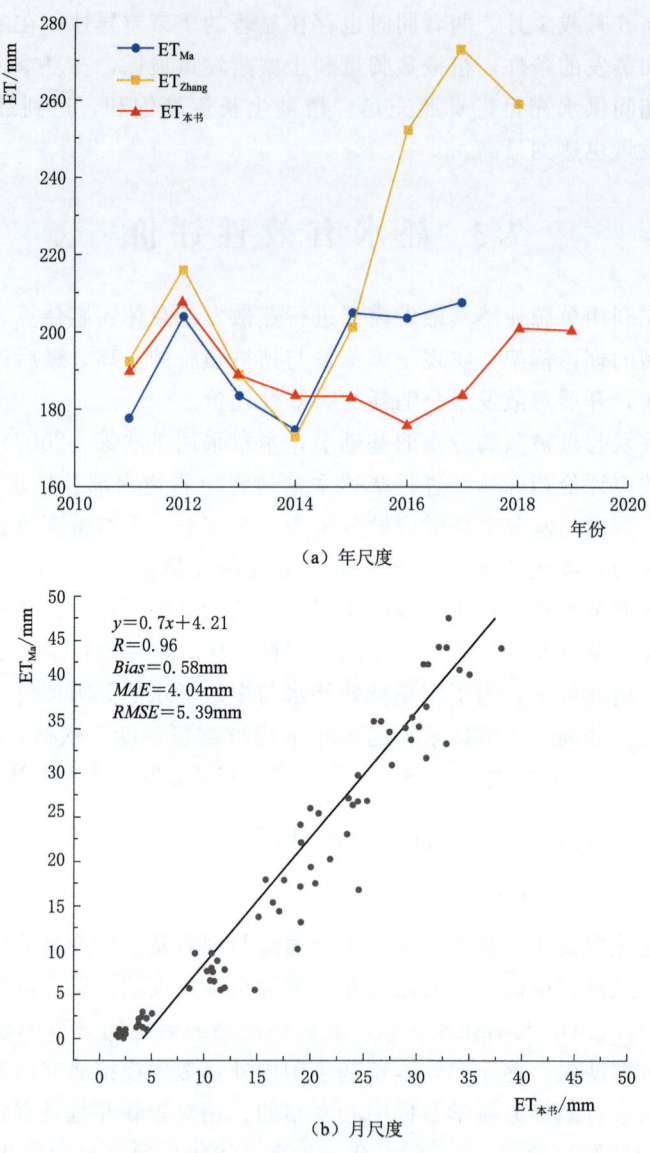

图 7-17 本章蒸散发估算结果与现有产品的对比分析

等（2019）数据虽然缺少两年，但整体与本章结果比较接近。图 7-17（b）是本章估算结果与马宁等的数据集在 2011—2017 年月尺度对比的情况，两组数据平均绝对误差（MAE）、均方根误差（$RMSE$）和偏差（$Bias$）分别为 4.04mm、5.39mm 和 0.58mm，R 高达 0.96，具有显著的正相关性。此外，虽然蒸发皿观测数据代表的是潜在蒸散发，其数值在柴达木盆地这类干旱区远远高于实际蒸散发，但在实际蒸散发实测数据匮乏的条件下，两者之间的对比也具有一定程度的验证作用。图 7-18 为 9 个气象站 2011—2019 年月尺度两者的散点图，可以看出两者在站点尺度具有很好的正相关性，R 为 $0.52\sim0.85$。因此，基于以上两方面综合评价，说明本章估测结果达到了一定的精度要求，可用于分析研究区蒸散发时空动态特征。

7.3.1.2 蒸散发时空分布总体特征

柴达木盆地青海省内部分 2011—2019 年蒸散发时间变化趋势如图 7-19 所示。盆地年蒸散发变化范围为 $173.04\sim205.99\text{mm}$，多年平均值为 188.75mm。从年际变化看，盆地蒸散发近 9 年整体呈现先减少后增加趋势，标准差为 9.62mm/年。从月际变化看，9 年蒸散发年内变化趋势非常接近，均呈显著单峰型。1—5 月盆地蒸散发持续增加，于 6 月或 7 月达到顶点，之后逐渐下降。

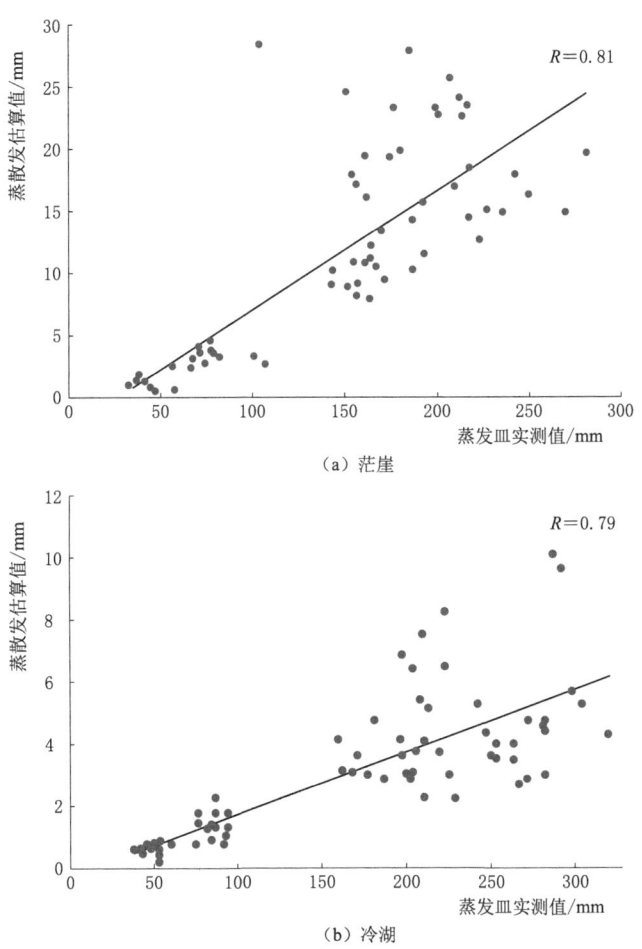

(a) 茫崖

(b) 冷湖

图 7-18（一） 2011—2019 年 9 个国家气象站月尺度蒸散发估测值与实测值相关关系

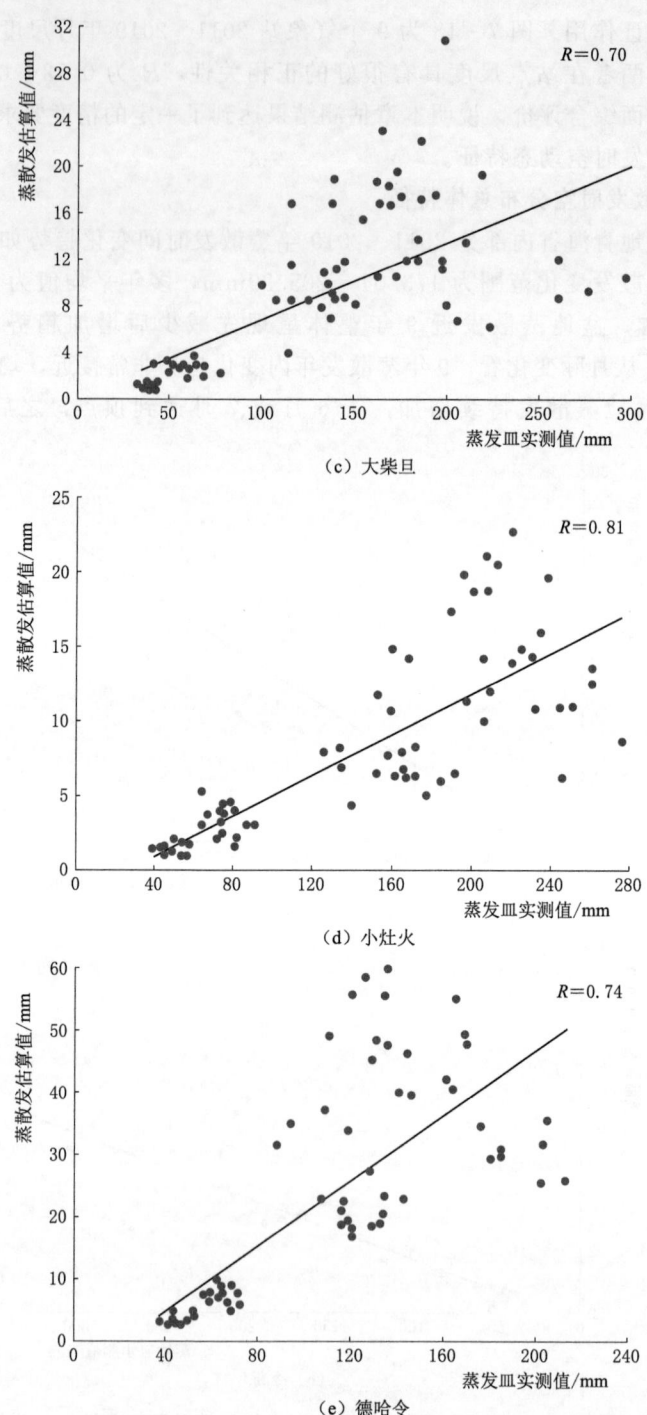

图7-18（二） 2011—2019年9个国家气象站月尺度蒸散发估测值
与实测值相关关系

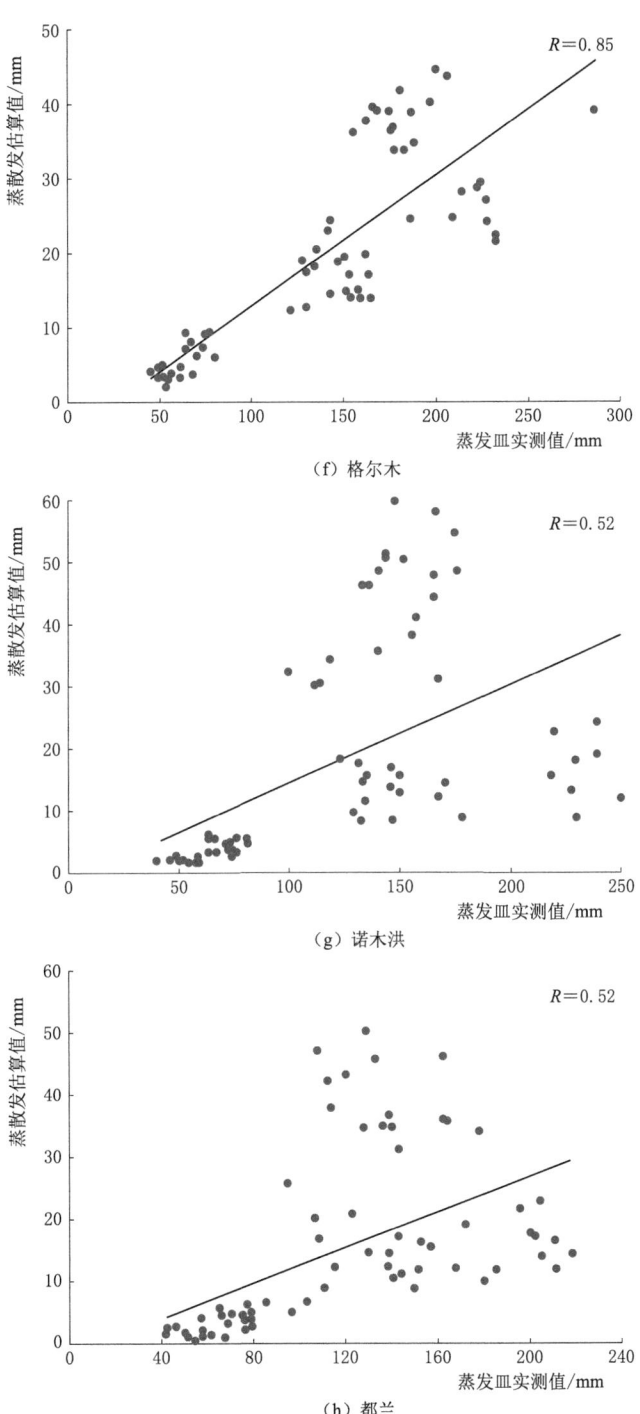

(f) 格尔木

(g) 诺木洪

(h) 都兰

图 7-18（三） 2011—2019 年 9 个国家气象站月尺度蒸散发估测值
与实测值相关关系

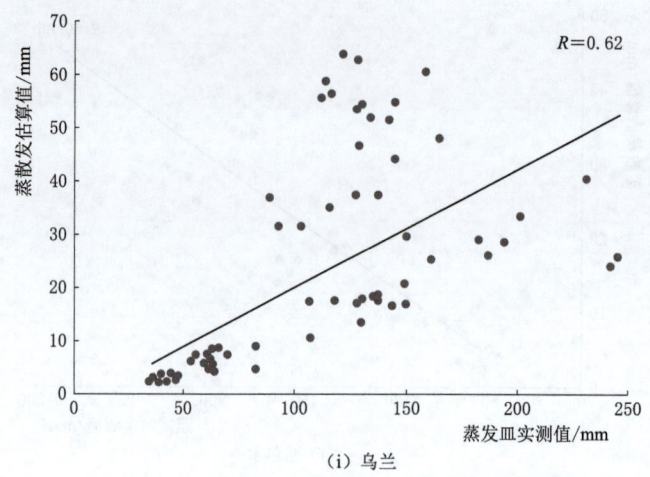

(i) 乌兰

图 7-18（四） 2011—2019 年 9 个国家气象站月尺度蒸散发估测值与实测值相关关系

2011 年，月蒸散发最小值出现在 1 月，其余年份月蒸散发最小值均出现在 12 月。总体来说，4—9 月是盆地蒸散发的集中期，这 6 个月的蒸散发约占全年蒸散发的 80%。

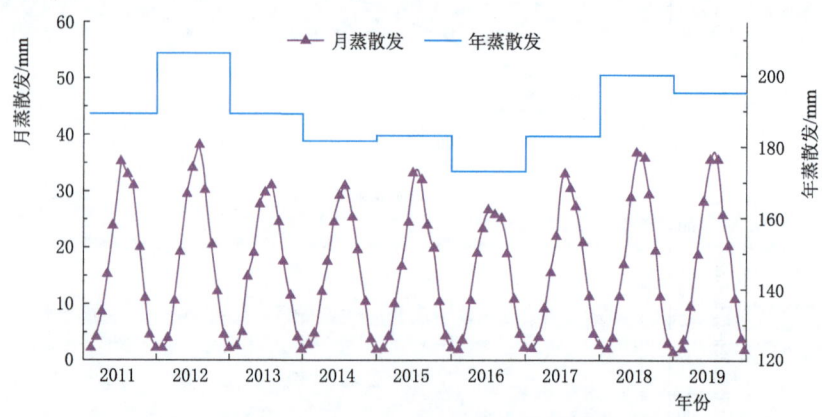

图 7-19 2011—2019 年柴达木盆地青海省内部分蒸散发变化趋势图

图 7-20 是柴达木盆地青海省内部分多年平均蒸散发空间分布图，可以看出盆地蒸散发地域分异特征显著，具有明显地从东南向西北减少的趋势。这种差异主要是由盆地降水的空间格局决定的。具体来说，盆地降水整体表现为东部大于西部，四周山区高于盆地内部，这与本章蒸散发的空间分布特征非常吻合。对于盆地内部而言，蒸散发高值受局部水文条件影响，多出现于盆地中部的地下水出流带以及河流湖泊等水体附近（如达布逊湖、托素湖、托索湖、柴达木河等），

呈亮斑及条带状分布。

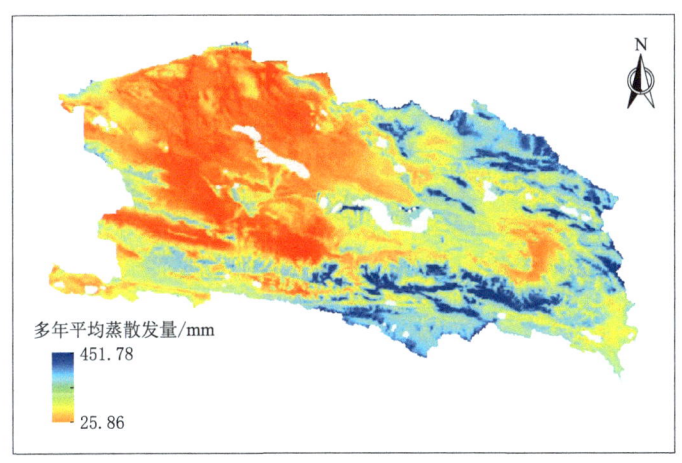

图 7-20　柴达木盆地青海省内部分多年平均蒸散发量的空间分布图

7.3.2　土壤蒸发与植被蒸腾分项评价

图 7-21 为柴达木盆地青海省内部分 2011—2019 年土壤蒸发与植被蒸腾变化趋势图。土壤蒸发量多年平均值为 171.06mm，植被蒸腾量多年平均值为 14.26mm，两者分别占总蒸散发的 92.2% 和 7.7%。根据本章的估算结果，研究区总体的植被覆盖度仅为 4%，因而盆地整体的植被蒸腾量远远低于土壤蒸发量。就年际变化来看，土壤蒸发年际波动明显，变化趋势与盆地蒸散发一致，整体呈单谷型，最大值出现在 2012 年 (188.36mm)，最小值出现在 2016 年 (156.41mm)，标准差为 9.16mm/年；而植被蒸腾与盆地蒸散发年际变化并非完全一致，两者在 2014—2016 年以及 2019 年的变化趋势相反。在年内变化方面，土壤蒸发与植被蒸腾均呈单峰型，与降水量年内分配不均相一致；然而植被

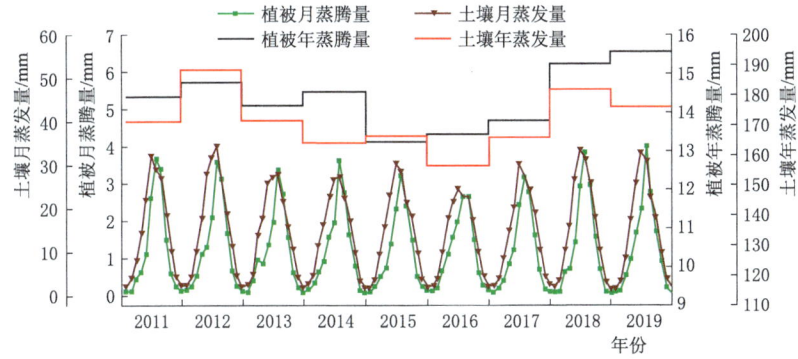

图 7-21　柴达木盆地青海省内部分 2011—2019 土壤蒸发与植被蒸腾变化趋势图

蒸腾峰值出现时间（7月）总体比土壤蒸发（6月）晚1个月，具有明显的滞后效应。

图7-22（a）和图7-22（b）是土壤蒸发量与植被蒸腾量空间分布图。具体来说，土壤蒸发量的空间分布趋势与盆地总的蒸散发量接近，具有明显的由西北向东南增大、从盆地内部向四周山区增加的趋势；对于植被蒸腾而言，由于盆地内部属于无植被区，而在外部呈现半环状植被分布带，因此植被蒸腾的空间分布极不均匀，主要集中在盆地东南部，整体呈向西北开口的半环形，并在局部地区受河流及地下水等影响，具有间断条带状分布特征。图7-22（c）和图7-22（d）分别为土壤蒸发量与植被蒸腾量占总蒸散发量的比例分布图。可以看出，两者的空间分布具有显著的互补效应，土壤蒸发量占比为39%～100%，高值区广泛分布于盆地内部及西北部的无植被地带；植被蒸腾量占比为0%～61%，这意味着在1km×1km的空间尺度研究区尚无纯植被覆盖像元，其空间分布受植被覆盖度控制，高值集中分布在盆地东南部以及祁连山和昆仑山的部分地区。

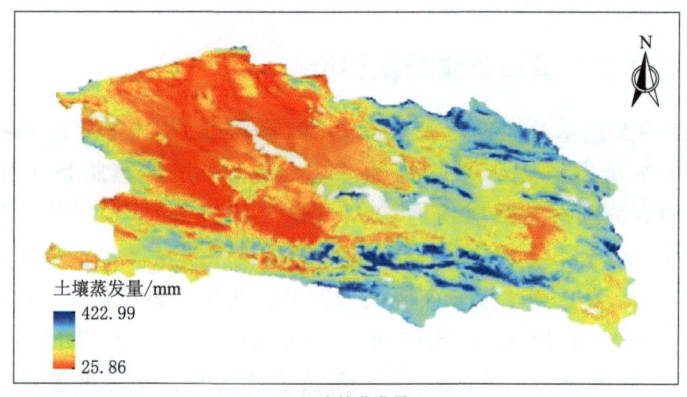

(a) 土壤蒸发量

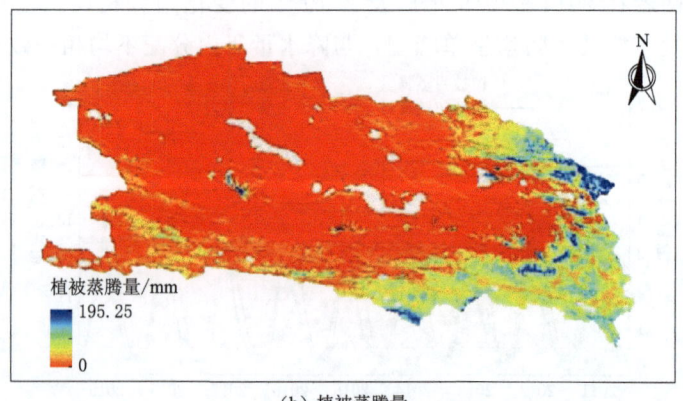

(b) 植被蒸腾量

图7-22（一） 柴达木盆地青海省内部分土壤蒸发量与植被蒸腾量空间分布及占比图

(c) 土壤蒸发量/蒸散发量

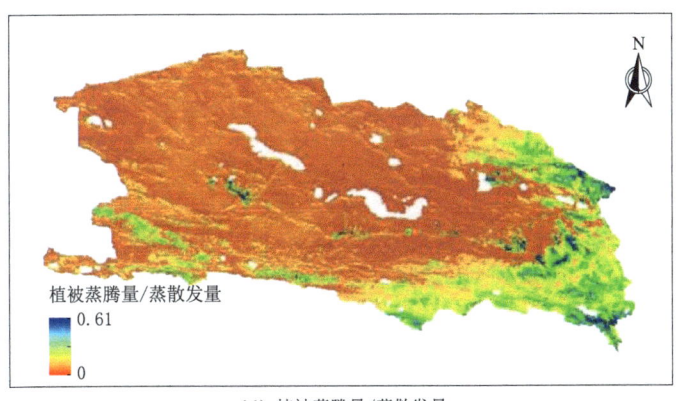

(d) 植被蒸腾量/蒸散发量

图 7-22（二） 柴达木盆地青海省内部分土壤蒸发量与植被蒸腾量空间分布及占比图

7.3.3 自然生态系统用水有效性评价

表 7-4 是根据土壤水资源消耗效应评价指标体系，对柴达木盆地青海省内部分 2011—2019 年自然生态系统用水有效性评价的结果。具体来说，盆地自然生态系统多年平均耗水总量为 430.94 亿 m^3，其中有 4 个年份耗水总量高于平均水平。耗水量大小按有效性排序依次为：中效耗水＞低效耗水＞高效耗水，三者分别为 226.55 亿 m^3、176.17 亿 m^3 和 28.22 亿 m^3，占总耗水量的比重分别为 52.57%、40.88% 和 6.55%。高效、中效及低效耗水量年际变化整体均呈单谷型，即两端年份（2011—2012 年和 2018—2019 年）高而中间年份（2013—2017 年）低。其中，低效与中效耗水年际变化与盆地耗水总量年际变化相吻合，而高效耗水与耗水总量年际变化趋势相比存在一定差异，2014 年高效耗水量增加，耗水总量减少；而 2015 年高效耗水量减少，耗水总量增加。此外，由于研究区

自然景观以荒漠、戈壁及盐壳为主，植被覆盖度极低，因而盆地整体的高效耗水占比远远低于中效耗水和低效耗水。然而就单位面积高效、中效、低效耗水情况而言，三者耗水量分别为297.83mm、252.83mm和132.23mm。可以看出，单位面积纯植被耗水实际要高于单位面积纯裸土耗水；而就中效耗水与低效耗水而言，两者虽然都是纯裸地耗水，但是植被株间的裸地耗水远远高于无植被区的。

表7-4 柴达木盆地青海省内部分2011—2019年耗水有效性评价统计结果

年份	耗水量/亿 m³			总量
	高效	中效	低效	
2011	28.47	222.79	179.35	430.61
2012	29.77	245.27	196.47	471.51
2013	27.77	227.21	176.11	431.09
2014	28.11	216.44	169.51	414.06
2015	26.36	216.96	173.38	416.70
2016	25.87	208.71	159.55	394.13
2017	27.14	218.77	171.41	417.32
2018	30.24	243.71	183.64	457.59
2019	30.23	239.12	176.13	445.48
平均	28.22	226.55	176.17	430.94

图7-23是高效、中效、低效耗水量多年平均的逐月占比情况，其中高效耗水占比为4%～10%，具有明显的生长季高于非生长季特点，呈单峰型变化；低

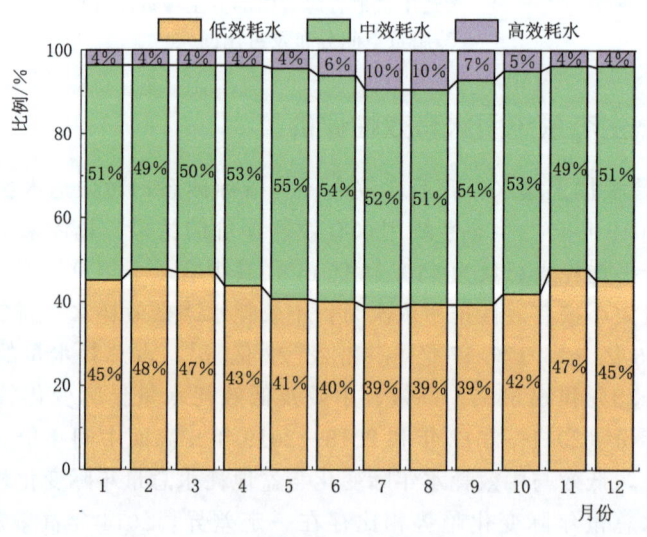

图7-23 柴达木盆地青海省内部分不同等级耗水量逐月占比情况

效耗水占比为 39%~48%，具有明显的非生长季高于生长季特点，表现为单谷型；而中效耗水占比为 49%~55%，呈现双峰型，耗水量占比于 3—5 月（春季）显著上升，而 6—8 月（夏季）及 10—11 月具有明显下降趋势。

7.4 结　　论

本章针对干旱内陆区实测资料匮乏的现状，利用特征空间法实现了青海省内柴达木盆地逐日陆面蒸散发的遥感估算，进而通过土壤蒸发与植被蒸腾分离技术研发和土壤水资源消耗效应评价指标体系构建，以时空连续的方式揭示了土壤蒸发与植被蒸腾的时空变化特征，评价了自然生态系统水分消耗的有效性。主要结论如下：

（1）2011—2019 年，柴达木盆地青海省内部分蒸散发总体呈先减少后增加趋势，多年平均值为 188.75mm，年内变化则呈现为单峰型分布，4—9 月蒸散发占比达到 80%。受降水空间格局影响，蒸散发具有明显的空间异质性，整体表现为东部大于西部，四周山区高于盆地内部，盆地内部高值区主要集中在湖泊、河流及地下水出流带等水体附近。

（2）盆地多年平均土壤蒸发量和植被蒸腾量分别为 171.06mm 和 14.26mm，分别占总蒸散发量的 92.2% 和 7.7%。两者年内变化趋势一致，但植被蒸腾达到峰值的时间总体比土壤蒸发晚一个月，滞后效应显著。土壤蒸发空间格局与盆地总蒸散发相一致，而植被蒸腾整体呈东南向西北开口的半环形，并在局部地区具有间断条带状分布特征。

（3）盆地多年平均耗水总量为 430.94 亿 m^3，其中高效、中效和低效耗水的占比分别为 6.55%、52.57% 和 40.88%。盆地植被覆盖度较低，因而高效耗水总量远远低于中效和低效耗水。然而就单位面积而言，三者的耗水量分别为 297.83mm、252.83mm 和 132.23mm，纯植被耗水和植株间土壤耗水均远远高于无植被区纯裸土耗水。

第8章 湖泊与河流遥感监测

8.1 柴达木盆地湖泊时空变化调查

湖泊是陆地水圈的重要组成部分。全球有超过1亿个湖泊，约占地球陆地表面积的2.8%，它们是地球表层系统各圈层相互作用的联结点，具有调节区域气候、记录区域环境变化、维持区域生态系统平衡和繁衍生物多样性的特殊功能。湖泊的形成与消失、扩张与收缩反映了一定区域乃至全球的气候事件，这在干旱半干旱区尤为突出。

干旱半干旱区的水资源匮乏，生态环境十分脆弱。柴达木盆地位于青藏高原北部，这里气候干燥、降水稀少、土地荒漠化严重，是典型的干旱半干旱区。青藏高原是公认的全球气候变化的驱动机和放大器，然而近年的研究表明，柴达木盆地的升温速度达到每10年0.53℃，显著高于青藏高原其他地区，已成为全球气候变化研究中的典型区域。湖泊是气候变化的敏感指示器，柴达木盆地分布有全球最密集的盐湖群，它们多位于河流终端，其变化可以反映整个流域的水量平衡（Zhang et al., 2021）。此外，盆地内的湖泊含有丰富的矿产资源，柴达木盆地又被称为中国的"聚宝盆"。因此，监测盆地内湖泊的变化不但有利于揭示全球气候变化过程，而且对当地经济和生态可持续发展具有重要意义。然而，由于盆地地形复杂、气候恶劣，传统的基于地面站点的湖泊变化监测方法无法大范围推广应用。

遥感为大范围监测湖泊的变化提供了一种可行的手段。面积和水位是反映湖泊变化最直接的指标。得益于NASA提供的开放存取的Landsat光学影像，湖泊的面积可以方便、快速地获取，由此产生了一系列长时间序列的湖泊水体数据集，例如全球地表水数据集、全球湖泊/水库数据集。这些数据集促成了大量的湖泊面积变化研究成果，为研究全球湖泊面积变化做出了突出贡献。但是，湖泊水位的研究则多集中于2000年以后。因为可用于监测湖泊水位的测高卫星，例如CryoSat-2、ICESat、ICESat-2和Sentinel-3，仅可提供2003年以来的卫星测高数据，普遍缺少21世纪以前的湖泊的水位记录。更早的测高任务，例如TOPEX/Poseidon、ENVISAT、Jason系列，由于卫星的跨轨分辨率很低，多用于监测两极冰盖和海平面变化，因此不适合监测湖泊水位。此外，由于测高卫星的轨道配置的限制，同一湖泊几乎没有间隔固定且连续的观测记录。因此，湖泊水位的长期连续监测十分困难。

湖泊面积—水位关系曲线可用来外推湖泊水位（预测非数据覆盖期的湖泊水位）。早在 1952 年，Strahler（1952）就建立了流域面积—高度关系曲线作为确定一个地区地质成熟度的一种方法。在此基础上，通过调节函数基本型的参数来改变曲线的凹凸性以适应不同湖泊的地形变化。类似的研究一直延续至今，并诞生了一系列以 DAHITI 为代表的湖泊水位产品。与上述不同的是，目前常用最小二乘法回归来构建湖泊面积—水位关系曲线，它通过最小化误差的平方和来寻找湖泊面积和水位的最佳关系。已报道的研究中，线性曲线、多项式曲线、指数曲线和对数曲线等是较为常见的湖泊面积—水位关系曲线。满足 R^2 最大、RMSE 最小且呈单调递增的曲线被认为是最优曲线，但这只表明对现有数据的拟合度最高，当外推湖泊水位时，无法证明该曲线的最优性，因此有必要加入一个验证过程来选取真正适用外推的曲线。然而目前很少有研究考虑到这一点。在本章中，详细讨论了这一问题，并提出了一个新的评价方法来选择最优曲线，确保曲线的外推精度。

湖泊蓄水量变化对于准确评估干旱半干旱地区的气候变化及其周围水文环境的影响至关重要。然而，中国典型干旱区柴达木盆地的湖泊蓄水量变化却很少受到关注。相反，地下水和陆地蓄水量的变化则成为研究热点。例如，基于水量平衡方程计算地下水并分析其对气候变化的响应；此外，基于气象水文数据和 GRACE 数据，计算并分析柴达木盆地蓄水量的变化和差异。这些研究为了解柴达木盆地的蓄水量变化提供了有价值的数据和方法，但无一例外地忽略了湖泊的贡献。因为上述研究都遵循 Jiao 等（2015）的结论，认为柴达木盆地的湖泊蓄水量变化仅占陆地蓄水量变化的 1.1%，可以忽略不计。现在看来，Jiao 等（2015）的研究是不充分的，因为他们仅考虑了 7 个中小型湖泊的变化，大量的湖泊未被考虑。忽略柴达木盆地的湖泊蓄水量变化，必然导致其他水资源的错误估算，进而引发一系列的严重后果；也可能导致研究人员不再关注柴达木盆地的湖泊变化，无法认识到干旱半干旱地区的气候变化过程。因此，有必要全面地评估柴达木盆地湖泊蓄水量的变化，重新认识盆地内的水资源构成，为后续研究提供更为科学可信的数据支撑。

本节结合多源遥感数据，利用湖泊面积—水位关系曲线，估算并分析了典型干旱区柴达木盆地局部地区湖泊面积、水位和蓄水量的时空变化。具体来说，在此过程中主要完成 3 项工作：①调查了 1987—2020 年所有面积大于 $10km^2$ 的湖泊，分析了其长期变化趋势；②重建了 21 世纪以前的湖泊水位，提出了一个全新的评价方法，确保了湖泊面积—水位关系曲线外推湖泊水位的合理性；③估算并探讨了 1987—2020 年 16 个主要湖泊的蓄水量变化，重新评估了总湖泊蓄水量变化在陆地蓄水量变化中的比重。本节给出了干旱半干旱区湖泊的变化规律；为长时间序列湖泊水位重建提供新的方法和理论支撑;湖泊蓄水量变化的研究结果可使人们重新认识到湖泊在水资源研究中的重要性,打破人们对柴达木盆地水资源组成的原有认知,有望成为调查柴达木盆地各类水资源变化的新基准,为其他流域的水资源研究提供借鉴。

柴达木盆地(34°37′57″N~39°18′42″N,90°27′56″E~99°25′51″E)是青藏高原东北部一个巨大的构造陷落盆地,东西长约 800km,南北宽约 300km,总面积 27.6 万 km^2(图 8-1)。盆地四周被高山环抱,南部为昆仑山,东北部为祁连山,西北部为阿尔金山和祁漫塔格山。盆地最高海拔 6826m,盆地底部海拔为 2676~3200m。柴达木盆地是世界著名的内陆干旱盆地之一,气候干燥,降水稀少。降水量由四周向盆地中心递减,四周山区年降水量为 150~300mm,盆地中心年降水量小于 50mm,西北部仅为 25mm,盆地内部蒸发能力则高达 1800mm 以上。盆地内共有 30 个大于 $10km^2$ 的湖泊,尾闾湖(红色字体表示)主要分布在盆地中心,如达布逊湖、涩聂湖、北霍布逊湖、南霍布逊湖,这些湖泊只有水流入没有水流出,且由于强烈的蒸发作用,湖水高度浓缩,矿化度很高。吞吐湖包含大量淡水资源,主要分布在昆仑山北部海拔 4000m 以上的山区,其中冬给错那湖是盆地内最大的吞吐湖。

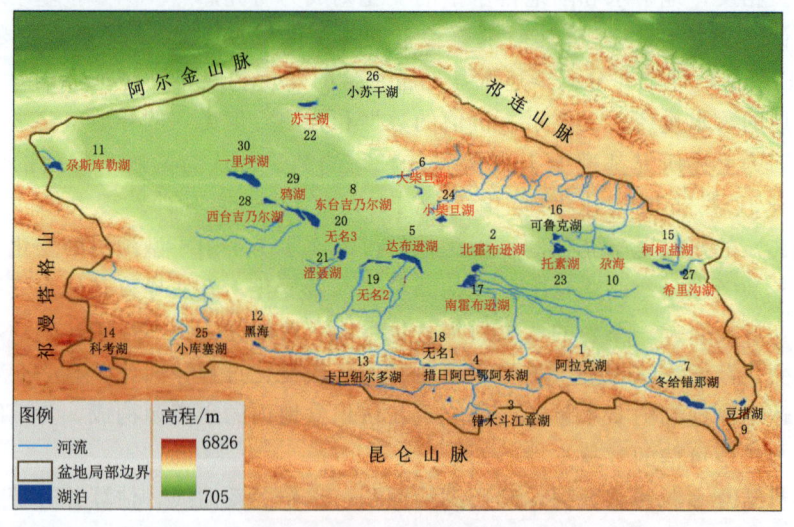

图 8-1 柴达木盆地局部地区河流与湖泊分布图

8.1.1 数据

8.1.1.1 全球地表水数据集 GSW

为了分析湖泊的年面积和空间格局变化,研究使用全球地表水每月历史数据集（JRC Monthly Water History，v1.3），基于1984年3月16日至2020年12月31日期间获得的 Landsat 5/7/8 的 4453989 个场景，使用专家系统将每个像素单独分类为水、非水和无效观测，并将结果整理成每月历史记录。根据以往的研究，将9月的湖泊面积视为湖泊的年面积。GSW 在柴达木盆地有数据的时间跨度为 1987—2020 年。没有直接使用每年历史数据集，因为它主要用于研究水体的年内季节变化，水体的季节变化容易掩盖真实的湖泊年面积变化。

8.1.1.2 多源卫星影像和测高数据

21世纪以来，测高卫星已被证明可用来观测湖泊水位的变化。本节整合了 ICESat、ICESat-2、CryoSat2 和 Sentinel-3 卫星提供的湖面测高数据，并使用 Lin 等（2020）的方法校正数据的系统偏差。由于卫星轨道和发射时间的限制，这些数据时间跨度较短且时间间隔不一，无法研究湖泊水位的长期变化规律。为了解决这一问题，本节结合 Landsat 7/8 和 Sentinel-2 卫星提供的湖泊面积来构建湖泊面积—水位关系曲线，这些卫星提供了目前常用的高空间分辨率光学遥感影像，湖泊面积的提取精度已经得到广泛验证。此外，湖泊影像和测高的采集日期必须同步才能构建准确的湖泊面积—水位关系曲线，但是实际应用中很难达到如此理想的情况，与其他研究相似，将采集日期相差7天以内的数据对视为匹配（Lin et al.，2020）。最后，使用湖泊年面积并结合湖泊面积—水位关系曲线重建湖泊年水位。

8.1.1.3 重力恢复与气候实验卫星和水文模型模拟数据

结合 GRACE 产品与水文模型模拟数据来估算大型湖泊或区域湖泊的蓄水量变化已有部分研究（Lin et al.，2020；Xu et al.，2020；Wang et al.，2019）。为了进一步探讨该方法的可行性并评估柴达木盆地总湖泊蓄水量变化的比重，本节采用了分别来自美国得克萨斯大学空间研究中心、德国地球科学研究中心和喷气推进实验室的三种 GRACE 产品，它们提供的陆地蓄水量是雪水当量（SWE）、土壤含水量（SM）、冠层截留量（CI）、地下水含量（GWS）和湖泊蓄水量（LWS）之和。遵循 Wei 等（2021）的研究，使用全球陆地数据同化系统（Global Land Data Assimilation System，GLDAS）提供的 GLDAS-Noah 数据提取盆地的 SWE、SM（0~2m）和 CI，它们的空间分辨率为 $0.25°\times0.25°$，时间跨度为 2003—2020 年。该产品不包含 GWS，参照 Wei 等（2021）的研究，使用相同空间分辨率的 GLDAS-CLSM 产品提取 GWS。此外，GRACE 产品部分月份数据缺失，使用线性插值进行填补。为了方便计算湖泊蓄水量，将 GLDAS 产品做相同的处理。所以关于上述数据的描述均基于异常值，而非绝对值。本节采用的多源遥感数据及其时间范围如图 8-2 所示。

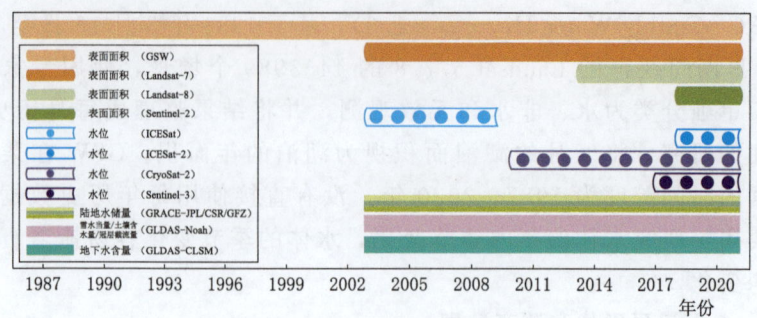

图 8-2 多源遥感数据及其时间范围

8.1.2 方法

8.1.2.1 湖泊面积和水位提取

本节构建了一套联合多源卫星数据的湖泊面积、水位和蓄水量变化估算方法（图 8-3）。光学遥感影像均来自 Google Earth Engine，它是一个可供在线计算和处理地球大数据的云平台。为了分析湖泊的年面积变化，基于地理空间数据分析云平台（Google Earth Engine，GEE）获取 GSW Monthly Water History 产品，计算 1987—2020 年湖泊的年面积。由于该产品中部分水体存在明显的条带和错分等问题，使用人工目视解译对其进行填补和纠正。构建湖泊面积—水位关系曲线需要湖泊面积和水位数据对。首先对每一个湖泊建立感兴趣区域并选择云量小于 30% 的区域，然后计算区域改进的归一化差值水分指数（modified normalized difference water index，MNDWI）。接着对来自开放存取平台的多源

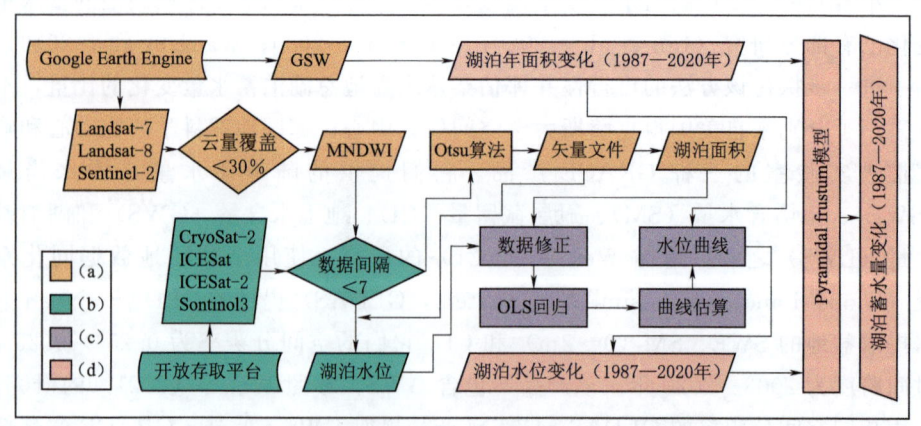

图 8-3 湖泊面积、水位和蓄水量变化自动估算

(a)—联合多源遥感影像的湖泊面积自动提取；(b)—联合多源卫星测高数据的湖泊水位
异常点剔除及高精度提取；(c)—湖泊面积—水位关系曲线构建与评价；
(d)—长时间序列湖泊水位重建及湖泊蓄水量变化估算

卫星测高数据进行时间筛选，保留采集日期相差不超过 7 天的卫星测高数据和 MNDWI。之后对剩余的 MNDWI 使用 Otsu 算法自动获取水体分割阈值，并获得湖泊矢量文件和湖泊面积（Otsu，1975）。同时，使用湖泊矢量文件对卫星测高数据进行筛选，获取湖泊边界内的湖面高程点。由于中小型湖泊的湖面高程点存在很多异常值，本节使用 Zhang 等（2021）的算法提取了有效湖面高程点，并计算高精度的湖泊水位，同时对来自不同卫星的湖泊水位进行系统偏差校正。另外，部分影像中的云会同时覆盖水体和陆地，导致水体边界无法确定。根据相邻时期的湖泊边界，使用人工目视解译的方法来恢复受云遮挡的边界。经上述数据修正后，得到用于构建湖泊面积—水位关系曲线的湖泊面积和水位数据对。

8.1.2.2 湖泊面积—水位关系曲线构建及验证

常用的湖泊面积—水位关系曲线包括线性曲线、多项式曲线、指数曲线、对数曲线和幂曲线，其基本形式见表 8-1。基于湖泊面积和水位数据对，使用最小二乘回归方法来确定参数。以线性回归为例，假设存在 n 对湖泊面积和水位样本 $[(A_1,E_1),\cdots,(A_n,E_n)]$，需要通过确定参数 a 和 b 来找到一条线性曲线，使得全部样本湖泊水位与对应的曲线估计的湖泊水位的误差平方和最小，即

$$\arg\min f(a,b) = \arg_{a,b}\min\sum_{i=1}^{n}(E_i - E_p)^2 = \arg_{a,b}\min\sum_{i=1}^{n}(E_i - aA_i - b)^2$$

(8-1)

式中：$\arg\min f(a,b)$ 为误差平方和 $f(a,b)$ 取最小时参数 a、b 的值；E_i 为样本中的湖泊水位。

表 8-1　　　　　　　　湖泊面积—水位关系曲线的基本形式

曲线类型	原 始 公 式	曲线类型	原 始 公 式
线性曲线	$E_p = aA + b$	五次曲线	$E_p = aA^5 + \cdots + eA + f$
二次曲线	$E_p = aA^2 + bA + c$	指数曲线	$E_p = ae^{bA}$
三次曲线	$E_p = aA^3 + \cdots + cA + d$	对数曲线	$E_p = a\ln A + b$
四次曲线	$E_p = aA^4 + \cdots + dA + e$	幂曲线	$E_p = aA^b$

为了求二元函数 $f(a,b)$ 的极小值，分别令 $f(a,b)$ 在 a 和 b 两个方向的偏导数为 0，即

$$\left. \begin{array}{l} \partial_a f(a,b) = 2\left(\sum_{i=1}^{n}A_i^2 + b\sum_{i=1}^{n}A_i - \sum_{i=1}^{n}A_iE_i\right) = 0 \\ \partial_b f(a,b) = 2\left(a\sum_{i=1}^{n}A_i + nb - \sum_{i=1}^{n}E_i\right) = 0 \end{array} \right\}$$

(8-2)

对式（8-2）求解，即可得到满足误差平方和最小的参数，进而得到对样本数据拟合度最高的线性湖泊面积—水位关系曲线。遵循上述原理，对每一个湖泊构建线性、多项式、指数等 8 种曲线。

8.1.2.3 湖泊蓄水量变化估算

湖泊蓄水量变化不可直接获取，往往使用相关数据进行估算（Lin et al.，2020）。精度最高的湖泊蓄水量估算方法是根据实测水下地形数据估算。但是采集湖泊水深要耗费大量的人力和物力，在高原、盆地等自然环境恶劣的地区几乎不可行。最方便可行且精度较高的方法是结合湖泊面积和水位数据，并利用棱台模型来估算，如式（8-3）所示。将湖泊蓄水量变化视为棱台的体积，使用变化前的湖泊面积 A_t、变化后的湖泊面积 A_{t+1} 以及变化水位进行计算：

$$\Delta LWS = \frac{1}{3}(A_t + A_{t+1} + \sqrt{A_t A_{t+1}})(E_{t+1} - E_t) \tag{8-3}$$

式中：ΔLWS 为湖泊蓄水量的变化；E_t 为变化前的湖泊水位，E_{t+1} 为变化后的湖泊水位。

另一种常用的方法是使用源于 GRACE 的陆地蓄水量变化 TWS 并结合水文模型模拟的数据来推算湖泊蓄水量变化（Xu et al.，2020），如式（8-4）所示。但由于 GRACE 空间分辨率很低，这种方法仅用于超大型湖泊（例如维多利亚湖）或研究大型流域的总湖泊蓄水量变化。在本章中，使用该方法估算了盆地的总湖泊蓄水量变化 ΔLWS_{total}，并与上述方法进行对比，探讨该方法的可行性。

$$\Delta LWS_{total} = \Delta TWS - \Delta SWE - \Delta SM - \Delta CI - \Delta GWS \tag{8-4}$$

式中：ΔTWS 为陆地蓄水量变化；ΔSWE 为雪水当量变化；ΔSM 为土壤水含量变化；ΔCI 为冠层截流量变化；ΔGWS 为地下水含量变化。

8.1.3 结果

8.1.3.1 柴达木盆地局部地区湖泊面积的时空变化

研究区的湖泊分为吞吐湖和尾闾湖两种类型。吞吐湖既有河流流入，又有河流流出，面积变化相对稳定，如图 8-4（a）所示。尾闾湖只有河流流入，没有河流流出，流入的湖水会促使湖泊面积增加，而缺少河流供给或遇到极端干旱天气时，湖泊会迅速枯竭，如图 8-4（b）所示。研究区的湖泊水源主要来自降水和高山冰雪融水。该统计结果可以表明，研究区大多数尾闾湖经历了急剧的扩张或萎缩，其背后隐藏的区域甚至全球的气候异常变化现象值得关注。

1987—2020 年，研究区的湖泊面积呈波动上升趋势，从 1987 年的 1442.94km² 增加到 2020 年的 2635.29km²，增长 1192.35km²，增长率高达 82.63%，如图 8-5（a）所示。2000 年是湖泊面积变化的一个重要节点。21 世纪前（1987—1999 年），湖泊面积仅增加 6.39%，变化十分微小。21 世纪后湖泊的面积变化十分剧烈。从 2000 年开始呈波动上升趋势，并在 2010 年达到峰值 2709.54km²，增加率为 70.67%。此时如北霍布逊湖、达布逊湖、冬给错那湖、尕海、南霍布逊湖、西台吉乃尔湖、一里坪湖等湖泊有相对明显的扩张，其中北霍布逊湖、达

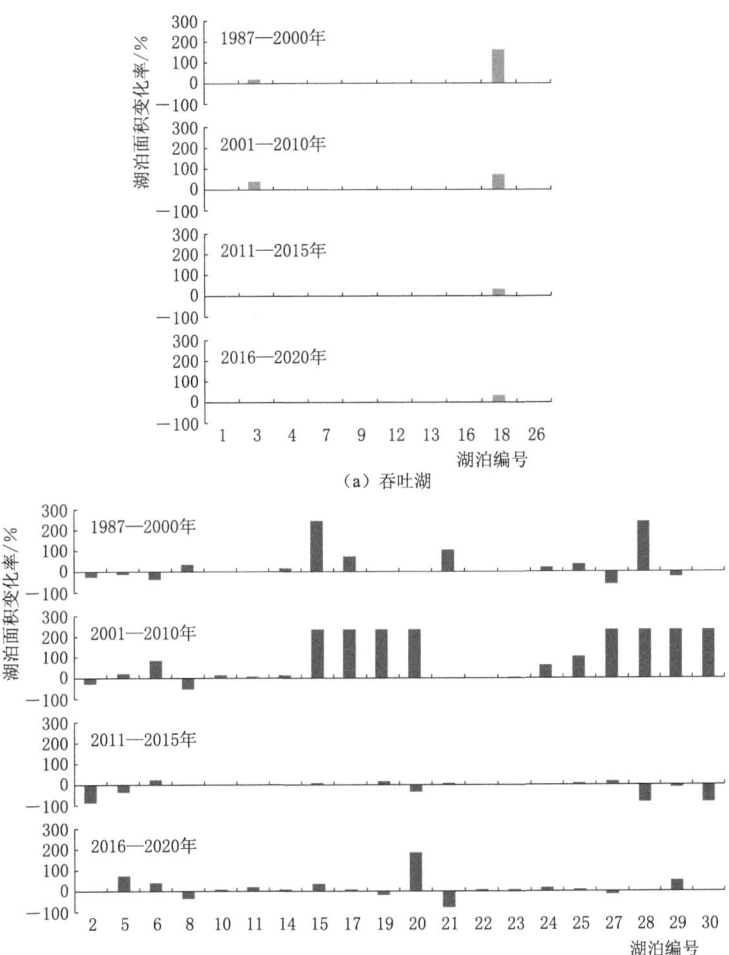

图 8-4 柴达木盆地局部地区吞吐湖和尾闾湖面积变化率对比

布逊湖、南霍布逊湖、西台吉乃尔湖、一里坪湖更是达到历史最大面积,如图 8-5（b）所示。2010 年后,湖泊面积有所减小,并在 2014 年达到谷值 1759.95km^2,恢复到 21 世纪前的水平。

随后的数年里,湖泊面积不断扩张,2019 年湖泊总面积达到有史以来最大值 2722.60km^2,2020 年的湖泊面积有所减小但仍处于高值,尽管与 2010 年的湖泊面积相差很小（2.74%）,但单个湖泊的时间序列变化有着很大的差别。例如,冬给错那湖、豆措湖、尕海、尕湖、黑海、柯柯盐湖、托素湖、苏干湖、小柴旦湖、小苏干湖的面积均达到历史最大值,但中大型湖泊北霍布逊湖、西台吉乃尔湖、一里坪湖却完全消失,体现出了湖泊在空间格局上的巨大变化,如图 8-6 所示。

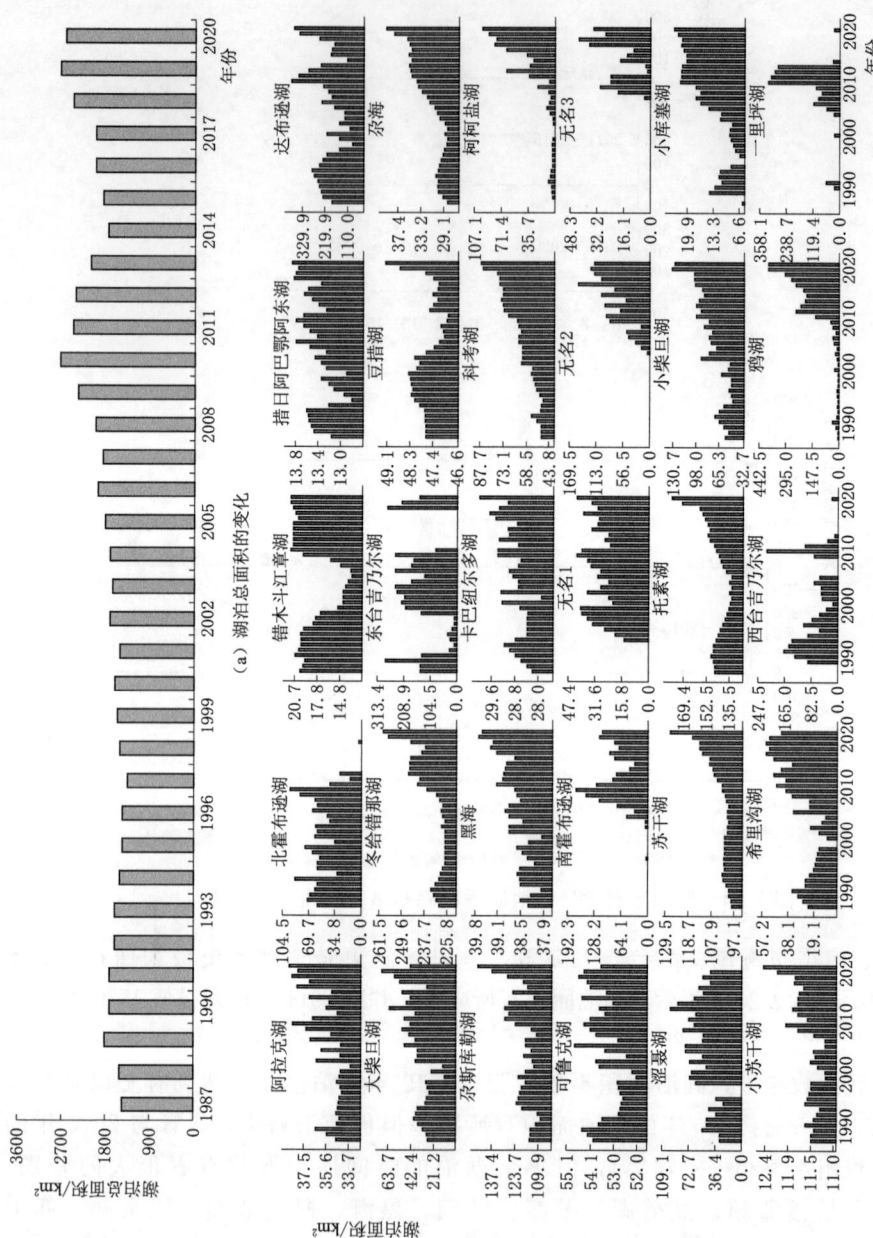

图 8-5 1987—2020 年柴达木盆地局部地区湖泊面积变化

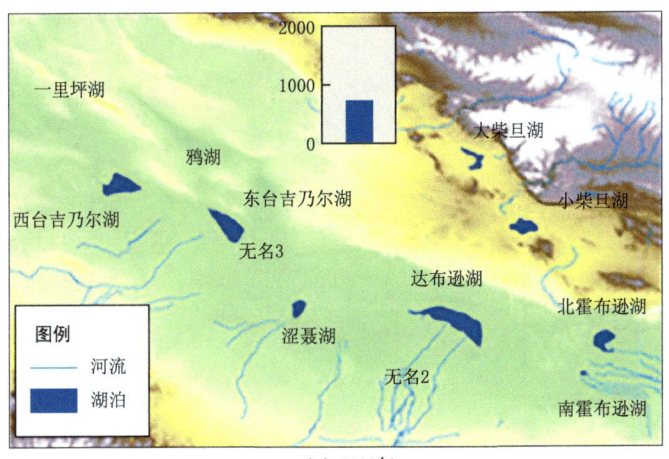

(a) 1990年

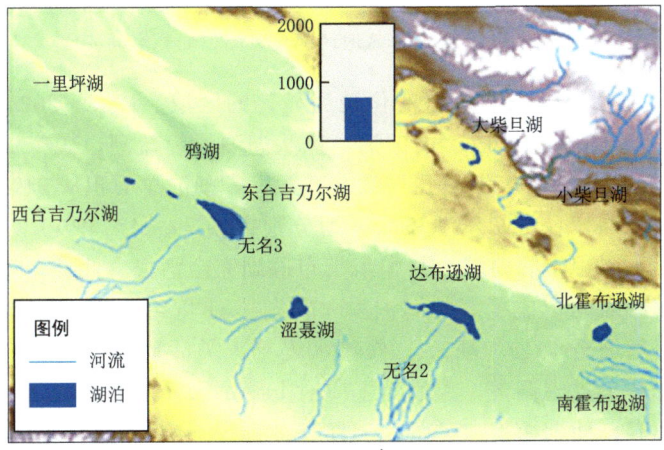

(b) 2000年

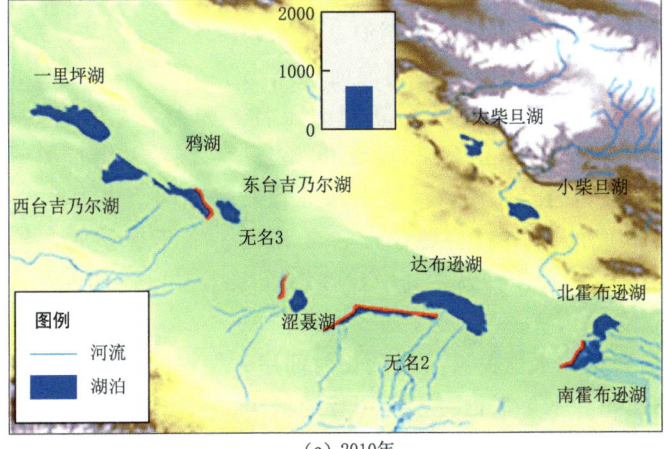

(c) 2010年

图 8-6（一） 柴达木盆地局部地区湖泊面积空间变化

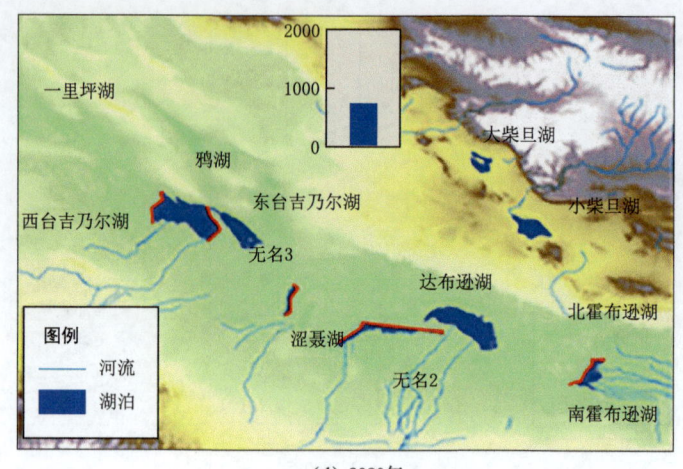

(d) 2020年

图 8-6（二） 柴达木盆地局部地区湖泊面积空间变化

柴达木盆地中心是湖泊面积变化最为显著的区域。1987—2020 年，该区域包含 12 个最大面积超过 10km² 的湖泊，这些湖泊均为盐湖，矿产资源丰富。21 世纪前（1990—2000 年），湖泊几乎没有被开发，湖泊总面积从 749.80km² 缩小到 623.31km²，除东台吉乃尔湖和涩聂湖分别扩张 79.14% 和 19.33% 外，其他湖泊均表现出不同程度的萎缩，其中南霍布逊湖完全消失。此外，东台吉乃尔湖和西台吉乃尔湖之间形成了新的湖泊——鸦湖。21 世纪以来（2000—2010 年），湖泊面积迅速增加至 1649.73km²。修建水堤等人类活动剧烈地影响了湖泊的空间格局。由于缺少水库调蓄，人们为了应对上游洪水而加高水堤，使上游来水一部分滞留于鸦湖，使湖面迅速扩张；一部分被排往下游，导致西台吉乃尔湖迅速扩张，扩张率高达 1906.51%。在此过程中，一里坪湖诞生，并在 2010 年扩张至 314.92km²，成为盆地内第二大湖泊。然而，由于水坝拦截，东台吉乃尔湖逐渐萎缩，相对 2000 年，2010 年的湖泊面积缩小了 62.64%。此外，达布逊湖和涩聂湖上游筑坝拦水，导致了两个新湖泊无名 1 和无名 2 的诞生。2010—2020 年，湖泊面积由 1649.73km² 降低至 1299.72km²，湖泊的空间格局发生巨大变化，一里坪湖、西台吉乃尔湖、涩聂湖和北霍布逊湖四个中大型湖泊完全消失。因修建水堤而形成的新湖泊鸦湖、无名 2 和无名 3 迅速扩张，扩张率分别为 205.49%、43.89% 和 27.49%。其中，鸦湖以 393.30km² 的面积成为盆地内最大的湖泊。

8.1.3.2 湖泊面积—水位关系曲线及长时间序列湖泊水位重建

基于湖泊面积和水位数据对，使用普通最小二乘法回归构建湖泊面积—水位关系曲线，并依据新准则选择最优曲线（图 8-7）。这 16 个湖泊面积—水位关系曲线包括指数、线性和多项式等多种类型（表 8-1）。有研究表明全球 137 个湖

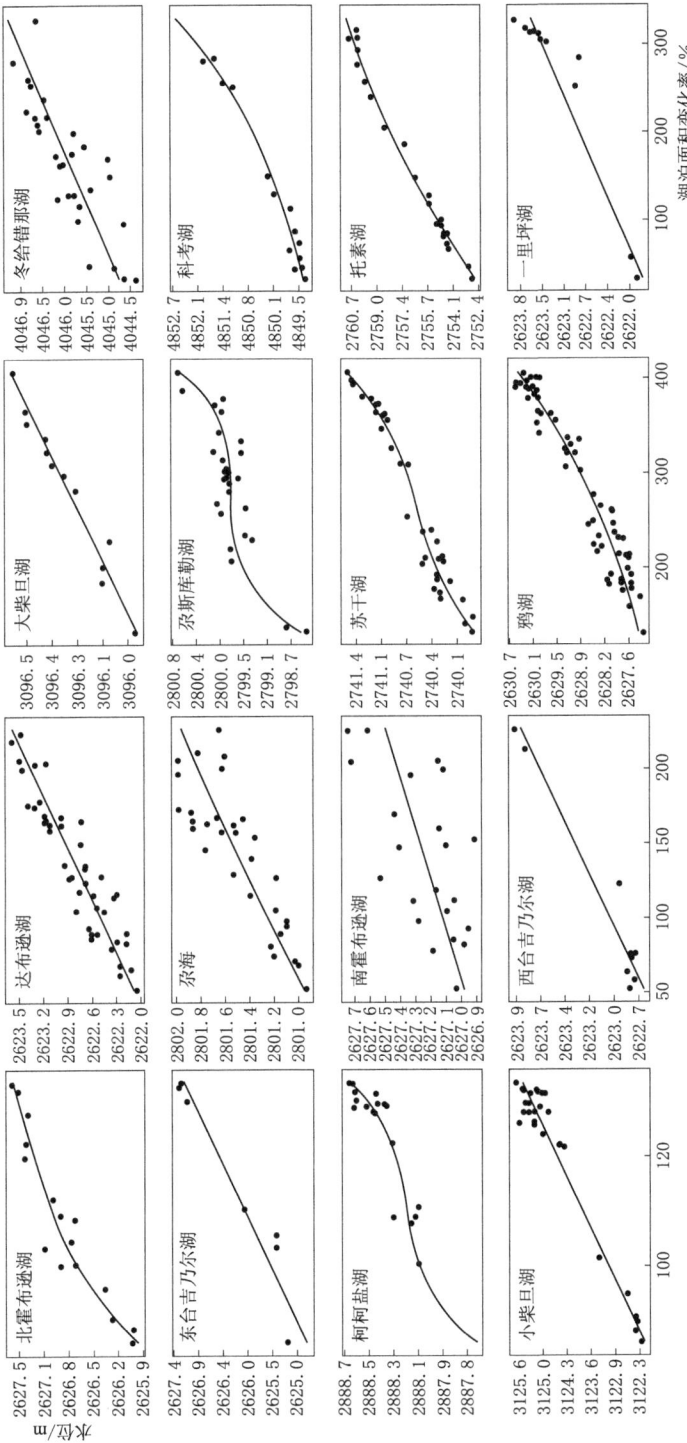

图 8-7 湖泊面积—水位关系曲线

泊中几乎所有湖泊的面积和水位都遵循线性关系。与此不同的是，本书使用了时间分辨率更高的多源遥感影像和卫星测高数据，这样的好处是缩小了湖泊面积和水位的时间间隔，减小了湖泊短期变化而引起的不确定性。直接使用 GSW 月面积产品和 DAHITI 月水位产品，则会导致曲线不确定性的增大，而且受卫星轨道配置的限制，部分湖泊面积和水位甚至存在 30 天的时间差异。不确定性的增大导致难以捕捉湖泊面积和水位的真实关系，这可能是多数湖泊面积和水位表现出线性关系的原因。而本书的研究中呈现出多种湖泊面积—水位关系曲线，这是湖泊地形差异的间接体现。

16 个湖泊面积—水位关系曲线中，有 11 个曲线的 $R^2 \geqslant 0.9$，3 个曲线的 R^2 为 $0.7 \sim 0.9$，2 个曲线的 $R^2 < 0.7$，R^2 平均为 0.87（表 8-2）。这表明多数曲线与现有湖泊面积和水位数据对的拟合度非常好。RMSE 和 NRMSE 用来评价曲线的内推误差。除冬给错那湖的曲线外，其他曲线的内推误差都在 0.25m 以内，考虑到湖面的波动，这一精度可以被接受。NRMSE 代表 RMSE 占湖泊水位变化范围的比重，比重越大表示误差对水位变化的影响越大。南霍布逊湖的 NRMSE 高达 22.84%，RMSE 则为 0.19m，这表明了该湖泊长期的水位变化范围不大，短暂的湖面波动对水位长期变化范围的识别造成了很大的干扰。托素湖的 R^2 高达 0.99，NRMSE 为 2.60%，因为托素湖的水位上升明显（8.08m），观测误差或短暂的湖面波动对曲线预测精度的影响很小。由此可见，曲线的 RMSE，尤其是 NRMSE 与湖泊水位或面积的变化范围有关，湖泊水位或面积的变化范围越大，观测误差或水位波动对构建湖泊面积—水位关系曲线的影响越小。相反，湖泊水位或面积的变化范围越小，就越能反映出构建湖泊面积—水位关系曲线中的局限性。

表 8-2　　　　　　　　　　湖泊面积—水位关系曲线的参数

湖泊	曲线类型	R^2	RMSE/m	NRMSE/%
北霍布逊湖	多项式	0.93	0.13	8.33
达布逊湖	指数	0.87	0.16	10.30
大柴旦湖	指数	0.97	0.04	6.36
冬给错那湖	对数	0.67	0.40	14.53
东台吉乃尔湖	指数	0.93	0.23	11.29
尕海	对数	0.75	0.17	15.16
尕斯库勒湖	多项式	0.83	0.17	7.40
科考湖	多项式	0.98	0.13	3.92
柯柯盐湖	多项式	0.91	0.07	7.25
南霍布逊湖	指数	0.38	0.19	22.84

续表

湖泊	曲线类型	R^2	$RMSE$/m	$NRMSE$/%
苏干湖	多项式	0.96	0.09	5.54
托素湖	多项式	0.99	0.21	2.60
小柴旦湖	指数	0.95	0.25	7.16
西台吉乃尔湖	指数	0.94	0.11	9.51
鸭湖	多项式	0.93	0.24	7.71
一里坪湖	指数	0.90	0.20	10.13

1987—2020年，柴达木盆地局部地区湖泊水位变化十分剧烈（图8-8）。这些湖泊的水位变量范围为-2.51～9.21m。北霍布逊湖是唯一水位下降的湖泊，较1987年下降了2.51m。一里坪湖经历了从诞生到干涸的过程，湖泊的最高水位出现在2010年，为2623.54m。最低水位出现在1990年，为2621.63m，湖泊的最大深度为1.91m。一里坪湖的最大面积为318.28km²，也就是说一里坪湖是个大而浅的湖泊。这种湖泊在柴达木盆地是非常脆弱的，因为盆地内光照充足、干旱少雨，湖泊面积大必然会导致大量的湖水蒸发。加之人工筑坝拦水，一里坪湖在仅仅4年内就完全消失。由此可见，气候和人类活动可对盆地内湖泊产生巨大的影响，尤其是大而浅的湖泊更容易受到影响。此外，鸭湖从诞生时的2627.17m增加到2630.22m，湖泊最大水深3.05m，最大面积393.30km²，同样是一个大而浅的湖泊，由于它受昆仑山脉的冰川融水直接补给，短时间可能不会消失，但强烈的蒸发作用仍然可能导致大量的水资源浪费。相对而言，1987—2020年，托素湖和科考湖水位上升分别高达7.89m和9.21m，最大面积分别达到了178.49km²和87.15km²，湖泊面积和水位之比更低，因此这两个湖泊可能更适合蓄水，生态环境也更为稳定。

8.1.3.3 柴达木盆地局部地区湖泊蓄水量变化及分析

1987—2020年研究区的湖泊蓄水量变化十分显著，33年来增加4.82km³，相当于250万人30年的生活用水总量［图8-9（a）］。从时间尺度来看，21世纪前后有明显的差别。21世纪前，湖泊蓄水量变化较为稳定，峰值（0.78km³）出现在1989年，谷值（-0.43km³）出现在1998年，整体呈现每年0.02km³的微弱减少趋势。21世纪后，进入了5年的平稳期，2005年后开始呈现显著的波动上升趋势，并在2020年到达峰值。近20年来蓄水量增加5.01km³，增加速率为0.25km³/年。

由图8-9（b）可以看出，就单个湖泊而言，截至2020年，托素湖对蓄水量变化的贡献最大，占总变化量的26.30%，其次是鸭湖（23.66%）和科考湖（12.82%）。2009—2011年湖泊蓄水量变化较为特殊，达布逊湖、大柴旦湖、

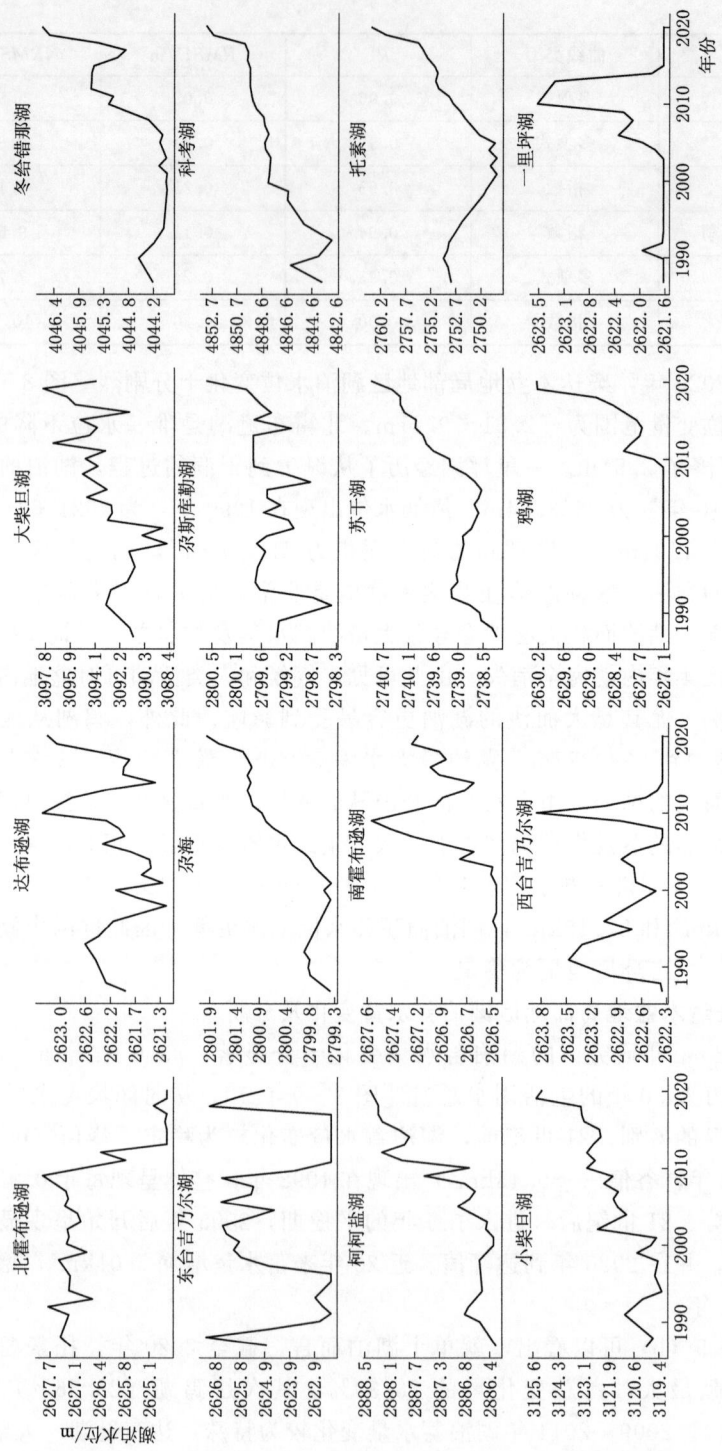

图 8-8 1987—2020 年湖泊水位重建结果（湖泊面积—水位关系曲线）

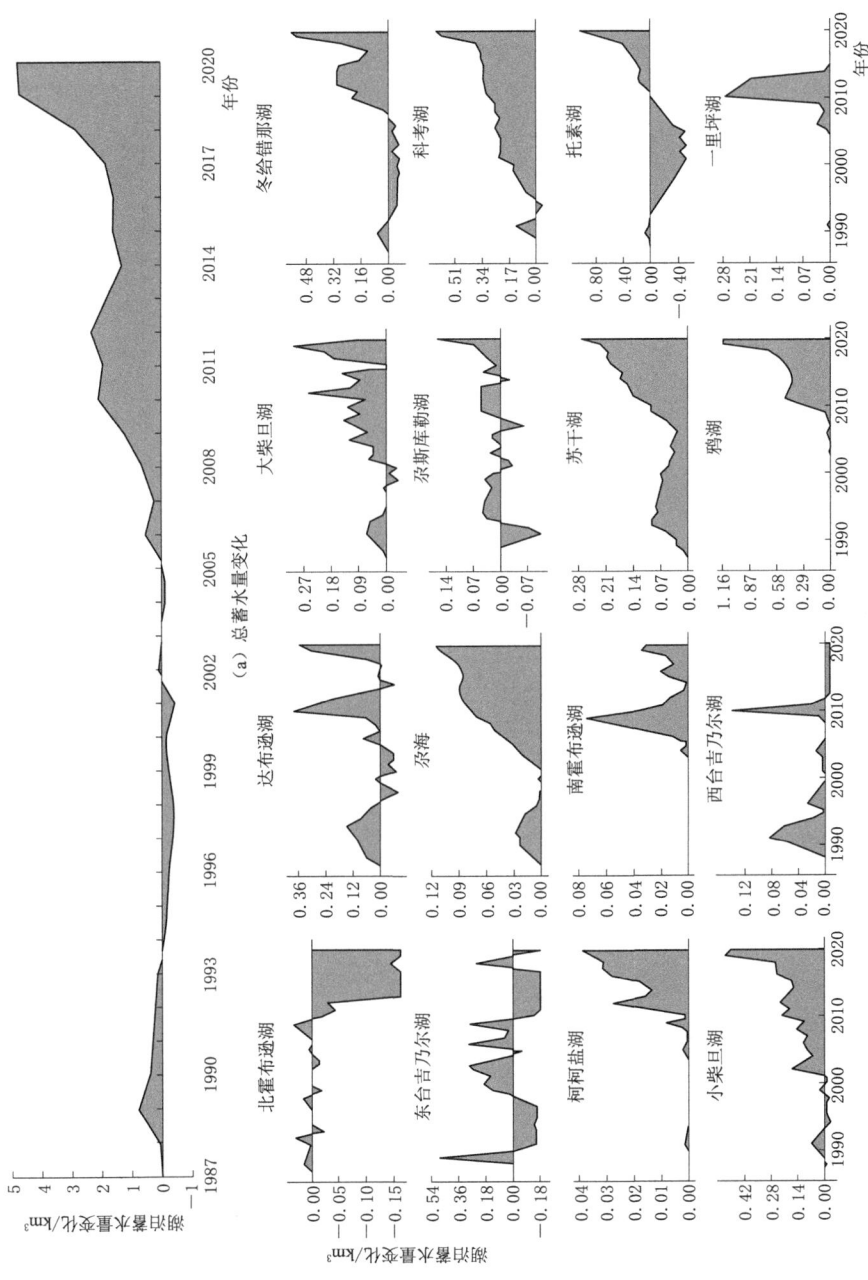

图 8-9 1987—2020 年柴达木盆地湖泊蓄水量时间序列变化

南霍布逊湖、西台吉乃尔湖和一里坪湖均出现了蓄水量突增的现象,其中达布逊湖、南霍布逊湖、西台吉乃尔湖和一里坪湖更是达到了历史最大水量。这些湖泊由中国最大的山脉——昆仑山脉的冰川融水供给,因此湖泊蓄水量的突变可能反映了冰川融化或气候变暖事件,该成果为进一步研究相关内容提供了必要的数据支持。

柴达木盆地中部是湖泊蓄水量变化最为显著的区域(图 8-10)。1987—2000 年盆地内总湖泊蓄水量仅减少了 $190 \times 10^6 m^3$,有 10 个湖泊的蓄水量微弱增加($< 100 \times 10^6 m^3$),6 个湖泊的蓄水量减少,东部的托素湖最为明显,减少了 $593.65 \times 10^6 m^3$。2000—2010 年绝大部分湖泊蓄水量呈增长趋势,净增量为 $2.31 \times 10^6 m^3$,托素湖显著增加了 $533.95 \times 10^6 m^3$ 的水量,其他湖泊如一里坪湖、西台吉乃尔湖、小柴旦湖、达布逊湖和冬给错那湖均有所增加($200 \times 10^6 \sim 500 \times 10^6 m^3$)。不同于周围湖泊,东台吉乃尔湖的蓄水量减少了 $341.29 \times 10^6 m^3$,这与筑坝拦水有关。2010—2020 年总湖泊蓄水量增加了 $2.70 \times 10^9 m^3$。大部分湖泊的蓄水量仍呈现增加趋势,增幅最大的两个湖泊分别为托素湖($1302.35 \times 10^6 m^3$)和鸦湖($806.47 \times 10^6 m^3$)。

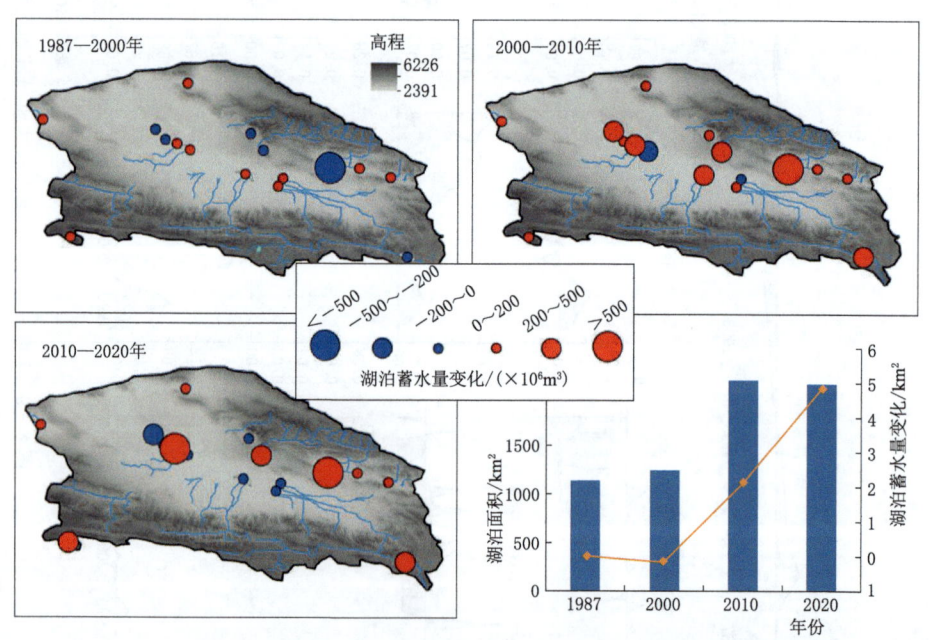

图 8-10　1987—2020 年青海省内柴达木盆地局部湖泊蓄水量空间变化

值得一提的是,在 1987—2000 年和 2010—2020 年两个时间段中,湖泊面积的增加趋势和蓄水量的增加趋势完全相反。1987—2000 年总湖泊蓄水量是减少的,托素湖做了最多的贡献。由于托素湖较深,蓄水量的大量减少仅引起轻微的面积减少。相反，其他湖泊较浅，微小的水量增加（<200×10⁶m³）会导致较大的面积增加，最终表现出总湖泊面积的增加。类似地，在2010—2020年，更多的水汇集到地形较陡湖泊（托素湖）中，较浅的湖泊（一里坪湖和西台吉乃尔湖）逐渐萎缩甚至消失，这会导致总湖泊面积大幅减少，而对总蓄水量的影响很小。例如，一里坪湖从盆地内第二大湖泊（314.92km²）到完全消失，仅消失了288.25×10⁶m³水量，而托素湖从145.38km²增加到178.49km²，增加了高达1302.35×10⁶m³的水量。这说明，靠湖泊面积的变化来决策水资源状况有很强的误导性，因为不同湖泊的水下地形不同，相同面积变化所映射的湖泊蓄水量变化差异很大，仅靠面积无法让人们了解湖泊变化的真实情况。因此估算湖泊蓄水量变化是必要的。

8.1.3.4 湖泊蓄水量变化对比

很多研究人员曾尝试使用 GRACE 数据并结合水文模型模拟数据来估算湖泊的蓄水量变化，但受 GRACE 低分辨率和水文模型的不确定性等多种因素的限制，该方法的可行性一直在探讨中。例如，Xu 等（2020）估算了鄱阳湖（约 3000km²）的蓄水量变化，估算的结果与实测值相差很大。同样的，Wang 等（2019）在中国大型人工湖——三峡水库（约 1000km²）的研究也说明了该方法的不足。但是，Lin 等（2020）却在超大型湖泊非洲的维多利亚湖（约 69000km²）成功证明了该方法的可靠性。由此可见，该方法更适合估算大型湖泊的蓄水量变化。目前没有研究探讨该方法在大型流域估算总湖泊蓄水量变化的可能性，尽管这在理论上是可行的。图 8-11 展示了不同方法估算的总湖泊蓄水量变化对比。首先要指出的是，三个由 GRACE 和 GLDAS 估算的总湖泊蓄水量变化有很大的差别。由于 GLDAS 数据固定不变，主要原因可能是 GRACE 产品空间分辨率的差异，特别是 GRACE-GFZ 的空间分辨率最低（1°×1°），存在较大的泄漏误差和不确定性。另一个现象是，三个结果在 2016 年开始表现出明显的下降趋势，并在 2019 年达到谷值，这与湖泊面积—水位关系曲线导出（TLWS$_{hypsometric}$）的变化趋势完全不同。从 GLDAS 的模拟数据来看（图 8-12），SWE、SM 和 CI 之和在 2003—2020 年的变化并不明显，而 GWS 从 2016 年逐渐增加，并在 2018 年从 9.84km³ 突增至 22.42km³。GWS 来自 Li 等（2019）提供的 GLDAS-CLSM-GRACE，GLDAS-CLSM-GRACE 将 GRACE 产品吸收到美国宇航局全球尺度的集水地表模型（CLSM）中来模拟地下水含量，根据描述，地表水也被包含在地下水中，显然这不利于流域水循环的研究。

从图 8-11 的结果来看，2016—2019 年的地下水含量明显被高估了 3.93～11.68km³，从而导致 TLWS$_{JPL}$、TLWS$_{CSR}$、TLWS$_{GFZ}$ 在该期间表现出下降的异常趋势。目前，多数估算地下水的研究没有考虑地表水的变化（尤其是湖泊水的变化），而是将其忽略或纳入地下水，这显然是不合理的。本节中，柴达木盆地

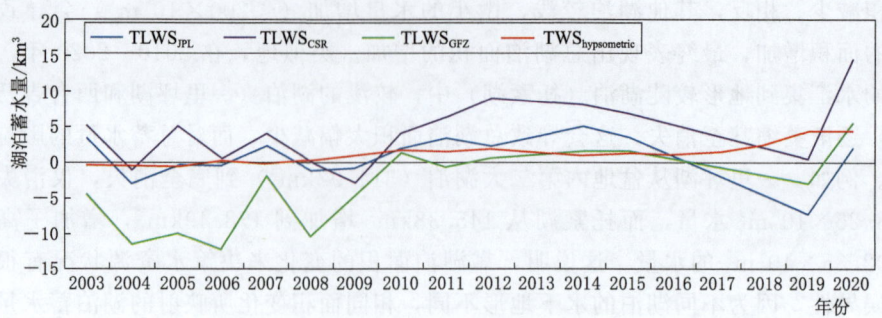

图 8-11　不同方法估算的湖泊蓄水量变化对比

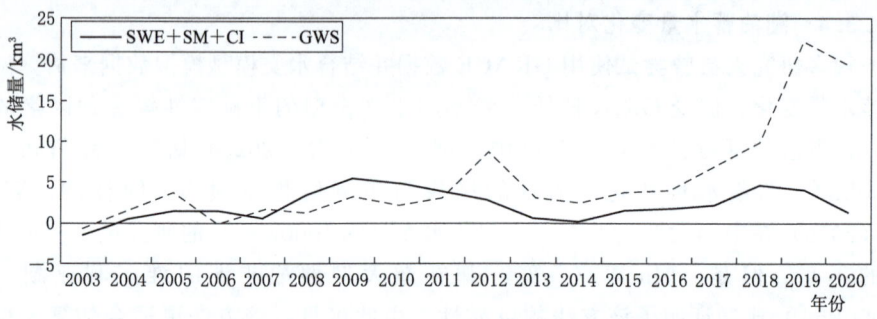

图 8-12　地下水含量（GWS）与其他陆地水储量（SWE+SM+CI）变化图

的湖泊蓄水变化 $TLWS_{hypsometric}$ 分别占 $GRACE_{JPL}$ 的 19.49%，$GRACE_{CSR}$ 的 12.53%，$GRACE_{GFZ}$ 的 16.85%，而非 Jiao 等（2015）研究中的 1.1%。因此，柴达木盆地的湖泊蓄水量的变化不可忽略，更不能纳入地下水中。

8.1.3.5　湖泊面积—水位关系曲线外推精度验证

在样本量固定的前提下，湖泊面积—水位关系曲线的类型将会直接影响它的外推精度（图 8-13）。以托素湖为例，假设只有 9 对样本数据（总数据量的 30%），在满足单调递增条件的前提下，以往的准则会选择二次多项式曲线（绿色）来估算湖泊水位，因为它有最高的 R^2（0.956）和最低的 $RMSE$（0.163m）。使用剩余的数据测试曲线的预测精度（即外推），发现预测的湖泊水位和实际的湖泊水位竟相差 0.16~17.30m，而不被看好的线性曲线的外推精度为 0.10~3.43m。显然，当曲线外推时，传统准则并不可靠。增加样本量为 60%，三次多项式曲线（$R^2=0.9631$，$RMSE=0.1504$m）的外推能力要优于二次多项式曲线（$R^2=0.9629$，$RMSE=0.1508$m）。

在实际应用中，为了保证曲线的外推精度，往往使用所有样本来拟合曲线。因此，选择真正适用于外推的曲线是一个难题。研究中，使用留一交叉验证的方法，发现使用 30% 的数据作为样本时，线性曲线的 MAE 要低于二次多项

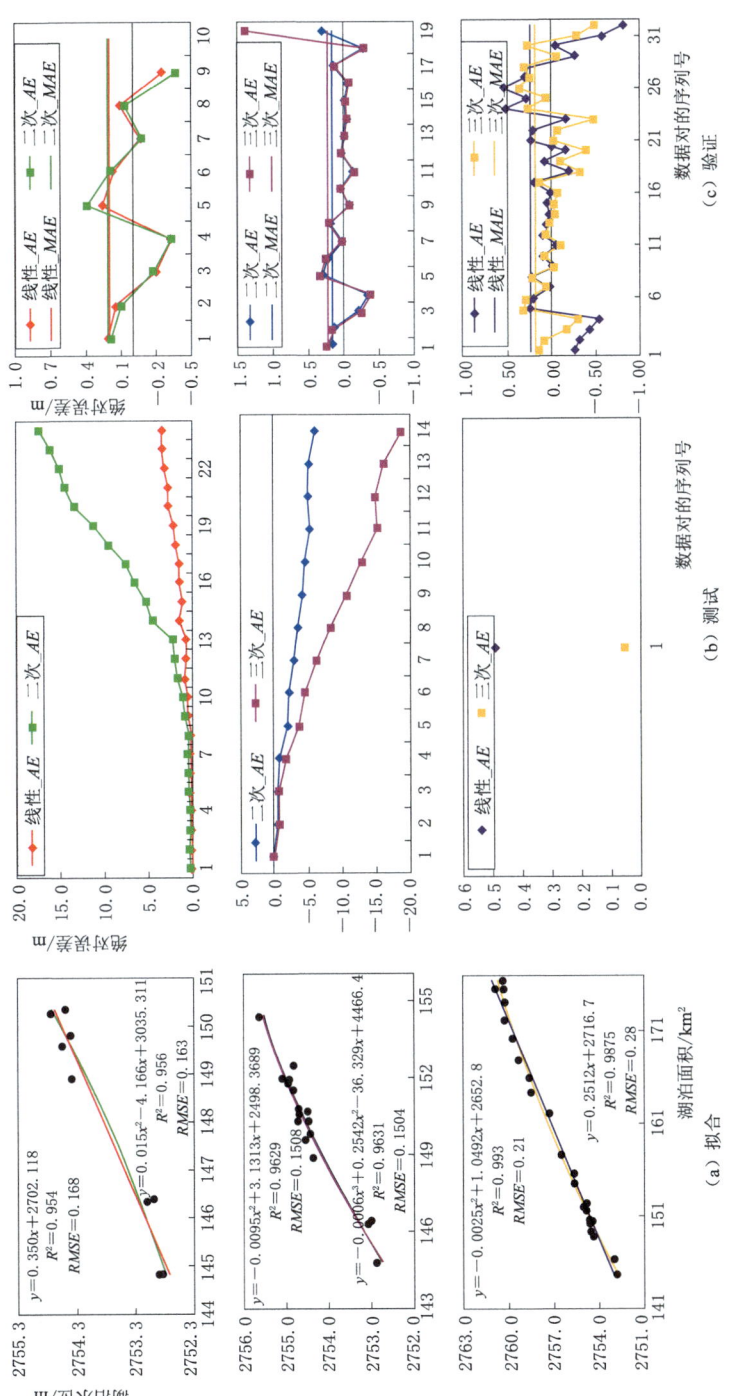

图 8-13 不同样本量下湖泊面积—水位关系曲线的测试精度与交叉验证结果

式曲线（绿色），使用60%的数据作为样本时，二次多项式曲线（蓝色）的 MAE 要低于三次多项式曲线（玫红色），这与测试阶段得到的结论相同，也就是交叉验证可以辨别外推精度高的曲线。当数据量足够多时（98%的数据作为样本），传统方法与本书的方法选择的曲线相同，即均认为二次多项式曲线是外推精度最高曲线。类似于地质成熟度的概念（Strahler，1952），这表明在现有样本数据下，曲线可以很好地代表湖泊地形。然而，由于湖泊地形的多样性，不同湖泊辨别出最高外推精度的曲线所需的数据量是无法确定的，换言之，传统方法仅在满足曲线外推精度最高的数据量下生效，而本书的方法在不同数据量下均能得到一个更好的结果。

湖泊面积—水位关系曲线的用途是预测湖泊水位，因此验证它的预测精度是必要的。在机器学习和深度学习等领域，训练、验证是构建一个模型（曲线）必须的步骤，而在构建湖泊面积—水位关系曲线的研究中，普遍缺少验证过程（Lin et al.，2020）。因此，本书提出的新准则是对构建湖泊面积—水位关系曲线方法的重要理论补充。

8.1.3.6 湖泊蓄水量变化估算的局限性

受限于卫星测高数据的覆盖范围，即使联合遥感数据，仍缺少某些湖泊（特别是小型湖泊）的卫星测高数据，导致无法构建湖泊面积—水位关系曲线。这些湖泊包括4个吞吐湖和1个尾闾湖，占总湖泊面积的5.09%。除了这些湖泊外，由于卫星测高数据覆盖范围内湖泊面积和水位的极差较小，加之观测误差的影响，也无法建立湖泊面积和水位的显著关系。例如，在遥感影像和卫星测高数据同步覆盖时期，涩聂湖的面积和水位的变化范围很小，分别为 2.09km^2 和 0.97m，曲线 R^2 仅为 0.222，而且呈面积增大而水位减小的异常趋势，表明其面积和水位几乎没有相关性［图8-14（a）］。豆措湖的面积和水位的变化范围也很小（2.02km^2 和 0.64m），曲线 R^2 仅为 0.002［图8-14（b）］。类似的湖泊包括5个吞吐湖和3个尾闾湖，占总湖泊面积的14.50%。综上所述，无法估算的湖泊面积占了总湖泊面积的19.59%。这些湖泊面积从1987年的

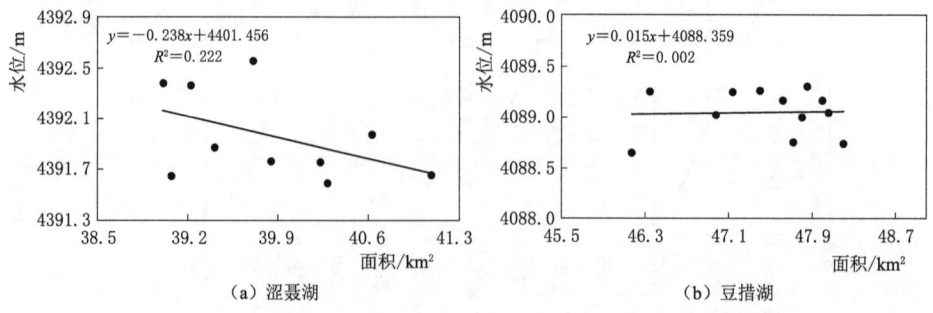

图8-14 涩聂湖和豆措湖的湖泊面积—水位关系曲线构建结果

253.47km² 增加到 2020 年的 516.32km²，其变化占总湖泊面积变化的 22.04%。如果将面积变化率视为蓄水量变化率，则 2020 年真实的湖泊蓄水量变化可能为 6.18km³。

8.1.4 结论

本小节基于多源遥感数据对中国西北干旱区的大于 10km² 的 30 个湖泊进行了全面的时空变化监测。1987—2020 年盆地内的总湖泊面积扩张了 82.63%，尾闾湖比吞吐湖表现出更明显的变化趋势。盆地中心是湖泊面积变化最为显著的地区，筑坝活动导致湖泊的诞生和消失，甚至盆地内的最大湖泊也因此不断更替。目前湖泊面积—水位关系曲线构建缺少一个验证过程，以托素湖为例，证明了仅依靠曲线对样本数据的拟合度（R^2 和 $RMSE$）来选取曲线可能产生高达 17.30m 的湖泊水位预测误差，建议依据交叉验证的结果来选择湖泊面积—水位关系曲线，从而使长时间序列湖泊水位高精度重建成为可能。1987—2020 年盆地内湖泊的蓄水量增加了 4.82km³，尤其是 21 世纪以来的增加速率和增加量十分明显。筑坝活动导致面积大而深度浅的湖水汇集到面积小而深的湖泊，表现出 2010 年的湖泊面积与 2020 年相当，但蓄水量却仅是 2020 年的 43.93%。这表明，仅依靠湖泊面积来断定流域水资源状况是不可靠的，直接估算湖泊的蓄水量变化十分必要。

目前有关地下水估算的研究几乎不考虑湖泊蓄水量的变化，本节的结果证明，柴达木盆地湖泊的蓄水量变化占陆地蓄水量变化的 12.53%～19.49%，这一比重是不可忽略的。为了更好地理解流域水循环过程，希望后续的其他水资源研究中能够充分考虑湖泊的蓄水量变化，尤其是在湖泊分布较多的流域。

8.2 黄河源区河流径流量遥感反演研究

径流量是重要的水文参数之一，在洪水预测、水资源管理等方面具有重要作用。一些地区因受环境、交通与经济等因素的限制，难以获得长时间监测信息，从而造成区域径流资料的稀缺与匮乏。与传统方法相比，遥感数据具有受地面限制少、覆盖范围广和易于获得等优点，因此可为河流径流量的监测与估算提供重要的数据补充。

水体信息的遥感提取是河流径流量反演的重要前提。水体提取的遥感手段主要分为光学遥感和微波遥感。如基于 Sentinel-2 与 Landsat 8 数据对比分析不同水体指数在不同水体类型下的精度差异；基于 JRC 全球地表水数据集和 Landsat 遥感影像，利用 MNDWI 对太湖水域变化特征进行研究；基于 Sentinel-1A 数据的洪水淹没范围提取方法，分析鄱阳湖区的暴雨灾情。总体上来说，光学遥感与微波遥感在水体提取方面各有优缺点：光学遥感波段信息丰富，其水体指数的计算方法已经较为成熟，但数据质量易受云和恶劣天气影响，从而减少目标水体的监测样本；相比之下，微波遥感能够穿透云层，受天气状况影响较小，因此成为近年来水体信息遥感提取的研究热点之一。

在水体信息遥感提取的基础上，河流径流量遥感反演已取得较多成果。如以流速、河宽与水深作为输入参数提出径流量估算模型；基于多源卫星遥感数据估测河宽和水深等参数，利用改进的曼宁公式法反演亚马孙河和尼罗河径流量；基于 Landsat 系列数据，通过改进的曼宁公式法、经验公式法及关系拟合法对青藏高原高山地区河流径流量进行估算；基于 Sentinel-1 数据，采用人工阈值分割法提取平均河宽，进而实现漓江流域径流量的遥感反演。

近年来，新开发的 GEE 提供了全球范围内 Sentinel-1/2 等多源遥感数据，改变了传统的遥感数据处理方法，具有快速处理大量数据的能力，为国内外学者在水体提取研究方面提供了极大的便利。黄河源区自然条件恶劣、交通不便，导致了该地区径流资料较为匮乏，因此基于多源数据开展黄河源区径流量的遥感反演研究，具有非常重要的现实意义。唐乃亥站以上流域被称为黄河源区，是黄河流域重要的产流区和水源涵养区。在此背景下，本节以黄河源区唐乃亥站上下游河段为研究区，基于 GEE 云平台提供的 Sentinel-1/2 遥感数据，综合利用光学与微波影像进行目标水体的提取研究，进而通过关系拟合法与改进的曼宁公式法进行径流量反演对比分析，以期为无资料或资料匮乏地区的径流量监测提供借鉴参考。

唐乃亥站位于青藏高原东北部，流域面积为 12.2 万 km^2，占黄河流域面积的 16%，根据唐乃亥站 1950—2015 年资料统计，其多年平均年径流量为 200.6 亿 m^3，是黄河流域主要的产流区和水源涵养区。流域内地势西高东低，海拔多在 3000m 以上，属高原大陆性气候，区域内水系较为发达，年降水量总体为 250～800mm。河段长度从站点上下游各 5km 的长度开始递增，至上下游各 20km 的长度结束，站点上下游各 7km、8km、9km、10km 河道末端均存在辫状河心滩。

8.2.1 数据

8.2.1.1 遥感数据

本节所用的遥感数据为 GEE 云平台提供的 Sentinel-1 和 Sentinel-2 卫星数据。Sentinel 系列是欧洲全球环境与安全监测系统项目（即"哥白尼计划"）的成员。

Sentinel-1 由 Sentinel-1A 与 Sentinel-1B 双星组成，单颗卫星的重访周期为 12 天，双星缩短为 6 天。其成像方式包括条带（strip map mode，SM）、超宽幅（extra wide swath，EW）、干涉宽幅（interferometric wide swath，IW）

和波模式（wave mode，WV）。本章使用数据为 IW 成像方式提供的 VV 与 VH 极化方式影像。GEE 云平台提供的 Sentinel-1 数据为经过预处理的 GRD （ground range detected）产品，该产品将原数据转换成后向散射系数（backscatter coefficient）进行存储。除了在 GEE 平台完成标准的预处理（包括轨道校正、热噪声去除、辐射定标和地形校正）外，本节还利用 Refined Lee 滤波方法对 Sentinel-1 数据进行了去噪处理。

Sentinel-2 也是由 A、B 双星组成，单颗卫星重访周期为 10 天，双星重访日期可缩短为 5 天。其共包括 13 个波段，其空间分辨率如下：B2、B3、B4 和 B8 波段分辨率为 10m×10m；B5、B6、B7、B8a、B11 和 B12 波段分辨率为 20m×20m；B1、B9 和 B10 波段分辨率为 60m×60m。本章使用的是在 GEE 平台经过辐射校正、几何校正和正射校正的 Level-1C 产品。Sentinel-2 在提取水体时，利用 B3 与 B11 波段来计算 MNDWI，两个波段具有不同的分辨率，因此本节将 B3 波段分辨率重采样为 20m×20m。除此之外，考虑到光学遥感数据受云影响较大，本节基于研究区的实际云量对影像数据进行了筛选，筛选指标为研究区内云像元数与总像元数的比值。因为整幅影像的云量并不能反映研究区的实际云量，云指数较大的影像在研究区内的实际云量也可能较小。因此，本节选择了 Sentinel-2 的 QA60 波段来计算研究区内实际云量，筛选标准为实际云量低于 20% 的影像。

8.2.1.2 实测数据

本节的实测数据来自 2016—2019 年唐乃亥站的逐日径流观测数据，用于关系拟合法模型的率定和反演精度的验证。为了去除冰情对河宽提取的影响，本节仅对每年 4—10 月的数据进行整理分析。与改进的曼宁公式法不同，关系拟合法需要径流实测数据的率定，因此将径流实测数据分为两个部分，2016—2018 年每年 4—10 月的数据为率定数据，2019 年 4—10 月的数据为验证数据。

8.2.2 方法

本节的技术路线如图 8-15 所示，主要包括两部分的研究内容：一是基于 GEE 云平台的 Sentinel-1/2 数据预处理及目标

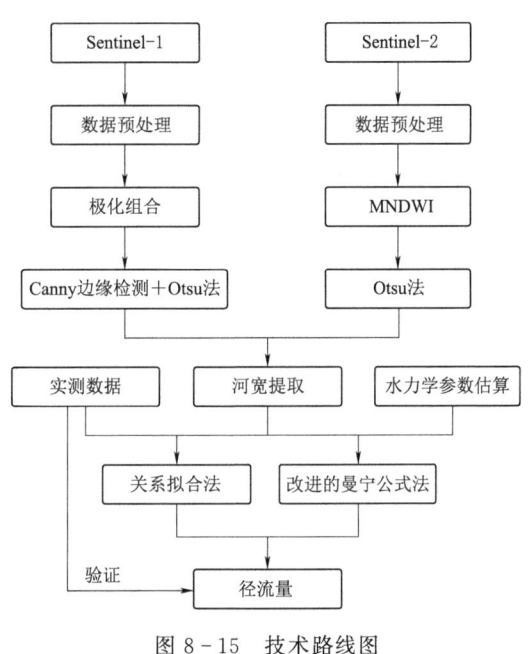

图 8-15 技术路线图

水体的遥感提取，其中水体指数的计算及阈值分割是该部分的关键；二是利用多元遥感数据对水力学参数进行估算，进而基于关系拟合法（模型一）和改进的曼宁公式法（模型二）进行河道径流量反演，通过对比分析完成精度评价。

8.2.2.1 水体提取方法

1. Sentinel-2 提取水体方法

光学遥感数据提取水体的常用方法包括单波段阈值法、多光谱波段法、水体指数法和光谱匹配法。水体指数法有归一化差异水体指数（NDWI）法，该方法是基于近红、绿波段建立的归一化比值指数。在 NDWI 法的基础上，又获得 MNDWI 法，与 NDWI 法相比，这种方法具有更广泛的适用性，能较好地揭示水体细微特征，识别阴影对水体的影响。MNDWI 计算公式可表示为

$$MNDWI = \frac{\rho_{Green} - \rho_{MIR}}{\rho_{Green} + \rho_{MIR}} \tag{8-5}$$

式中：ρ_{Green} 和 ρ_{MIR} 分别为绿色和中红外波段的反射率，与 Sentinel-2 数据中的 B3 和 B11 波段相对应。

在使用 Sentinel-2 卫星遥感影像计算 MNDWI 的基础上，本节利用 Otsu 法对目标河段进行二值化处理，以便计算水体面积。该方法的基本思想是根据图像灰度特性，设定一个阈值将图像分为背景和目标两部分，使这两部分的类内方差最小，类间方差最大。

2. Sentinel-1 提取水体方法

雷达影像波段信息较少，主要是根据地物的后向散射系数、纹理特征等进行地物分类，主要的水体信息提取方法有阈值分割和模式分类。本节利用 VV 和 VH 极化影像相乘得到的影像提取水体，并利用 Canny 边缘检测与 Otsu 法相结合对影像进行二值化处理。该方法操作步骤为使用 Canny 边缘检测计算影像边缘，利用形态学膨胀建立缓冲区，在缓冲区内使用 Otsu 法对影像进行二值化处理。

8.2.2.2 径流量反演方法

1. 关系拟合法

径流量是指在某一时段内通过河流某一过水断面的水量，可用河宽、河深与流速进行计算，其公式如式（8-6）所示。天然河道断面上径流量与其他水力要素之间存在幂函数关系，其中河宽与径流量的关系可用式（8-7）来表示。

$$Q = WDV \tag{8-6}$$

$$W = aQ^b \tag{8-7}$$

式中：Q、W、D 与 V 分别为径流量、河宽、河深和流速；a 和 b 为经验参数。

2. 改进的曼宁公式法

常见的河流断面有矩形断面、梯形断面和弧形断面。可参考图 8-16 给出的

断面示意图，三者的径流量计算分别见式（8-8）~式（8-10）：

$$Q_a = \frac{S^{\frac{1}{2}}}{n} \frac{(WD)^{\frac{5}{3}}}{(W+2D)^{\frac{2}{3}}} \quad (8-8)$$

$$Q_b = \frac{S^{\frac{1}{2}}}{n} \frac{(WD - D^2 \tan\theta^{-1})^{\frac{5}{3}}}{W + 2D \frac{1-\cos\theta}{\sin\theta}^{\frac{2}{3}}} \quad (8-9)$$

$$Q_c = \frac{S^{\frac{1}{2}}}{n} \frac{WD^{\frac{5}{3}} \left[\frac{1}{2} \left(\pi \frac{\alpha}{180°} - \sin\alpha\cos\alpha \right) \right]^{\frac{5}{3}}}{\sin\alpha \left(\pi \frac{\alpha}{180°} \right)^{\frac{2}{3}} (1-\cos\alpha)^{\frac{5}{3}}} \quad (8-10)$$

式中：Q_a、Q_b、Q_c 分别为矩形断面、梯形断面和弧形断面径流量；S 为比降；n 为糙率；W 为河宽；D 为水深。

对于较宽的河流（$W \gg D$），式（8-8）~式（8-10）可以进一步转换为式（8-11）：

$$Q \approx \frac{S^{\frac{1}{2}}}{n} WD^{\frac{5}{3}} \quad (8-11)$$

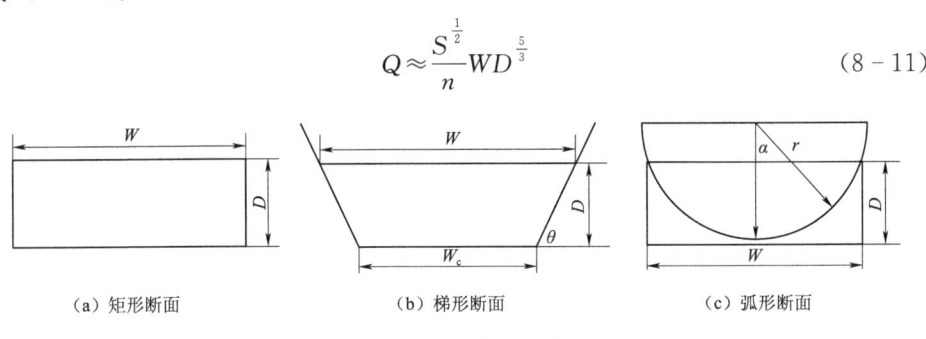

（a）矩形断面　　　　（b）梯形断面　　　　（c）弧形断面

图 8-16　河流断面示意图

8.2.2.3　水力学参数计算

1. 平均河宽

利用遥感数据可以直接测量河宽，但这种方法易受到植被、湿润地面等因素的影响，因此通过计算水体面积获得平均河宽的方法比直接测量河宽的方法精度更高。具体来说，在河道水体提取的基础上，水体面积的计算公式如下：

$$A_w = \frac{P_w A_{total}}{P_{total}} \quad (8-12)$$

式中：P_w 和 P_{total} 分别为研究区内水体像素个数和研究区内所有像素个数；A_w 与 A_{total} 分别为研究区内水体面积和整个研究区影像总面积。

在此基础上，水体面积除以给定河段的长度即可求得相应河宽，公式如下：

$$W = \frac{A_w}{L} \tag{8-13}$$

式中：A_w 为水体面积；L 为给定河段的长度。

本节的研究区为唐乃亥站附近河段，该站点上下游 1km 处为"S"形弯道形状。考虑到弯曲河道河宽计算的不确定性，并选择 10km 河段长度计算辫状河段的平均河宽，除此之外，Bjerklie 等（2005）提出河段长度应至少为河宽的 10 倍。基于此，本节最终选定的河段长度为 10km，即唐乃亥站上下游各 5km 的长度。除此之外，本节对河段长度变化引起河道径流量反演精度差异进行了河段长度敏感性分析。

2. 糙率

糙率是参与水力计算较为灵敏的参数，与植被、河渠材料、阻水物、河道弯曲程度以及河道的不规则程度有关。在缺少实测数据的情况下，可根据目标河段相关条件进行选值计算，计算公式如下（徐慧敏，2010）：

$$n = (n_0 + n_1 + n_2 + n_3 + n_4)n_5 \tag{8-14}$$

式中：n_0 为天然顺直、光滑、均匀渠道的基本糙率；n_1 为水面不规则的影响；n_2 为考虑河道横断面形状和尺寸变化的影响；n_3 为阻水物的影响；n_4 为植被的影响；n_5 为河道曲折变化的影响。

关于 $n_0 \sim n_5$ 的具体取值可以参考徐慧敏（2010）关于糙率的研究，本节计算的糙率值为 0.039。

3. 比降

比降为河段上下游落差与河段总长度的比值，其计算公式如式（8-15）所示。本章采用 30m×30m 分辨率的 SRTM DEM 数据计算河段落差。为了降低 DEM 数据对河道高度模拟的不确定性，已有研究均建议采用长距离河段计算河道比降。本章从唐乃亥站上游军功站到下游龙羊峡水电站方向选择了一段约 200km 的河段进行比降计算。在 ArcGIS 中，以 30m 河段间隔提取河流中心线上的高程值进行比降计算，高程随距离的变化情况如图 8-17 所示。通过线性拟合求得该河段的平均比降为 0.24%。

$$S = \frac{H_U - H_D}{D} \tag{8-15}$$

式中：H_U 为上游断面的高程；H_D 为下游断面的高程；D 为上下游断面之间河段总长度。

4. 流速

流速是指河流中水质点单位时间内移动的距离。Tourian 等（2016）提出一个利用河宽和比降估算流速的公式，如式（8-16）所示：

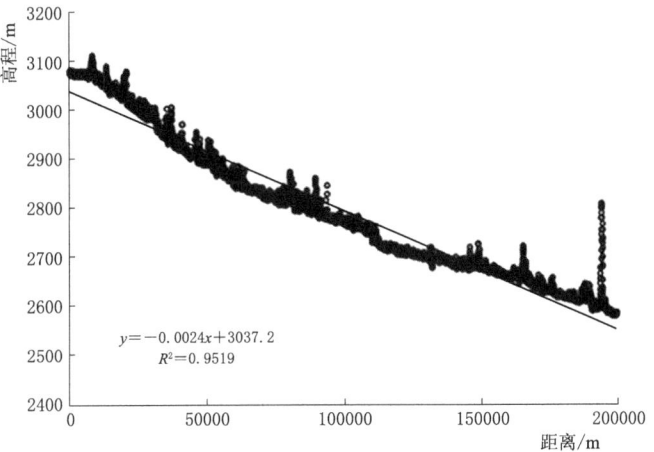

图 8-17 唐乃亥站高程和距离散点图

$$V = 1.48 W^{0.8} S^{0.6} \tag{8-16}$$

式中：W 为平均河宽；S 为比降。

5. 河流水深

根据径流量计算公式，推导出了一个估算河流水深的公式：

$$D = \frac{V n^{\frac{3}{2}}}{S^{\frac{1}{2}}} \tag{8-17}$$

式中：D 为河流水深；V 为流速；n 为糙率；S 为比降。

8.2.2.4 精度评价

径流量反演模型评价指标包括纳什效率系数（NSE）、均方根误差（$RMSE$）、相对均方根误差（$RRMSE$）。其计算公式分别为

$$NSE = 1 - \frac{(Q_m - Q_e)^2}{(Q_m - \overline{Q_e})^2} \tag{8-18}$$

$$RMSE = \sqrt{\frac{\sum(Q_m - Q_e)^2}{n}} \tag{8-19}$$

$$RRMSE = \frac{RMSE}{\overline{Q_m}} \times 100\% \tag{8-20}$$

式中：Q_m 为实测径流量；Q_e 为模型反演径流量的估测值；$\overline{Q_m}$ 为实测径流量的平均值；$\overline{Q_e}$ 为模型反演径流量的平均值；n 为数据量。

8.2.3 结果

8.2.3.1 径流量反演精度评价

利用 Sentinel-1 数据提取水体时,山体阴影对水体提取精度有一定的影响,因此本节选择了唐乃亥站上游附近山体阴影较小区域(下称"S1"河段)提取水体。通过 Sentinel-2 数据建立"S1"河段与站点河段之间的平均河宽关系,实现对站点河段径流量的反演,两河段之间的平均河宽关系如图 8-18 所示。从图 8-18 中可以看出二者具有良好的相关性。

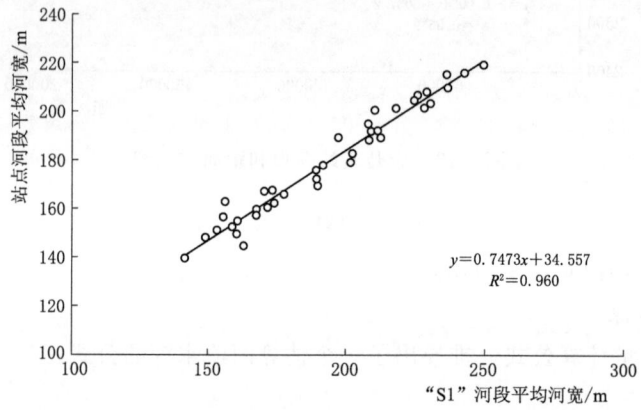

图 8-18 唐乃亥站河段与"S1"河段平均河宽相关关系散点图

在利用关系拟合法反演径流量时,选取了率定期平均河宽与站点实测数据建模,验证期数据进行模型验证。Sentinel-1/2 数据平均河宽与实测径流量散点图如图 8-19 所示。

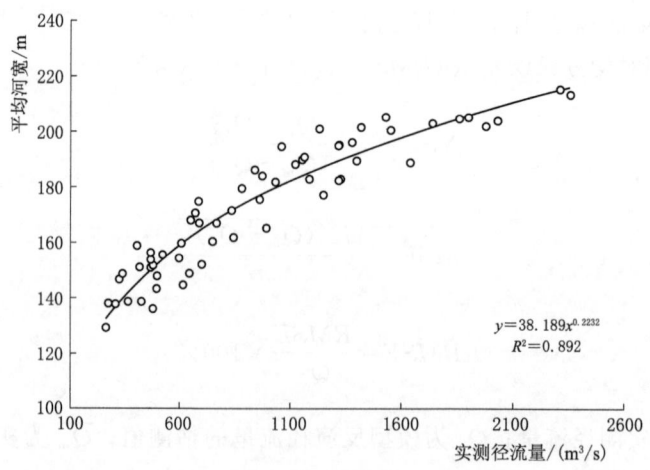

图 8-19 Sentinel-1/2 数据平均河宽与实测径流量散点图

从图8-19中可看出，利用Sentinel-1/2数据在唐乃亥站建立的平均河宽-径流模型效果较好，R^2超过了0.89。利用平均河宽与站点实测数据通过模型一进行径流量反演，平均河宽与估算的水力学参数通过模型二进行径流量反演研究，其精度评价见表8-3。

表8-3　　　　　　　　　模　型　精　度　评　价

模　　　型	NSE	RMSE/(m³/s)	RRMSE/%
模型一（验证期）	0.855	233.431	16
模型二	0.809	271.704	24

可以看出，两种模型反演径流量的结果均较好，NSE值均超过了0.80；模型一、模型二的RMSE值分别为233.431m³/s、271.704m³/s，RRMSE的值分别为16%、24%，表明采用模型一反演径流量结果优于模型二。

8.2.3.2　河段长度敏感性分析

在利用10km河段对唐乃亥站径流量进行反演的基础上，本节讨论了河段长度的差异对反演精度的影响。基于GEE平台提供的2016—2019年Sentinel-2数据，根据河段内实际云量对数据进行筛选，计算不同长度河段的平均河宽，通过建立平均河宽-径流模型与改进的曼宁公式法对比分析了河段长度的差异对反演精度的影响。不同长度河段通过云量筛选后的影像数量和重复日期下利用两种模型反演径流量的精度评价结果见表8-4。

表8-4　　　Sentinel-2数据不同长度河段的影像数量与重复日期下
径流量模型反演精度评价结果

河段长度/km	5	6	7	8	9	10	11	12	13	14	15	20
影像数量/幅	49	48	46	46	46	44	44	42	41	41	39	35
模型一 NSE	0.915	0.931	0.947	0.940	0.906	0.950	0.958	0.913	0.877	0.884	0.881	0.842
模型二 NSE	0.892	0.843	0.885	0.838	0.928	0.622	0.854	0.952	0.955	0.910	0.854	0.774

在汛情期间，辫状河心滩河段如站点上下游各10km、11km、12km、13km、9km、7km河段提取的河宽明显高于其他长度河段。而非汛情期间，辫状河段和非辫状河段提取平均河宽结果差异不大。这是因为，汛情期间河心滩被淹没，导致提取的平均河宽变宽。在整个研究时间段内，站点上下游15km和20km河段的平均河宽随着下游河道变窄均小于其他长度河段平均河宽。

从表8-4中可以看出，随着河段长度的增加，影像幅数在逐渐减少，从上下游5km河段的49幅影像减少到上下游20km河段的35幅影像。从模型一结果可以看出，模型精度虽有波动，但精度均较高，其NSE值都超过了0.84；从模型二结果可以看出，不同长度河段计算的平均河宽对径流量反演结果有较大影响,因此本节分析了重复日期下河段波动区平均河宽与改进的曼宁公式法反演精度之间的关系,相关关系如图 8-20 所示。波动区平均河宽计算公式为

$$W_C = \frac{A_{\max} - A_{\min}}{L} \quad (8-21)$$

式中:W_C 为河段的波动区平均河宽;$A_{\max}$ 为河段的最大水面范围面积;$A_{\min}$ 为河段的最小水面范围面积;L 为河段的长度。

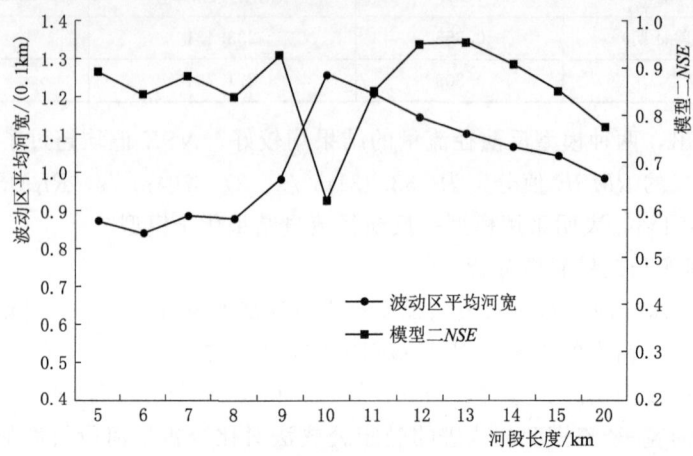

图 8-20 波动区平均河宽与模型二 NSE 随河段长度变化情况

从图 8-20 可以看出,在波动区平均河宽变化不大时,模型二的精度变化也较小,随着汛期河心滩被淹没,波动区平均河宽的急剧增加,模型精度也随之下降。因此在利用模型二进行径流量反演监测时,选择非辫状河段可以提高径流量反演精度。

8.2.3.3 河段径流量数据补充

由于本节根据研究区实际云量对 Sentinel-2 数据进行筛选,不同河段具有不同的数据量。为了增加监测期样本量,本节研究了站点河段与上下游河段的平均河宽关系,并通过二者线性相关关系以达到对站点河段径流量反演数据的补充。上游河段考虑从唐乃亥站到军功站方向的河段,下游河段为唐乃亥站到龙羊峡水电站方向的河段,每隔 10km 建立一个河段,直到无数据补充。图 8-21 为唐乃亥站河段与上下游河段归一化平均河宽对比图。

从图 8-21 可以看出,河段之间平均河宽的变化具有相似性,在汛期平均河宽升高,非汛期平均河宽降低。下游 10km 河段的平均河宽在汛情期间波动较大,原因可能为河段内河心滩被淹没,增加了平均河宽计算的不确定性。为了进一步比较上下游河段与唐乃亥站河段的河宽关系,本章绘制了站点河段与上下游河段平均河宽的相关关系。根据二者之间的线性相关关系,对补充的监测日期数

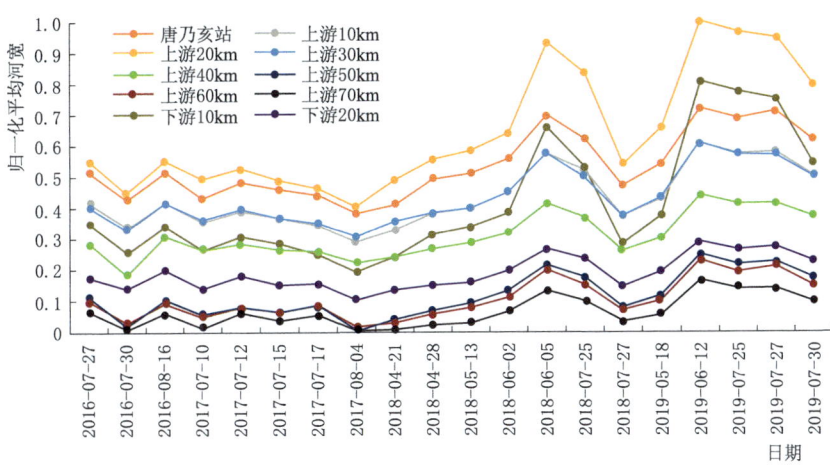

图 8-21 唐乃亥站河段与上下游河段归一化平均河宽对比图

据进行径流量反演与精度评价，其精度评价结果见表 8-5。从表 8-5 中可以看出，站点河段与上下游河段平均河宽之间具有强烈的相关性，相关系数均超过了 0.96；模型一的 NSE 都在 0.80 以上，模型二在距离较远的上游 50km 与上游 60km 河段精度有所下降，NSE 分别为 0.762 与 0.793。总体来说，利用上下游河段补充的监测数据精度较好，Sentinel-2 数据量最终达到 117 幅影像，实现了对站点监测期的加密补充。

表 8-5　　　　　　　　上下游河段径流量反演精度评价结果

河段位置	上游10km	上游20km	上游30km	上游40km	上游50km	上游60km	上游70km	下游10km	下游20km
相关系数	0.996	0.981	0.984	0.988	0.980	0.965	0.969	0.988	
模型一 NSE	0.913	0.869	0.840	0.822	0.801	0.808	0.906	0.847	
模型二 NSE	0.846	0.877	0.859	0.821	0.762	0.793	0.808	0.808	
补充数据量/幅	36	44	37	36	36	40	22	17	
去除重复数据量/幅	36	9	2	4	3	4	5	2	

8.2.4 结论

本章基于 GEE 云平台，利用 Sentinel-1/2 数据提取水体，估算了水力学参数，利用两种模型实现了河流径流量反演，讨论了河段长度的改变对径流量反演结果的影响，并分析了站点河段与上下游河段平均河宽之间的线性相关关系，得到以下主要结论：

（1）关系拟合法与改进的曼宁公式法在唐乃亥站河段径流量反演时均表现出

良好的效果，NSE 均超过了 0.80，证明其在反演径流量方面的可行性。其中改进的曼宁公式法通过完全遥感的手段估算了水力学参数，实现了河流径流量的反演，可为缺少或缺失水文资料地区的径流量反演提供参考。

（2）从波动区平均河宽与模型二精度的相关关系中可以看出，辫状河道的平均河宽在汛期波动较大，影响反演精度。因此在利用模型二进行径流量反演监测时，可选择非辫状河段以提高反演精度。

（3）站点河段与上下游河段平均河宽之间具有强烈的线性相关关系，相关系数均超过了 0.96，利用相关关系补充的径流量监测数据，也具有较好反演精度，模型一的 NSE 值都在 0.80 以上，模型二的 NSE 值随着上下游河段与站点河段距离变远而有所下降，但均超过 0.76。总体来说，利用上下游河段补充的数据具有较好的精度，补充数据达到 68 幅，实现了对站点径流量监测日期的补充。因此，在接下来的工作中可以利用多源遥感数据，如 Landsat 系列数据进行径流量反演，实现河流径流量的密集监测。

参 考 文 献

蔡明勇,杨胜天,曾红娟,等,2014. 基于多源空间信息的缺资料地区地表日均大气温度空间分布数据获取研究 [J]. 干旱区地理, 37 (6): 1240-1247.

曹永攀,晋锐,韩旭军,等,2011. 基于 MODIS 和 AMSR-E 遥感数据的土壤水分降尺度研究 [J]. 遥感技术与应用, 26 (5): 590-597.

常江,2019. 基于神经网络和机器学习的土壤湿度反演研究 [D]. 北京: 中国科学院大学.

丛振涛,杨大文,倪广恒,2013. 蒸发原理与应用 [M]. 北京: 科学出版社.

戴升,申红艳,李林,等,2013. 柴达木盆地气候由暖干向暖湿转型的变化特征分析 [J]. 高原气象, 32 (1), 211-220.

邓兴耀,刘洋,刘志辉,等,2017. 中国西北干旱区蒸散发时空动态特征 [J]. 生态学报, 37 (9): 2994-3008.

邓忠,翟国亮,吕谋超,等,2016. 我国农业应对干旱灾害的技术研究现状及展望 [J]. 节水灌溉 (8): 162-165.

杜庆,孙世洲,1981. 柴达木盆地植被考察简况 [J]. 植物生态学与地植物学丛刊 (1): 77-78.

甘佩娟,丁生喜,霍海勇,等,2014. 柴达木盆地经济可持续发展综合评价 [J]. 中国农业资源与区划, 35 (3): 59-65.

黄嘉佑,李庆祥,2015. 气象数据统计分析方法 [M]. 北京: 气象出版社.

江东,王乃斌,杨小唤,等,2001. 植被指数-地面温度特征空间的生态学内涵及其应用 [J]. 地理科学进展, 20 (2): 146-152.

柯灵红,王正兴,宋春桥,等,2011. 青藏高原东北部 MODIS LST 时间序列重建及与台站地温比较 [J]. 地理科学进展, 30 (7): 819-826.

李凤杰,孟立娜,方朝刚,等,2012. 柴达木盆地北缘古近纪—新近纪古地理演化 [J]. 古地理学报, 14 (5): 596-606.

李红梅,2018. 柴达木盆地气候变化对植被的影响分析 [J]. 草业学报, 27 (3): 13-23.

李宁,2020. 三江源区地表土壤湿度的遥感反演 [D]. 北京: 中国地质大学.

刘启航,黄昌,2020. 西北内陆区水量平衡要素时空分析 [J]. 资源科学, 42 (6): 1175-1187.

刘爽,宫鹏,2012. 2000—2010 年中国地表植被绿度变化 [J]. 科学通报, 57 (16): 1423-1434.

刘亚天,丁生喜,王欢,2022. "双碳"目标下区域绿色发展政策效率分析——以柴达木盆地为例 [J]. 特区经济 (8): 62-65.

鲁向东,2018. 土壤湿度气象观测方法介绍 [J]. 农业与技术, 38 (7): 151-153.

马秋梅,2019. 多源卫星降水产品在长江流域径流模拟中的适用性研究 [D]. 武汉: 武汉大学.

马士彬,安裕伦,杨广斌,等,2019. 不同地形梯度上的植被变化趋势及原因分析 [J]. 生态环境学报, 28 (5): 857-864.

孟祥金, 毛克彪, 孟飞, 等, 2019. 基于空间权重分解的降尺度土壤水分产品的中国土壤水分时空格局研究 [J]. 高技术通讯, 29 (4): 402-412.

史继花, 2021. 祁连山及周边地区不同下垫面云特性变化及其影响因素 [D]. 兰州: 西北师范大学.

田占良, 2021. 柴达木盆地土壤植被主要营养元素关系研究 [D]. 石家庄: 河北师范大学.

王浩, 杨贵羽, 贾仰文, 等, 2009. 以黄河流域土壤水资源为例说明以"ET 管理"为核心的现代水资源管理的必要性和可行性 [J]. 中国科学 (E 辑: 技术科学), 39 (10): 1691-1701.

王浩, 杨贵羽, 贾仰文, 等, 2007. 基于区域 ET 结构的黄河流域土壤水资源消耗效用研究 [J]. 中国科学 (D 辑: 地球科学), 39 (12): 1643-1652.

王宁练, 姚檀栋, 徐柏青, 等, 2019. 全球变暖背景下青藏高原及周边地区冰川变化的时空格局与趋势及影响 [J]. 中国科学院院刊 (34): 1220-1232.

王振东, 时贞, 童海奎, 等, 2023. 青海柴达木盆地盐湖资源保障能力分析与对策研究 [J]. 中国矿业, 32 (2): 38-42.

吴桐雯, 李江海, 杨梦莲, 2018. 柴达木盆地风成地貌类型与晚全新世古风况恢复 [J]. 北京大学学报 (自然科学版), 54 (5): 1021-1027.

夏龙, 宋小宁, 蔡硕豪, 等, 2021. 地表水热要素在青藏高原草地退化中的作用 [J]. 生态学报, 41 (11): 4618-4631.

谢登峰, 张锦水, 孙佩军, 等, 2016. 结合像元分解和 STARFM 模型的遥感数据融合 [J]. 遥感学报 (1): 62-72.

徐浩杰, 杨太保, 2014. 柴达木盆地植被生长时空变化特征及其对气候要素的响应 [J]. 自然资源学报, 29 (3): 398-409.

徐慧敏, 2010. 关于水利工程中河道糙率的研究 [J]. 水利科技与经济, 16 (11): 1253-1256.

杨树聪, 沈彦俊, 郭英, 等, 2011. 基于表观热惯量的土壤水分监测 [J]. 中国生态农业学报, 19 (5): 1157-1161.

杨运航, 文广超, 谢洪波, 等, 2020. 柴达木盆地典型地貌单元归一化植被指数变化特征 [J]. 水土保持通报, 40 (4): 133-139.

姚永慧, 张百平, 2013. 基于 MODIS 数据的青藏高原气温与增温效应估算 [J]. 地理学报, 68 (1): 95-107.

叶晶, 刘辉志, 李万彪, 等, 2010. 利用 MODIS 数据直接估算晴空区干旱与半干旱地表净辐射通量 [J]. 北京大学学报 (自然科学版), 46 (6): 942-950.

尤勇刚, 杨庆华, 王攀, 等, 2019. 柴达木盆地植被调查与研究 [J]. 干旱区资源与环境, 33 (2): 183-188.

张海宏, 姜海梅, 陈奇, 等, 2020. 积雪覆盖对高寒草甸土壤温湿及地表能量收支的影响 [J]. 高原气象, 39 (4): 740-749.

张家桢, 刘恩宝, 1985. 柴达木盆地河流水文特性 [J]. 地理学报 (3): 242-255.

张丽文, 黄敬峰, 王秀珍, 2014. 气温遥感估算方法研究综述 [J]. 自然资源学报, 29 (3): 540-552.

章钊华, 赵书河, 丛佃敏, 等, 2018. 基于遥感的泰山地区植被绿度趋势变化研究 [J]. 地理空间信息, 16 (7): 65-68.

张旺雄, 2020. 基于 RSEI 和 RSEDI 的柴达木盆地生态环境质量评价及成因分析 [D]. 兰州:

西北师范大学.

赵伟,文凤平,蔡俊飞,2022. 被动微波土壤水分遥感产品空间降尺度研究:方法、进展及挑战 [J]. 遥感学报, 26 (9): 1699 – 1722.

BARROS A P, 2013. Orographic Precipitation, Freshwater Resources, and Climate Vulnerabilities in Mountainous Regions [M]. 57 – 78.

BJERKLIE D, MOLLER D, SMITH L C, et al., 2005. Estimating discharge in rivers using remotely sensed hydraulic information [J]. Journal of Hydrology, 309: 191 – 209.

BISHT G, BRAS R L, 2010. Estimation of net radiation from the MODIS data under all sky conditions: Southern Great Plains case study [J]. Remote Sensing of Environment, 114 (7): 1522 – 1534.

BISHT G, VENTURINI V, ISLAM S, et al., 2005. Estimation of the net radiation using MODIS (moderate resolution imaging spectroradiometer) data for clear sky days [J]. Remote Sensing of Environment, 97 (1), 52 – 67.

CHEN J M, LIU J, 2020. Evolution of evapotranspiration models using thermal and shortwave remote sensing data [J]. Remote Sensing of Environment, 237 (C): 111594.

GILLIES R R, KUSTAS W P, HUMES K S, 1997. A verification of the 'triangle' method for obtaining surface soil water content and energy fluxes from remote measurements of the Normalized Difference Vegetation Index (NDVI) and surface. International [J]. Journal of Remote Sensing, 18 (15): 3145 – 3166.

HAN J J, WANG J P, CHEN L, et al., 2021. Driving factors of desertification in Qaidam Basin, China: An 18 – year analysis using the geographic detector model [J]. Ecological Indicators, 124: 107404.

HIRSCH R M, SLACK J R, 1984. A Nonparametric Trend Test for Seasonal Data With Serial Dependence [J]. Water Resources Research, 20 (6): 727 – 732.

IMMERZEEL W W, LUTZ A F, ANDRADE M, et al., 2020. Importance and vulnerability of the world's water towers [J]. Nature, 577: 364 – 369.

JIANG B, LIANG S L, MA H, et al., 2016. GLASS daytime all – wave net radiation product: algorithm development and preliminary validation [J]. Remote Sensing, 8 (3): 222.

JIANG L, ISLAM S, 2001. Estimation of surface evaporation map over southern Great Plains using remote sensing data [J]. Water Resources Research, 37 (2): 329 – 340.

JIAO J J, ZHANG X, LIU Y, et al., 2015. Increased water storage in the Qaidam Basin, the North Tibet Plateau from GRACE gravity data [J]. PLoS One, 10: e0141442.

KAWASHIMA S, ISHIDA T, MINOMURA M, et al., 2000. Relations between surface temperature and air temperature on a local scale during winter nights [J]. Journal of Applied Meteorology, 39 (9): 1570 – 1579.

LI B, RODELL M, KUMAR S, et al., 2019. Global GRACE data assimilation for groundwater and drought monitoring: Advances and challenges [J]. Water Resources Research, 55 (9): 7564 – 7586.

LIANG S L, 2003. Quantitative remote sensing of land surface [M]. New Jersey: Wiley Interscience.

LIN Y, LI X, ZHANG T, et al., 2020. Water Volume Variations Estimation and Analysis Using Multisource Satellite Data: A Case Study of Lake Victoria [J]. Remote Sensing, 12: 3052.

LUCHT W, SCHAAF C B, STRAHLER A H, 2000. An algorithm for the retrieval of albedo from space using semiempirical BRDF models [J]. IEEE Transactions on Geoscience and Remote Sensing, 38 (2), 977 - 998.

MA N, SZILAGYI J, ZHANG Y S, et al. , 2019. Complementary - relationship - based modeling of terrestrial evapotranspiration across China during 1982 - 2012: Validations and spatio-temporal analyses [J]. Journal of Geophysical Research: Atmospheres, 124: 4326 - 4351.

MCCOLL K A, ALEMOHAMMAD S H, AKBAR R, 2017. The global distribution and dynamics of surface soil moisture [J]. Nature Geoscience, 10 (2): 100 - 104.

MENDEZ A, 2004. Estimate ambient air temperature at regional level using remote sensing techniques [D]. Enschede, Netherlands: International Institute for Geo - Information Science and Earth Observation (ITC).

OTSU N, 1975. A Threshold Selection Method from Gray - Level Histogram [J]. Automatica, 11 (23): 285 - 296.

PRATA A J, 1996. A new long - wave formula for estimating downward clear sky radiation at the surface [J]. Quarterly Journal of the Royal Meteorological Society, 122 (533), 1127 - 1151.

QIN Y, CHEN Z, SHEN Y, et al. , 2014. Evaluation of Satellite Rainfall Estimates over the Chinese Mainland [J]. Remote Sensing, 6: 11649 - 11672.

ROSENZWEIG C, TUBIELLO F N, GOLDBERG R, et al. , 2002. Increased crop damage in the US from excess precipitation under climate change [J]. Global Environmental Change, 12: 197 - 202.

SANDHOLT I, RASMUSSEN K, ANDERSEN J, 2002. A simple interpretation of the surface temperature/vegetation index space for assessment of surface moisture status [J]. Remote Sensing of Environment, 79 (2 - 3): 213 - 224.

SANTOS C A C D, SILVA BB, RAO T V R, 2010. Analysis of the evaporative fraction using eddy covariance and remote sensing techniques [J]. Revista Brasileira De Meteorologia, 25 (4): 427 - 436.

SEDDON A W R, MACIAS - FAURIA M, LONG P R, et al. , 2016. Sensitivity of global terrestrial ecosystems to climate variability [J]. Nature, 531 (7593): 229 - 232.

STRAHLER A N, 1952. Hypsometric (area - altitude) analysis of erosional topography [J]. Geological society of America bulletin, 63: 1117 - 1142.

STISEN S, SANDHOLT I, NORGAARD A, et al. , 2007. Estimation of diurnal air temperature using MSG SEVIRI data in West Africa [J]. Remote Sensing of Environment, 110 (2): 262 - 274.

SUN Y, WANG J, ZHANG R, et al. , 2005. Air temperature retrieval from remote sensing data based on thermodynamics [J]. Theoretical and Applied Climatology, 80 (1): 37 - 48.

SZILAGYI J, CRAGO R, QUALLS R, 2017. A calibration - free formulation of the complementary relationship of evaporation for continental - scale hydrology [J]. Journal of Geophysical Research: Atmospheres, 122 (1): 264 - 278.

SZILAGYI J, 2014. Temperature corrections in the Priestley - Taylor equation of evaporation

[J]. Journal of Hydrology, 519: 455 – 464.

TOURIAN M J, TARPANELLI A, ELMI O, et al., 2016. Spatiotemporal densification of river water level time series by multimission satellite altimetry [J]. Water Resources Research, 52 (2): 1140 – 1159.

VANCUTSEM C, CECCATO P, DINKU T, et al., 2009. Evaluation of MODIS land surface temperature data to estimate air temperature in different ecosystems over Africa [J]. Remote Sensing of Environment, 114: 449 – 465.

VERDIN A, RAJAGOPALAN B, KLEIBER W, et al., 2015. A Bayesian kriging approach for blending satellite and ground precipitation observations [J]. Water Resources Research, 51: 908 – 921.

WANG L, KABAN M K, THOMAS M, et al., 2019. The Challenge of Spatial Resolutions for GRACE – Based Estimates Volume Changes of Larger Man – Made Lake: The Case of China's Three Gorges Reservoir in the Yangtze River. Remote Sensing [J]. 11: 99.

WEI L, JIANG S, REN L, et al., 2021. Spatiotemporal changes of terrestrial water storage and possible causes in the closed Qaidam Basin, China using GRACE and GRACE Follow – On data [J]. Journal of Hydrology, 598: 126274.

WLOCZYK C, BORG E, RICHTER R, et al., 2011. Estimation of instantaneous air temperature above vegetation and soil surfaces from Landsat 7 ETM + data in northern Germany [J]. Journal of Remote Sensing, 32 (24): 9119 – 9136.

XU Y, LI J, WANG J, et al., 2020. Assessing water storage changes of Lake Poyang from multi – mission satellite data and hydrological models [J]. Journal of Hydrology, 590: 125229.

YOU Q L, CHEN D L, WU F Y, et al., 2020. Elevation dependent warming over the Tibetan Plateau: Patterns, mechanisms and perspectives [J]. Earth – Science Reviews, 210: 103349.

ZHANG C, LV A, ZHU W, et al., 2021. Using Multisource Satellite Data to Investigate Lake Area, Water Level, and Water Storage Changes of Terminal Lakes in Ungauged Regions [J]. Remote Sensing, 13: 3221.

ZHANG Y Q, KONG D D, GAN R, et al., 2019. Coupled estimation of 500 m and 8 – day resolution global evapotranspiration and gross primary production in 2002 – 2017 [J]. Remote Sensing of Environment, 222: 165 – 182.

ZHANG Y, PEÑA – ARANCIBIA J L, MCVICAR T R, et al., 2016. Multi – decadal trends in global terrestrial evapotranspiration and its components [J]. Scientific Reports, 6 (1): 19124.

ZHU W, LÜ A, JIA S, et al., 2013. Estimation of daily maximum and minimum air temperature using MODIS land surface temperature products [J]. Remote Sensing of Environment, 130: 62 – 73.

ZHU W, LÜ A, JIA S, et al., 2017. Retrievals of all – weather daytime air temperature from MODIS products [J]. Remote Sensing of Environment, 189: 152 – 163.

ZILLMAN J W, 1972. A study of some aspects of the radiation and heat budgets of the southern hemisphere oceans [D]. Canberra, Australia: University of Melbourne.